21世纪高等学校计算机规划教材

大学计算机基础

林旺 主编

21st Century University
Planned Textbooks of Computer Science

人民邮电出版社

北 京

图书在版编目（CIP）数据

大学计算机基础 / 林旺主编. -- 北京：人民邮电
出版社，2012.9（2016.8重印）
21世纪高等学校计算机规划教材
ISBN 978-7-115-28888-2

Ⅰ. ①大… Ⅱ. ①林… Ⅲ. ①电子计算机－高等学校
－教材 Ⅳ. ①TP3

中国版本图书馆CIP数据核字(2012)第211443号

内 容 提 要

本书根据教育部计算机基础课程教学指导委员会制定的"大学计算机基础"教学基本要求，由具有多年教学经验的一线教师编写。

本书是一本内容非常充实的大学生计算机基础教材，包括计算机科学、计算机系统、计算机与信息化社会、Windows 7 各项功能的操作、Word 2010 文字处理软件的操作、Excel 2010 电子表格软件的操作、PowerPoint 2010 演示文稿软件的操作、多媒体技术基础与相关软件的应用、计算机网络基础与相关软件的应用、Internet 应用、数据库基础知识和常用工具软件等内容的介绍。

本书可作为普通高等学校非计算机专业"大学计算机基础"课程的教材，也可作为各类计算机培训班和成人同类课程的教材或自学读物。

21 世纪高等学校计算机规划教材

大学计算机基础

- ◆ 主　　编　林　旺
  责任编辑　武恩玉
- ◆ 人民邮电出版社出版发行　　北京市丰台区成寿寺路 11 号
  邮编　100164　　电子邮件　315@ptpress.com.cn
  网址　http://www.ptpress.com.cn
  北京艺辉印刷有限公司印刷
- ◆ 开本：787×1092　1/16
  印张：22.5　　　　　　　　　　2012年9月第1版
  字数：588千字　　　　　　　　2016年8月北京第7次印刷

ISBN 978-7-115-28888-2

定价：42.00 元

读者服务热线：(010)81055256　印装质量热线：(010)81055316
反盗版热线：(010)81055315

前　言

根据教育部高等学校计算机科学与技术教学指导委员会非计算机专业计算机基础课程教学指导分委员会《关于进一步加强高等学校计算机基础教学的意见》和《高等学校非计算机专业计算机基础课程教学基本要求》，结合《中国高等院校计算机基础教育课程体系》报告，我们组织编写了《大学计算机基础》教材。本教材语言精炼，内容全面，深入浅出，通俗易懂，注重实用性和可操作性。

大学计算机基础是非计算机专业高等教育的公共必修课程，是学习其他计算机相关技术课程的前导和基础课程。所以本教材兼顾了不同专业、不同层次学生的需要，加强了计算机科学、计算机系统、计算机网络技术、数据库技术和多媒体技术等方面的理论学习，又加强了目前主流软件的使用操作，如 Windows 7、Word 2010、Excel 2010、PowerPoint 2010、Cool Edit Pro、Adobe Premiere、Photoshop CS5、Dreamweaver CS5、Flash CS5 等。

全书分为 9 章。第 1 章介绍计算机科学、计算机系统、计算机与信息化社会；第 2 章介绍 Windows 7 基础、程序管理、文件和文件夹管理、控制面板、系统维护与附件等；第 3 章介绍 Word 2010 文字处理软件的操作；第 4 章介绍 Excel 2010 电子表格软件的操作；第 5 章介绍 PowerPoint 2010 演示文稿软件的操作；第 6 章介绍多媒体技术概述、多媒体计算机系统的组成、数据压缩与编码、数字版权管理、图像处理等；第 7 章介绍计算机网络基础与 Internet 应用；第 8 章介绍数据库基础；第 9 章介绍常用工具软件的使用。

本书由林旺担任主编。其中第 1 章至第 7 章由林旺编写，第 8 章由赵洪帅编写，第 9 章由陈立新编写，李潜对第 6 章的内容进行了补充和修订，韩旭对第 7 章的内容进行了补充和修订，诺立文化工作室对本书成稿提供了大力支持和帮助。

参加本书编写的作者均是多年从事一线教学的教师，具有较为丰富的教学经验。在编写时注重原理与实践紧密结合，注重实用性和可操作性；在案例的选取上注意从读者日常学习和工作的需要出发；在文字叙述上深入浅出，通俗易懂。另外，有配套的《大学计算机基础上机实验指导》供读者学习。

由于本教材的知识面广，内容翔实，要将众多的知识很好地贯穿起来难度较大，不足之处在所难免。为便于以后教材的修订，恳请专家、教师及读者多提宝贵意见。

编　者
2012 年 8 月

目　录

第1章
计算机基础知识

1.1　计算机科学

电子计算机诞生于 20 世纪中叶，是人类最伟大的发明之一，是科学发展史上的里程碑。在当今信息社会，计算机已经成为获取、处理、保存信息和与他人通信必不可少的工具，成为人们工作和生活中的得力助手。

计算机科学是在现代电子计算机发明以后，随着计算机技术的发展和广泛应用逐渐形成的一门新兴学科。

1.1.1　什么是计算机科学

计算机科学是研究计算机及其周围各种现象和规律的科学，即研究计算机系统结构、程序系统（即软件）、人工智能以及计算本身的性质和问题的学科。计算机科学是一门包含各种各样与计算和信息处理相关主题的系统学科，从抽象的算法分析、形式化语法等到更具体的主题，如编程语言、程序设计、软件等。计算机科学分为理论计算机科学和实验计算机科学两个部分。

美国计算机协会（Association for Computing Machinery，ACM）对计算机科学是这样定义的：计算机科学（计算学科）是对所描述和变换信息的算法过程的系统研究，包括它的理论、分析、设计、有效性、实现和应用。

1.1.2　计算机科学的主要领域

计算机是一种进行算术和逻辑运算的机器，而且对于由若干台计算机连成的系统而言还有通信问题，并且处理的对象都是信息，因此也可以说，计算机科学是研究信息处理的科学。

计算机科学的几个分支领域包括数值和符号计算、数据结构和算法、体系结构、操作系统、程序设计、软件工程、数据库和信息检索、人工智能和计算理论等。

1. 数值和符号计算

数值和符号计算研究的是精确和有效地求解由数学模型所导出方程的一般方法。基本问题包括：怎样才能按照给定精度很快地解出给定类型的方程；怎样对方程进行符号运算，例如积分、微分和化简为最小项等；怎样把这些问题的回答加入有效的、可靠的、高质量的数学软件包中去。

2. 体系结构

体系结构主要研究的是将硬件和软件组织成有效和可靠系统的方法。基本问题包括：如何设计和控制大型计算系统，并且使它们能够在有错误和故障的情况下完成预期的工作；什么类型的体系结构能够使许多处理单元有效地协同工作，实现并行计算；怎样测试和度量计算机的性能。

3. 操作系统

操作系统研究的是允许多种资源在程序执行中有效配合的控制机制。基本问题包括：在计算机系统运行的各机上可见的对象和允许的操作是什么；每一类资源允许有效使用的最小操作集是什么；怎样组织接口，使得用户只处理资源的抽象形式，而可以不管硬件的实际细节；对作业调度、存储器管理、通信、软件资源存取、并发任务间的通信、可靠性和安全的有效控制策略是什么；系统应该在什么功能上扩展；怎样组织分布式计算，使得许多由通信网络连接起来的独立的计算机能够参与同一计算。

4. 数据结构和算法

数据结构和算法主要研究的是一些特定类型的问题及相对应的数据结构和解决方法。基本问题包括：对给定类型的问题，最好的算法是什么；它们要求多少存储空间和时间；空间与时间的折中方案是什么；存取数据最好的方法是什么；最好算法的最坏情况是什么；算法的运行（按平均来说）好到何种程度；算法一般化到何种程度，即什么类型的问题可以用类似的方法处理。

5. 程序设计

程序设计研究的是执行算法的虚拟机的符号表达、算法和数据的符号表达以及从高级语言到机器码的有效翻译。基本问题包括：由一种语言给出的虚拟机的可能的组织（数据类型、运算、控制结构、引入新类型和运算的机制）是什么；这些抽象怎样在计算机上实现；用什么样的符号表达（语法）可以有效地指明计算机应该做什么。

6. 软件工程

软件工程研究的是满足技术要求，安全、可靠、可信的程序和大型软件系统的设计。基本问题包括：在程序和程序设计系统开发背后的原理是什么；怎样去证明程序或系统满足它的技术要求；怎样给定技术要求，使之不遗漏重要的情况，而且可以分析它的安全性；怎样使软件系统通过不同的阶段不断改进；怎样使软件设计得易理解和易修改。

7. 数据库和信息检索

数据库和信息检索研究的是对大量持续的分享的数据集合的组织，使之能够进行有效地查询和刷新。基本问题包括：用什么样的模型化概念去表示数据元和它们之间的关系；怎样把存储、定位、匹配、检索等基本操作组合成有效的事务处理；这些事务处理怎么使用户有效作用；怎样把高级查询翻译成高性能的程序；什么样的系统结构能够有效地检索和刷新；怎样保护数据，以抵制非法存取、泄露和破坏；怎样保护大型数据库不会由于同时刷新导致不相容；当数据分散在许多台计算机时，怎样使安全保护和访问性能两者得以兼顾；怎样索引和分类正文，以达到有效的检索。

8. 人工智能和计算理论

人工智能和计算理论研究的是动物和人类（智能）行为模型。基本问题包括：摹本的行为模型是什么，我们怎样建造机器来模拟；由规则赋值、推理、演绎和模式计算所描写的智能可以达到什么程度；由这些模板模拟行为的机器最终能达到什么性能；感知的数据应如何编码，使得类似的模式有类似的码字；驱动码怎样和感知码联系；学习系统的体系结构，以及这些系统如何表示它们对外部世界的知识；怎样才能用有穷的离散过程去精确地逼近连续或无穷的过程；怎么处理逼近导致的误差等。

1.1.3　计算机科学的核心概念与研究范畴

计算机科学的核心概念主要包括算法、数据结构、软件、硬件以及网络。

1. 算法

算法（Algorithm）是指解题方案准确而完整的描述，是一系列解决问题的清晰指令，算法代表着用系统的方法描述解决问题的策略机制。也就是说，能够对一定规范的输入，在有限时间内获得所要求的输出。如果一个算法有缺陷或不适合于某个问题，执行这个算法将不会解决这个问题。不同的算法可能用不同的时间、空间或效率来完成同样的任务。

2. 数据结构

数据结构（Data Structure）是计算机存储、组织数据的方式，是指相互之间存在一种或多种特定关系的数据元素的集合。通常情况下，精心选择的数据结构可以带来更高的运行或者存储效率。数据结构往往同高效的检索算法和索引技术有关。

3. 软件

软件（Software）是一系列按照特定顺序组织的计算机数据和指令的集合。一般来说，软件可划分为编程语言、系统软件、应用软件和介于系统软件与应用软件之间的中间件。软件并不只是包括可以在计算机（这里的计算机是指广义的计算机）上运行的程序，与这些程序相关的文档一般也被认为是软件的一部分。简单地说，软件就是程序加文档的集合体。

4. 硬件

硬件（Hardware）是"计算机硬件"的简称，与"软件"相对，是电子计算机系统中所有实体部件和设备的统称。从基本结构上来讲，计算机可以分为 5 大部分：运算器、控制器、存储器、输入设备和输出设备。

5. 网络

网络原指用一个巨大的虚拟画面把所有东西连接起来，也可以作为动词使用。在计算机领域中，网络就是用物理链路将各个孤立的工作站或主机相连在一起，组成数据链路，从而达到资源共享和通信的目的。凡将地理位置不同并具有独立功能的多个计算机系统通过通信设备和线路连接起来，且以功能完善的网络软件（网络协议、信息交换方式及网络操作系统等）实现网络资源共享的系统，都可称为计算机网络。

计算机的研究范畴主要有：计算机程序能做什么和不能做什么（可计算性）；如何使程序更高效地执行特定任务（算法和复杂性理论）；程序如何存取不同类型的数据（数据结构和数据库）；程序如何显得更具有智能（人工智能）；人类如何与程序沟通（人机互动和人机界面）。

1.2　计算机的发展与应用

1.2.1　计算机器的由来

在第一台电子数字计算机诞生之前，计算机器的发展经历了一个漫长的阶段，根据其特点，可以将其划分为以下几个时代：算盘时代、机械时代和机电时代。

1. 算盘时代

算盘时代是计算机器发展历史上时间最长的一个阶段。这个阶段出现了表示语言和数学的文字及其书写工具，作为知识和信息载体的纸张书籍，以及专门存储知识和信息的图书馆。这一时期最主要的计算工具是算盘，其特点是通过手动完成从低位到高位的数字传送（十进制传送），数字由算珠的数量表示，数位则由算珠的位置来确定，执行运算就是按照一定的规则移动算珠的位置。

2. 机械时代

随着齿轮传动技术的产生和发展，计算机器进入了机械时代。这个时期计算装置的特点是借助各种机械装置齿轮钢杆等自动传送（十进位），而机械装置的动力则来自计算人员的手。如1641年法国人帕斯卡利用齿轮传动计算制成了第一台加法机，德国人莱布尼茨在此基础上又制造出能进行加减乘除的演算机。

1822年，英国人巴贝奇制成了第一台差分机（Difference Engine），这台机器可以计算平方表及函数值表。1834年，巴贝奇又提出了分析机（Analytical Engine）的设想，他是提出用程序控制计算思想的第一人。值得指出的是，分析机中有两个部件，分别是用来存储输入数字和操作结果的"store"和在其中对该数字进行操作的"mill"，与现代计算机中存储器和中央处理器的功能十分相似。遗憾的是，该机器的开发因经费短缺而失败。

3. 机电时代

计算机的发展在电动机械时代的特点是使用电力作动力，但计算机构本身还是机械式的。1886年，赫尔曼·霍勒瑞斯（Herman Hollerith）制成了第一台机电式穿孔卡系统，他成为第一个成功把点和机械计算结合起来制造电动计算机器的人。这台机器最初用于人口普查卡片的自动分类和卡片数目的计算。该机器获得了极大的成功，于是在1896年，霍勒瑞斯创立了造表公司（Tabulating Machines Company，TMC），这就是IBM公司的前身。电动计算机的另一代表是由美国人霍华德·艾肯（Howard Aiken）提出的，IBM公司生产的自动序列控制演算器（ASCC），即Mark I。它结合了霍勒瑞斯的穿孔卡技术和巴贝奇的通用可编程机器的思想。1944年，Mark I正式在哈佛大学投入运行，IBM公司从此走向开发与生产计算机之路。从20世纪30年代开始，科学家认识到电动机械部件可以由简单的真空管来代替。在这种思想的引导下，世界上第一台电子数字计算器在爱荷华大学产生了。1941年，德国人朱斯（Konrad Zuse）制造了第一台使用二进制数的全自动可编程计算机。此外，朱斯还开发了世界上第一个程序设计语言Plankalkul。该语言被当作现代算法程序设计语言和逻辑程序设计的鼻祖。1946年，世界上第一台高速通用电子计算机ENIAC在宾夕法尼亚大学研制成功。从此电子计算机进入了一个快速发展的新阶段。

1.2.2 现代计算机的发展

现代电子计算机简称计算机，通常也叫电脑，是一种能存储程序和数据、自动执行程序、快速而高效地对各种数字化信息进行处理的电子设备。它能按照程序规定的确定步骤对数据进行加工、存储或传递，并提供所需的结果。

世界上第一台电子数字计算机于1946年2月在美国宾夕法尼亚大学研制成功，名称为ENIAC（Electronic Numerical Integrator And Computer），即"电子数字积分计算机"，如图1-1所示。第一台电子计算机解决了计算速度、计算准确性和复杂计算的问题，标志着计算机时代的到来。它用了1.8万多个电子管，重量30多吨，占地170平方米，每小时耗电140度，运算速度5000次/秒。

根据所用电子器件的不同，计算机的发展过程可分为4个阶段。

1. 第一代电子计算机

第一代电子计算机是电子管计算机，时间为1946年~1957年。其主要特征是采用电子管作为计算机的主要逻辑部件；用穿孔卡片机作为数据和指令的输入设备；主存储器采用汞延迟线和磁鼓，外存储器采用磁带机；使用机器语言或汇编语言编写程序；运算速度是每秒几千次至几万次。第一代电子计算机体积大，功耗高，价格昂贵，主要用于军事计算和科学研究工作。

图 1-1　第一台电子计算机

2．第二代电子计算机

第二代电子计算机是晶体管计算机，时间为 1958 年～1964 年。其主要特征是采用晶体管作为计算机的主要逻辑部件；主存储器采用磁芯，外存储器开始使用硬磁盘；利用 I/O 处理机提高输入输出能力；开始有了系统软件，提出了操作系统概念，推出了 Fortran、Cobol 和 Algol 等高级程序设计语言及相应的编译程序；运算速度达每秒几十万次。与第一代电子计算机相比，第二代电子计算机体积小，功能强，可靠性高，成本低，除了用于军事计算和科学研究工作外，还用于数据处理和事务处理。

3．第三代电子计算机

第三代电子计算机是集成电路计算机，时间为 1965 年～1970 年。其主要特征是采用中、小规模集成电路作为计算机的主要逻辑部件；主存储器采用半导体存储器；出现了分时操作系统，产生了标准化的高级程序设计语言和人机会话式语言；运算速度可达每秒几百万次。第三代电子计算机速度和稳定性有了更大程度的提高，而体积、重量、功耗则大幅度下降。计算机开始广泛应用于企业管理、辅助设计和辅助系统等各个领域。

4．第四代电子计算机

第四代电子计算机是大规模、超大规模集成电路计算机，时间是 1971 年至今。其主要特征是采用大规模集成电路和超大规模集成电路作为计算机的主要逻辑部件；内存储器普遍采用半导体存储器；在操作系统方面，发展了并行处理技术和多机系统等，在软件方面，发展了数据库系统、分布式系统、高效而可靠的高级语言等；运算速度可达每秒几百亿次到几百万亿次；微型计算机大量进入家庭，产品更新、升级速度加快；多媒体技术崛起，计算机技术与通信技术相结合，计算机网络把世界紧密联系在一起；应用领域更加广泛，计算机已经深入到办公自动化、数据库管理、图像处理、语音识别和专家系统等领域。

1.2.3　冯·诺依曼"存储程序"的思想

美籍匈牙利数学家冯·诺依曼（见图 1-2）提出了"存储程序"的通用计算机方案，采用二进制形式表示数据和指令，将要执行的指令和要处理的数据按照顺序编写成程序存储到计算机的主存储器中，计算机自动、高速地执行该程序，解决存储和自动计算的问题。冯·诺依曼的思想奠定了现代计算机发展的理论基础，并被应用于实际设计中，为计算机的发展立下了不朽的功勋。

1945 年，冯·诺依曼参加新机器 EDVAC（Electronic Discrete Variable Automatic Computer）的研制，参加该工作的还有研制 ENIAC 的原班人马。EDVAC 不但采用汞延迟存储器，而且采用了二进制编码。遗憾的是，在研制过程中，以冯·诺依曼为首的理论界人士和以莫奇利、埃克特为首的技术界人士之间发生了严重的意见分歧，致使 EDVAC 的研制搁浅，直到 1950 年才勉强完成。

1946 年，英国剑桥大学的莫利斯·威尔克思参加了 EDVAC 讲习班，回国后，开始研制 EDSAC（Electronic Delay Storage Automatic Computer），并于 1949 年完成。EDSAC 直接受到 EDVAC 方案的影响，采用了二进制和程序存储方式。运算速度为每秒 670 次加减法，每秒 170 次乘法，程序

图 1-2　冯·诺依曼

和数据的输入采用穿孔纸带，输出采用电传打字机。这样，世界上第一台存储程序式计算机的殊荣由 EDSAC 夺得。以后的计算机采用的都是存储程序方式，而采用这种方式的计算机被统称为冯·诺依曼型计算机。

在 1952 年研制并运行成功了世界上第一台具有存储程序功能的电子计算机，名称为 EDVAC（Electronic Discrete Variable Automation Computer），即"电子离散变量自动计算机"。其特点是使用二进制运算，电路大大简化；能够存储程序，解决了内部存储和自动执行的问题。

1.2.4　计算机的分类

人们按照计算机的运算速度、字长、存储容量、软件配置及用途等多方面的综合性能指标，将计算机分为超级计算机、大型计算机、小型计算机、微型计算机、工作站等几类。

1. 超级计算机

超级计算机（Supercomputer）也叫巨型计算机，是目前功能最为强大的计算机。超级计算机可以极其迅速地处理大量的数据。由于规模和价格的原因，超级计算机比较少见，只是在需要拥有极大、极快计算机能力的组织和机构中才会使用。超级计算机主要被用于气象预报、核能研究、石油勘探、人类基因组分析，以及社会和经济现象模拟等新科技领域的研究。

2. 大型计算机

大型计算机（MainFrame）是被广泛应用于商业运作的一种通用型计算机。大型计算机运算速度快，存储容量大，可靠性高，通信联网功能完善，有丰富的系统软件和应用软件，能提供数据的集中处理和存储功能，可以支持几千个用户同时访问同样的数据。常用来为大中型企业的数据提供集中的存储、管理和处理，承担主服务器的功能，在信息系统中起着核心作用。大型计算机通常用来执行规模庞大的任务，例如，银行的交易服务与内部管理，航空公司的航班安排与管理，大型企业的生产、库存、客户业务等的管理，股票交易系统管理等。

3. 小型(迷你)计算机

小型计算机（Minicomputer）是比大型计算机存储容量小、处理能力弱的中等规模的计算机。小型计算机结构简单，可靠性高，成本较低，它使用更加先进的大规模集成电路与制造技术，主要面向中小企业。通常被用作网络环境中的服务器，在这里多台计算机被连接起来共享资源。

4. 微型计算机

微型计算机（Microcomputer）是基于微处理器（Microprocessor）技术的计算机，又称 PC 或微机。这是最常见的计算机，其特点是价格便宜，使用方便，适合办公室或家庭使用。微型计算机又可分为台式计算机和便携式计算机。两类微型计算机的性能相当，只不过后者体积小、重量轻，便于外出携带，例如笔记本电脑、掌上电脑等。

5．工作站

工作站（Workstation）是一种中型的单用户计算机，它比小型计算机的处理能力弱，但是比个人用微型计算机拥有更强大的处理能力和较大的存储容量。工作站常用于需执行大量运算的特殊应用程序。例如，科学建模、设计工程图、动画制作、软件开发排版印刷等。工作站和小型计算机一样，都常被用作网络环境中的服务器。

1.2.5　计算机的应用领域

1．科学计算

科学计算也称"数值计算"。在近代科学技术工作中，科学计算量大而复杂。利用计算机的高速度、大容量存储和连续运算能力，可解决人工无法实现的各种科学计算问题。使用计算机后，由于运算速度可以提高成千上万倍，过去人工计算需要几年或几十年才能完成的，现在用几天甚至几小时、几分钟就可以得到满意的结果。目前，在整个计算机的应用领域中，从事科学计算的比重虽已不足 10%，但这部分工作的重要性依然存在。

2．数据处理和信息管理

计算机中的"数据"指文字、声音、图像、视频等信息。数据处理是利用计算机对所获取的信息进行记录、整理、加工、存储和传输等。信息管理是指企业管理、统计、分析、资料管理等数据处理量比较大的加工、合并、分类等方面的工作。

计算机的应用从数值计算发展到非数值计算是计算机发展史上的一次巨大飞跃，数据处理和信息管理是计算机应用十分重要的一个方面。据统计，用于数据处理和信息管理的计算机在所有应用方面所占比例达 80%以上。

3．自动控制

自动控制就是由计算机控制各种自动装置、自动仪表、自动加工工具的工作过程。例如，在机械工业方面，用计算机控制机床、整个生产线、整个车间甚至整个工厂。利用计算机中的自动控制不仅可以实现精度高、形状复杂的零件加工自动化，而且还可以使整个生产线、整个车间甚至整个工厂实现完全自动化。

自动控制不但可以提高产品质量，而且可以增加产量、降低成本。近几年来，以计算机为中心的自动控制系统被广泛地应用于工业、农业、国防等部门的生产过程中，并取得了显著成效。

4．计算机辅助系统

计算机辅助设计（Computer Aided Design，CAD）就是用计算机来帮助设计人员进行设计。例如，可以使用 CAD 技术进行建筑结构设计，建筑图纸绘制等。

计算机辅助教学 （Computer Aided Instruction，CAI）是利用多媒体技术来辅助教学，可以使教学内容生动、形象，从而使教学收到良好的效果。

计算机辅助制造（Computer Aided Manufacture，CAM）就是用计算机来进行生产设备的管理、控制和操作的过程。例如，在产品的制造过程中，用计算机控制机器的运行，自动完成产品的加工、装配、检测和包装等制造过程；在生产过程中，利用 CAM 技术能提高产品质量，降低成本，缩短生产周期，改善劳动条件。

计算机辅助测试 （Computer Aided Test，CAT）就是利用计算机进行产品测试。

5．网络应用

利用计算机网络，可以使一个地区、一个国家甚至全世界范围内的计算机与计算机之间实现数据以及软硬件资源共享。有了信息高速公路，人们足不出户即可查阅资料，进行电子阅览；完成全球性的金融汇兑、结算等业务。

1.2.6　计算机的未来

近年来，计算机系统的结构日趋完善，硬件和软件技术的不断发展使计算机飞速发展。当前计算机的发展表现为巨型化、微型化、智能化、网络化和多媒体化。

（1）巨型化。是指发展速度高、存储容量大和有超强功能的巨型计算机。这既是为了满足如原子、核反应、天文、气象等尖端科学飞速发展的需要，也是为了使计算机具有学习、推理、记忆等功能。巨型机的研制集中反映了一个国家科学技术的发展水平。

（2）微型化。是指利用微电子技术和超大规模集成电路技术将计算机的体积进一步缩小，价格进一步降低，从而可以渗透到家用电器、仪器仪表等领域中。

（3）网络化。是现代通信技术和计算机技术结合的产物。网络能够把分布在不同区域的计算机互连起来，组成一个规模和功能极强的计算机网络。网络化可以实现网络内的计算机系统方便地收集和传递信息，共享相互的数据及软硬件资源，计算机网络已迅速地发展为全球性的 Internet，并渗透到全世界的每一个角落。

（4）智能化。是让计算机具有思维、逻辑推理、学习等模拟人的感觉和思维过程的能力。智能化的研究包括智能机器人、物形分析、自动程序设计等。智能化是建立在现代科学基础之上、综合性极强的边缘科学，它涉及的内容很广，包括数学、信息论、控制论、计算机逻辑、神经心理学、生理学、教育学、哲学和法律学等。目前已研制出各种智能机器人，有的能代替劳动，有的能与人下棋，有的能在繁忙的交通路口进行交通管理等。智能化使计算机突破"计算"这一初级含义，从本质上延伸了计算机的能力，并可以越来越多地代替人类某些方面的脑力劳动。

（5）多媒体化。是指计算机不仅具有处理文字信息的能力，而且具有处理声音、图像、动画和视频等多种媒体的能力。多媒体计算机将使计算机的功能更加完善，计算机与人类的界面越来越友好，进而促进计算机的普及应用。

人类的追求是无止境的，从第一台电子计算机诞生至今，科学家们一刻也没有停止过研究更好、更快、功能更强的计算机。那么未来的计算机是什么样的呢？大家众说纷纭，但公认的未来的计算机一定是智能型的，它应该具有知识表示和推理能力，应该能模拟或部分代替人的智能活动，应该具有人机自然通信能力等。从 20 世纪 80 年代中期开始，美国等发达国家就投入了大量的人力和物力研制第五代计算机。可以预言，第五代计算机的实现应该在不远的将来。不过，现在人们已很少使用第五代、第六代计算机等称呼了，而把这类新型计算机统称为"新一代计算机"或"未来型计算机"。

从目前的研究方向看，未来的计算机将向着以下几个方向发展。

1. 第五代计算机

第五代计算机指具有人工智能的新一代计算机，它具有推理、联想、判断、决策、学习等功能。计算机的发展将在什么时候进入第五代？什么是第五代计算机？对于这样的问题，并没有一个明确统一的说法。但有一点可以肯定，在未来社会中，计算机、网络、通信技术将会三位一体化。21 世纪的计算机将把人从重复、枯燥的信息处理中解脱出来，从而改变我们的工作、生活和学习方式，给人类和社会拓展了更大的生存和发展空间。

2. 能识别自然语言的计算机

未来的计算机将在模式识别、语言处理、句式分析和语义分析的综合处理能力上获得重大突破。它可以识别孤立单词、连续单词、连续语言和特定或非特定对象的自然语言（包括口语）。今后，人类将越来越多地同机器对话。他们将向个人计算机"口授"信件，同洗衣机"讨论"保护衣物的程序，或者用语言"制服"不听话的录音机。键盘和鼠标的时代将渐渐结束。

3. 高速超导计算机

高速超导计算机的耗电仅为半导体器件计算机的几千分之一，它执行一条指令只需十亿分之一秒，比半导体元件快几十倍。以目前的技术制造出的超导计算机的集成电路芯片只有 3～5 平方毫米大小。

4. 激光计算机

激光计算机是利用激光作为载体进行信息处理的计算机，又叫光脑，其运算速度将比普通的电子计算机至少快 1000 倍。它依靠激光束进入由反射镜和透镜组成的阵列中来对信息进行处理。

它与电子计算机相似之处是，激光计算机也靠一系列逻辑操作来处理和解决问题。光束在一般条件下的互不干扰的特性使得激光计算机能够在极小的空间内开辟很多平行的信息通道，密度大得惊人。一块截面等于 5 分硬币大小的棱镜，其通过能力超过全球现有全部电缆的许多倍。

5. 分子计算机

分子计算机正在酝酿。美国惠普公司和加州大学于 1999 年 7 月 16 日宣布，已成功地研制出分子计算机中的逻辑门电路，其线宽只有几个原子直径之和，分子计算机的运算速度是目前计算机的 1000 亿倍，最终将取代硅芯片计算机。

6. 量子计算机

量子力学证明，个体光子通常不相互作用，但是当它们与光学谐腔内的原子聚在一起时，它们相互之间会产生强烈影响。光子的这种特性可以用来发展量子力学效应的信息处理器件——光学量子逻辑门，进而制造量子计算机。量子计算机利用原子的多重自旋进行。量子计算机可以在量子位上计算，可以在 0 和 1 之间计算。在理论方面，量子计算机的性能能够超过任何可以想象的标准计算机。

7. DNA 计算机

科学家通过研究发现，脱氧核糖核酸（DNA）有一种特性，能够携带生物体的大量基因物质。数学家、生物学家、化学家以及计算机专家从中得到启迪，正在合作研究制造未来的液体 DNA 计算机。这种 DNA 计算机的工作原理是以瞬间发生的化学反应为基础，通过和酶的相互作用，将发生过程进行分子编码，把二进制数翻译成遗传密码的片段，每一个片段就是著名的双螺旋的一个链，然后对问题以新的 DNA 编码形式加以解答。和普通的计算机相比，DNA 计算机的优点首先是体积小，但存储的信息量却超过现在世界上所有的计算机。

8. 神经元计算机

人类神经网络的强大与神奇是人所共知的。将来，人们将制造能够完成类似人脑功能的计算机系统，即人造神经元网络。神经元计算机最有前途的应用领域是国防：它可以识别物体和目标，处理复杂的雷达信号，决定要击毁的目标。神经元计算机的联想式信息存储、对学习的自然适应性、数据处理中的平行重复现象等性能都将异常有效。

9. 生物计算机

生物计算机主要是以生物电子元件构建的计算机。它利用蛋白质的开关特性，利用蛋白质分子作元件从而制成的生物芯片。其性能是由元件与元件之间电流启闭的开关速度来决定的。用蛋白质制成的计算机芯片，它的一个存储点只有一个分子大小，所以它的存储容量可以达到普通计算机的十亿倍。由蛋白质构成的集成电路，其大小只相当于硅片集成电路的十万分之一。而且运行速度更快，只有 10^{-11} 秒，大大超过人脑的思维速度。

1.3 计算机系统

计算机的种类很多，尽管它们在规模、性能等方面存在很大的差别，但它们的基本结构和工作原理是相同的。下面的内容主要以微型机为背景进行介绍。

1.3.1 基本组成和工作原理

1. 基本组成

计算机系统包括硬件系统和软件系统两大部分。硬件是计算机的躯体，软件是计算机的灵魂，两者缺一不可。硬件系统是指所有构成计算机的物理实体，它包括计算机系统中一切电子、机械、光电等设备。软件系统是指计算机运行时所需的各种程序、数据及其有关资料。微型计算机又称个人计算机（或 PC），其系统的主要组成如图 1-3 所示。

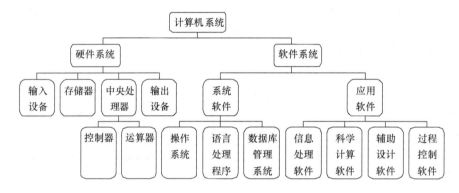

图 1-3　计算机系统的主要组成

（1）硬件系统。组成计算机的具有物理属性的部件统称为计算机硬件（Hardware），即硬件是指由电子器件和机电装置等组成的机器系统，它是整个计算机的物质基础。硬件也称硬设备，如计算机的主机（由运算器、控制器和存储器组成）、显示器、打印机、通信设备等都是硬件。

计算机的硬件构成硬件系统。硬件系统的基本功能是运行由预先设计好的指令编制的各种程序，即由存储器、运算器、控制器、输入设备和输出设备 5 大部分组成的硬件结构。这种结构方案是由冯·诺依曼（Von Neumann，美籍匈牙利数学家，1903 年～1957 年）于 1946 年 6 月提出的，称为"冯·诺依曼结构"。

（2）软件系统。计算机软件（Software）是指实现算法的程序及其文档。人们要让计算机工作，就要对它发出各种各样的使其"理解"的命令，为完成某种任务而发送的一系列指令的集合就是程序。众多可供经常使用的各种功能的成套程序及其相应的文档组成了计算机的软件系统。

2. 工作原理

程序就像数据一样存储，按程序编排的顺序一步一步地取出指令，自动完成指令规定的操作是计算机最基本的工作原理。这一原理最初是由美籍匈牙利数学家冯·诺依曼于 1945 年提出来的，故称为"冯·诺依曼原理"，也叫做"存储程序"原理。

按照冯·诺依曼的"存储程序"原理，计算机在执行程序时，先将要执行的相关程序和数据放入内存储器中，在执行程序时，CPU 根据当前程序指针寄存器的内容取出指令并执行指令，然后再取出下一条指令并执行，如此循环下去，直到程序结束时才停止执行。其工作过程就是不断地取指令和执行指令的过程，最后将计算的结果放入指令指定的存储器地址中。计算机工作过程中所要涉及的计算机硬件部件有内存储器、指令寄存器、指令译码器、计算器、控制器、运算器和输入/输出设备等，在下一小节中将会着重介绍。

　　总之，计算机的工作就是执行程序，即自动连续地执行一系列指令，而程序开发人员的工作就是编制程序。每一条指令的功能虽然有限，但是在人们精心编制下的一系列指令组成的程序就可以完成很多的任务。

　　以此概念为基础的各类计算机统称为"冯·诺依曼计算机"。到目前为止，虽然计算机系统从性能指标、运算速度、工作方式、应用领域等方面与当时的计算机有很大差别，但基本结构没有变，都称为"冯·诺依曼计算机"。

　　计算机的硬件结构除了"冯·诺依曼结构"，还有一种"哈佛结构"（Harvard Architecture），它是一种将程序指令存储和数据储存分开的存储器结构。因为其程序指令和数据指令是分开组织和存储的，执行时可以预先读取下一条指令，所以哈佛结构的微处理器通常具有较高的执行效率。

　　目前使用哈佛结构的中央处理器和单片机有很多，例如 Microchip 公司的 PIC 系列芯片，还有摩托罗拉公司的 MC68 系列，Zilog 公司的 Z8 系列，ATMEL 公司的 AVR 系列和 ARM 公司的 ARM9、ARM10 和 ARM11。

1.3.2　微型计算机的硬件系统

　　计算机的硬件系统由存储器、运算器、控制器、输入设备和输出设备 5 大部件构成，如图 1-4 所示。

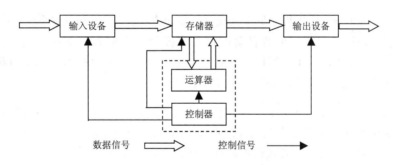

图 1-4　计算机硬件系统构成

　　习惯上把运算器和控制器统称为中央处理器（即 CPU），CPU 和内存储器一起构成主机，主机之外的输入和输出等设备则统称为外部设备或外设。

1. 中央处理单元

　　硬件系统的核心是中央处理单元（Central Processing Unit，CPU）。它是由控制器、运算器等组成的，并采用超大规模集成电路（Very Large Scale Integration）工艺制成的芯片，又称微处理芯片。其主要任务是取出指令、解释指令并执行指令。因此，每种处理器都有自己的一套指令系统。

　　（1）运算器。又称算术逻辑单元（Arithmetic Logic Unit，ALU），是计算机对数据进行加工处理或运算的部件。计算机中，像加、减、乘、除、求绝对值、求幂等所有算术运算，以及像大小比较、次序排列、对象选择、逻辑加、逻辑乘等所有逻辑运算，在二进制代码形式下都是由运算器完成的。

运算器是计算机的核心部件,它的技术性能的高低直接影响着计算机的运算速度和整机性能。

(2)控制器。是计算机的指挥中心,负责控制协调整个计算机的各部件协调一致地自动工作。控制器的主要功能是从存储器中取出一条指令,并指出当前所取指令的下一条指令在内存中的地址,确定指令类型,并逐步对所取指令进行译码和分析,并产生相应的电子控制信号,按时间的先后顺序,负责向其他各部件发出控制信号,启动相应的部件执行当前指令规定的操作,周而复始地使计算机实现程序的自动执行操作。

控制器主要由指令寄存器、译码器、程序计数器、操作控制器等组成。

2. 存储器

计算机之所以能够快速、自动地进行各种复杂的运算,是因为事先已把解题程序和数据存储在存储器中。在运算过程中,由存储器按事先编好的程序快速地提供给微处理器进行处理,这就是程序存储工作方式。计算机的存储器由内部存储器和外部存储器组成。

(1)内部存储器。简称内存或主存,是计算机临时存放数据的地方,用于存放执行的程序和待处理的数据,它直接与 CPU 交换信息。内存的存储空间称为内存容量,它的计量单位是字节(Byte),一般用千字节(KB)、兆字节(MB)等表示,其换算如下:$1KB=1024Byte(2^{10})$,$1MB=1024KB(2^{20})$,$1GB=1024MB(2^{30})$,$1TB=1024GB(2^{40})$。

内部存储器最突出的特点是存取速度快,但是容量小、价格高。从使用功能上分,内存分为:只读存储器(Read Only Memory,ROM)和随机存储器(Random Access Memory,RAM)。

● 只读存储器。是只能读出事先所存数据的固态半导体存储器。一般是装入整机前事先写好的,整机工作过程中只能读出,而不像随机存储器那样能快速、方便地加以改写。ROM 所存数据稳定,断电后所存数据也不会改变;其结构较简单,读出较方便,因而常用于存储各种固定程序和数据。

一个计算机在加电时,要用程序负责完成对各部分的自检、引导和设置系统的输入/输出接口功能,才能使计算机完成进一步的启动过程,这部分程序称为基本输入/输出系统(Basic Input/Output System,BIOS),由计算机厂家固化在只读存储器(ROM)中,这部分程序一般情况下用户是不能修改的(除非用厂家提供的升级程序对 BIOS 进行升级)。

CMOS 是计算机主机板上一块特殊的 ROM 芯片,是系统参数存放的地方,而 BIOS 中系统设置程序是完成参数设置的手段,因此准确的说法应是通过 BIOS 设置程序对 CMOS 参数进行设置。而我们平常所说的 CMOS 设置和 BIOS 设置是其简化说法,也就在一定程度上造成了两个概念的混淆。事实上,BIOS 程序是存储在主板上一块 EEPROM Flash 芯片中的,CMOS 存储器用来存储 BIOS 设定后要保存的数据,包括一些系统的硬件配置和用户对某些参数的设定,比如传统 BIOS 的系统密码和设备启动顺序等。

● 随机存储器。存储单元的内容可按需随意取出或存入,且存取的速度与存储单元的位置无关。这种存储器在断电时将丢失其存储内容,故主要用于存储短时间使用的程序。所有参与运算的数据、程序都存放在 RAM 当中。RAM 是一个临时的存储单元,机器断电后,里面存储的数据将全部丢失。如果要进行长期保存,数据必须保存在外存(软盘、硬盘等)中。计算机内存如图 1-5 所示。计算机内存容量一般指的是 RAM 的容量,目前市场上常见的内存容量为 1GB、2GB、4GB 和 8GB。

图 1-5　计算机内存 RAM

● 高速缓冲存储器（Cache）。由于 CPU 的主频越来越高，而内存的读写速率达不到 CPU 的要求，所以在内存和 CPU 之间引入高速缓存，用于暂存 CPU 和内存之间交换的数据。CPU 首先访问 Cache 中的信息，Cache 可以充分利用 CPU 忙于运算的时间和 RAM 交换信息，这样避免了时间上的浪费，起到了缓冲作用，充分利用 CPU 资源，提高运算速度，是计算机中读写速率最快的存储设备。

（2）外部存储器。简称外存或辅存，通常以磁介质和光介质的形式来保存数据，不受断电限制，可以长期保存数据。外部存储器的特点是容量大、价格低，但是存取速度慢。外存用于存放暂时不用的程序和数据。常用的外存有软盘、硬盘、磁带和光盘存储器。它们和内存一样，存储容量也以字节（Byte）为基本单位。

● 硬盘存储器。简称硬盘，是计算机主要的外部存储介质之一，由一个或者多个铝制或者玻璃制的碟片组成，这些碟片外覆盖有铁磁性材料。绝大多数硬盘都是固定硬盘，即把磁头、盘片及执行机构都密封在一个整体内，与外界隔绝，也称为温彻斯特盘。硬盘的内部结构如图 1-6 所示。

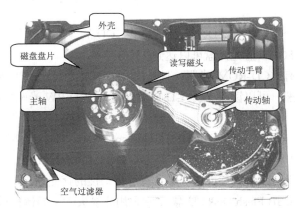

图 1-6　硬盘的内部结构

硬盘按规格分有 3.5 英寸、2.5 英寸和 1.8 英寸；按数据接口的类型分为 SCSI、IDE 和 SATA。硬盘的两个主要性能指标是平均寻道时间和内部传输速率。一般来说，转速越高的硬盘寻道的时间越短，而且内部传输速率也越高。目前市场上硬盘常见的转速有 5400 转/分、7200 转/分，最快的平均寻道时间为 8ms，内部传输速率最高为 190MB/s。

硬盘的每个存储表面被划分成若干个磁道，每个磁道被划分成若干个扇区，每个存储表面的同一道形成一个圆柱面，称为柱面。柱面是硬盘的一个常用指标。硬盘的存储容量计算公式为：存储容量 = 磁头数×柱面数×每扇区字节数×扇区数。

【例 1-1】某硬盘有磁头 15 个，磁道（柱面数）8894 个，每道 63 扇区，每扇区 512B，则其存储容量为：15×8894×512×63=4.3GB。硬盘的容量以兆字节（MB）、千兆字节（GB）或者万亿字节（TB）为单位，1GB=1024MB，1TB=1024GB。目前常见的硬盘容量已达 1TB。硬盘厂商在标称硬盘容量时，通常取 1GB=1000MB，1TB=1000GB，因此用户在 BIOS 中或在格式化硬盘时看到的容量会比厂家的标称值要小。

Solid State Disk（固态硬盘）是摒弃传统磁介质，采用电子存储介质进行数据存储和读取的一种技术，即用固态电子存储芯片阵列制成的硬盘，由控制单元和存储单元（DRAM 或 FLASH 芯片）两部分组成。存储单元负责存储数据，控制单元负责读取、写入数据。它拥有速度快，耐用防震，无噪音，重量轻等优点，突破了传统机械硬盘的性能瓶颈，拥有极高的存储性能，被认为是存储技术发展的未来新星。

- 光盘存储器。是利用光学原理进行信息读写的存储器。光盘存储器主要由光盘驱动器（即 CD-ROM 驱动器）和光盘组成。光盘驱动器（光驱）是读取光盘的设备，通常固定在主机箱内。常用的光盘驱动器有 CD-ROM 和 DVD-ROM，如图 1-7 所示。

图 1-7　光盘驱动器

光盘是指利用光学方式进行信息存储的圆盘。用于计算机的光盘有以下 3 种类型。

只读光盘：这种光盘的特点是只能写一次，即在制造时由厂家把信息写入，写好后信息永久保存在光盘上。

一次性写入光盘：也称为一次写多次读的光盘，但必须在专用的光盘刻录机中进行。

可擦写型光盘（Erasable Optical Disk）：是能够重写的光盘，这种光盘可以反复擦写，一般可以重复使用。

每种类型的光盘又分为 CD、DVD 和蓝光等格式，CD 的容量一般为 650MB，DVD 的容量分为单面 4.7GB 和双面 8.5GB，蓝光光盘可以达到 25GB。

常用的光盘驱动器有：CD-ROM 光驱，只能读取 CD 类光盘；DVD-ROM，可读取 DVD、CD 类光盘；CD-RW 光驱，可以读取/刻录 CD-R 类光盘；DVD-RW 光驱，可以读取/刻录 DVD-R 类光盘。

- USB 外存设备。这种存储设备以 USB（Universal Serial Bus，通用串行总线）作为与主机通信的接口，可采用多种材料作为存储介质，分为 USB Flash Disk、USB 移动硬盘和 USB 移动光盘驱动器。它是近年来迅速发展的性能很好又具有可移动性的存储产品。

其中最为典型的是 USB Flash Disk（U 盘），它采用非易失性半导体材料 Flash ROM 作为存储介质，U 盘体积非常小，容量却很大，可达到 GB 级别，目前常见的有 8GB、16GB 和 32GB 等。U 盘不需要驱动器，无外接电源，使用简便，可带电插拔，存取速度快，可靠性高，可擦写，只要介质不损坏，里面的数据就可以长期保存。

3. 总线及插卡

在 CPU、存储器和外部设备进行连接时，微机系统采用了总线结构。所谓总线（Bus），实质上是一排信号导线，是在两个以上的数字设备之间提供和传送信息的公用通路，其作用是进行设备彼此间的信息交换。

总线按功能划分，包括数据总线（Data Bus，DB）、地址总线（Address Bus，AB）、控制总线（Control Bus，CB）。

（1）数据总线（DB）。数据总线是双向的，它是 CPU 同各部分交换信息的通路，在 CPU 与内存或者输入/输出接口电路之间传送数据。DB 位数反映了 CPU 一次可以接收数据的能力，即字长。

（2）地址总线（AB）。地址总线用来传送存储单元或者输入/输出接口的地址信息。AB 的根数一般反映了计算机系统的最大内存容量。不同的 CPU 芯片，AB 的数量也不同。例如，8 位 CPU的芯片，地址总线一般是 16 位，可以寻址内存单元数为 65536 个地址，即内存容量最大为 64KB。又如 8088CPU 芯片有 20 根地址线，可以寻址最大内存容量为 1MB。

（3）控制总线（CB）。控制总线用来传送控制器的各种控制信号。它基本上分为两类：一类是由 CPU 向内存或者外部设备发出的控制信号；另一类是由外部设备和有关接口向 CPU 送回的反馈信号或应答信号。

由于目前采用的总线结构特点是标准化和开放性，大大简化了结构，提高了系统的可靠性和标准化，还促进了微机系统的开放性和可扩性。为了提高产品的互换性和便于大规模生产，一些公司、集团提出了几种总线结构标准（或协议）。

（1）ISA 总线（工业标准体系结构）。采用 16 位的数据总线，数据传输率为 8Mbit/s。

早期的 IBM PC/XT 及其兼容机采用的总线通常称为工业标准结构（Industry Standard Architecture，ISA）总线。

（2）PCI 总线（外围组件互连）。能为高速数据提供 32 位或 64 位的数据通道，数据传输率为 132～528Mbit/s，还与 ISA 等多种总线兼容。

PCI 总线主板已成为主板的主流产品。1991 年，由 Intel 公司提出了 PCI（Peripheral Component Interconnect，外围组件互连）总线，20 世纪 90 年代后期，在服务器和工作站中的高速磁盘和网络适配器开始向 66MHz/64 位的 PCI 总线转移，于是又形成了 PCI-X 新总线标准，1993 年 5 月发布了 PCI 2.0。

（3）AGP 总线（加速图形接口）。数据传输率达到 533Mbit/s，可以大大提高图形、图像的处理及显示速度，并具有图形加速功能。高性能的图形芯片在 1996 年就第一个从 PCI 总线中分离出来，形成了单独的总线技术，那就是 AGP（图形加速处理）。其目的有两个：提升显卡的性能和将图像数据从 PCI 中独立出来，PCI 被解放出来供其他设备使用。

（4）USB 总线。通用串行总线（Universal Serial Bus，USB）是由 Intel、Compaq、Digital、IBM、Microsoft、NEC、Northern Telecom 这 7 家世界著名的计算机和通信公司共同推出的一种新型接口标准。它基于通用连接技术，实现外部设备的简单快速连接，达到方便用户、降低成本、扩展 PC连接外部设备范围的目的。它可以为外部设备提供电源，而不像普通的使用串、并口的设备需要单独的供电系统。另外，快速是 USB 技术的突出特点之一，USB 的最高传输率可达 12Mbit/s，比串口快 100 倍，比并口快近 10 倍，而且 USB 还能支持多媒体。

（5）PCI Express 总线。PCI Express 总线（简称 PCIe 或 PCI-E）沿用了现有的 PCI 编程概念及通信标准，但基于更快的序列通信系统，是一种双单向串行通信技术。一条 PCI Express 通道为 4 条连线：一对线路用于传送，另一对线路用于接收；信令频率为 2.5GHz，采用 8b/10b 编码，定义了用于×1、×4、×8、×16 通道的连接器，从而为扩展带宽提供了机会。2002 年 7 月制定了规范，Intel 在 2004 年开始将在其全线芯片组中加入对 PCI Express 系统总线的支持，PCI Express 的图形接口将迅速取代目前的 AGP 图形接口。

4．输入/输出设备

输入设备（Input Device）用于把数据或指令输入给计算机进行处理，常用的输入设备有键盘、鼠标等。

输出设备（Output Device）用来把计算机加工处理后产生的信息按人们所要求的形式送出，

常用的输出设备有显示器、打印机等。

（1）显示器。微型计算机所用的显示器分 LCD（液晶）显示器和 CRT（阴极射线管）显示器。前者已经成为计算机中的主流显示器。

LCD 显示器的特点是：机身薄，节省空间；省电，不产生高温；无辐射；画面柔和，不闪烁，对眼睛伤害较小。

还有一种 LED 显示器，是由发光二极管组成的显示屏。LED 显示器与 LCD 显示器相比，在亮度、功耗、可视角度和刷新速率等方面都更具优势，但价格也更加昂贵。

（2）键盘和鼠标。键盘是最常用也是最主要的输入设备，通过键盘可以将文字、数字、标点符号等输入计算机中，从而向计算机发出命令、输入数据等。PC XT/AT 时代的键盘主要以 83 键为主，并且延续了相当长的一段时间，但随着 Windows 的流行，取而代之的是 101 键和 104 键键盘。

"鼠标"因形似老鼠而得名，鼠标的标准称呼应该是"鼠标器"。鼠标的使用是为了使计算机的操作更加简便，来代替键盘那烦琐的指令。从原始鼠标、机械鼠标、光电鼠标、光机鼠标再到如今的光学鼠标，它从出现到现在已经有 40 年的历史了。鼠标按接口类型可分为串行鼠标、PS/2 鼠标、总线鼠标、USB 鼠标（多为光电鼠标）4 种。串行鼠标通过串行口与计算机相连，有 9 针接口和 25 针接口两种；PS/2 鼠标通过一个 6 针微型 DIN 接口与计算机相连，它与键盘的接口非常相似，使用时注意区分；总线鼠标的接口在总线接口卡上；USB 鼠标通过一个 USB 接口直接插在计算机的 USB 口上。无线鼠标在光电鼠标的基础上进行改良，通过 RF 无线传输实现无线，其内部是电池。无线鼠标使用距离可长可短，携带非常方便。

1.3.3　计算机的软件系统

计算机系统由两大部分组成——计算机硬件和计算机软件。如果只有计算机硬件，则称为计算机裸机，无法单独面对计算机在各个领域的应用，必须要有计算机软件相配合才能完成各种预定的任务。计算机软件是各种程序和相应文档资料的总称。

计算机软件系统是指在计算机上运行的各类程序及其相应的数据、文档的集合。软件系统可分为系统软件和应用软件两大类。

1. 系统软件

系统软件是为计算机提供管理、控制、维护和服务等各项功能，充分发挥计算机效能和方便用户使用的各种程序的集合。系统软件主要包括操作系统、语言处理程序和工具软件等。

（1）操作系统。计算机系统是由硬件和软件组成的一个相当复杂的系统，它有着丰富的软件和硬件资源。为了合理地管理这些资源，并使各种资源得到充分利用，计算机系统中必须有一组专门的系统软件来对系统的各种资源进行管理，这种系统软件就是操作系统（Operating System，OS）。

操作系统管理和控制整个计算机系统中一切可以使用的与硬件因素相关的资源，以及所有用户共需的系统软件资源，并合理地组织计算机工作流程，以便有效地利用资源，为使用者提供一个功能强大、方便实用、安全完整的工作环境，从而在最底层的软硬件基础上为计算机使用者建立、提供一个统一的操作接口。不同的硬件结构，尤其是不同的应用环境，应有不同类型的操作系统，以实现不同的追求目标。

（2）语言处理程序。

① 源程序。用汇编语言或高级语言各自规定使用的符号和语法规则编写的程序称为源程序。

② 目标程序。将计算机本身不能直接读懂的源程序翻译成相应的机器语言程序称为目标程序。

计算机将源程序翻译成机器指令时，有解释和编译两种方式。编译方式与解释方式的工作过程如图 1-8 所示。由图可以看出，编译方式是用编译程序翻译成相应的机器语言的目标程序，然后再通过连接装配程序连接成可执行程序，再执行可执行程序得到结果。在编译之后生成的程序称为目标程序，连接之后形成的程序称为可执行程序，目标程序和可执行程序都以文件方式存放在磁盘上，再次运行该程序，只需直接运行可执行程序，不必重新编译和连接。

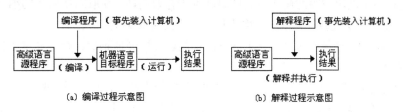

图 1-8　语言处理程序执行过程

解释方式就是将源程序输入计算机后，用该种语言的解释程序将其逐条解释，逐条执行，执行后只得到结果，而不保存解释后的机器代码，下次运行该程序时，还要重新解释执行。

（3）工具软件。又称为服务性程序，是在系统开发和维护时使用的工具，完成一些与管理计算机系统资源及文件有关的任务，包括链接程序、计算机测试和诊断程序、数据库管理软件及数据仓库等。

2．应用软件

应用软件是指为用户解决某个实际问题而编制的程序和有关资料，可分为应用软件包和用户程序。应用软件包是指软件公司为解决带有通用性的问题精心研制的供用户选择的程序。用户程序是指为特定用户（如银行、邮电等行业）解决特定问题而开发的软件，它具有专用性。

通用的应用软件包括文字处理软件、表处理软件等。文字处理软件的功能包括文字的录入、编辑、保存、排版、制表和打印等，Microsoft Word 是目前流行的文字处理软件。表处理软件则根据数据表自动制作图表，对数据进行管理和分析、制作分类汇总报表等，Microsoft Excel 是目前流行的表处理软件。

专用的应用软件有财务管理系统、计算机辅助设计（CAD）软件和本部门的应用数据库管理系统等。还有一类专业应用软件是供软件人员使用的，称为软件开发工具或支持软件，例如，Visual C++和 Visual Basic 等。

微型计算机的软件系统一般包括计算机本身运行所需要的系统软件（System Software）和用户完成特定任务所需要的应用软件（Application Software）两大类。

1.3.4　微型计算机的性能指标

微型计算机的种类多，性能各有不同。要评价一个微型计算机系统的性能，一般可以从以下几个方面的性能指标综合评价。

1．字长

字长是计算机的内存储器或寄存器存储一个字的位数。通常微型计算机的字长为 8 位、16 位、32 位或 64 位。计算机的字长直接影响着计算机的计算精确度。字长越长，用来表示数字的有效位数就越多，计算机的精确度也就越高。

2. 内存容量

微型计算机的内存储器容量随着机型的不同有着很大的差异。内存容量反映内存储器存储二进制代码字的能力。内存容量越大，微型计算机的存储单元数越多，其"记忆"的功能越强。当今微型计算机的内存容量有 1GB、2GB、4GB 等多种。内存容量是微型计算机的一项重要性能指标。

3. 存取周期

存储器进行一次性读或写的操作所需的时间称为存取周期。存取周期通常用纳秒（ns）表示，$1ns=10^{-3}\mu s=10^{-9}s$。当今微型计算机的存取周期约为十几到几十纳秒。

存取周期反映主存储器（内存储器）的速度性能。存取周期越短，存取速度越快。

4. 运算速度

运算速度是计算机进行数值计算、信息处理的快慢程度，以"次/秒"表示。如某种型号的微型计算机的运算速度是 100 万次/秒，也就是说，这种微型计算机在一秒钟内可执行加法指令 100 万次。实际上，运算速度是一个综合性指标，它除了取决于主频（时钟频率）之外，还与字长、运算位数、传输位数、存取速度、通用寄存器数量以及总线结构等硬件特性有关。

现在微型计算机常以主频来衡量运算速度。微型计算机是在统一的时钟脉冲控制下按固定的节拍进行工作。每秒钟内的节拍数称为微机主频。微型计算机执行一条指令约需一个或几个节拍。主频越高，执行指令的时间越短，运算速度就越快。

5. 输入/输出数据的传送率

计算机主机与外部设备交换数据的速度称为计算机输入/输出数据的传送率，以"字节/秒（B/s）"或"位/秒（bit/s）"表示。一般来说，传送率高的计算机要配置高速的外部设备，以便在尽可能短的时间内完成输出。

6. 可靠性与兼容性

一般用微型计算机连续无故障运行的最长时间来衡量微型机的可靠性。连续无故障工作时间越长，机器的可靠性越高。

1.3.5　计算机语言的发展

1. 机器语言

机器语言（即机器指令）是计算机能够直接识别和执行的一组二进制代码。不同的计算机系统具有各自不同的指令，对某种特定的计算机而言，其所有机器指令的集合称为该计算机的机器指令系统。

由于机器指令是二进制代码，所以计算机硬件能直接识别和执行。但是对于使用计算机的程序员来说，机器语言难以掌握和编程，只有少数对计算机硬件有深入理解并熟练掌握编程技术的人员才能用机器指令编程。

2. 汇编语言

为了克服上述机器指令的缺点，用 ADD、SUB、JMP 等英文字母或其缩写形式取代原来的二进制操作码来表示加、减、转移等操作，并采用容易记忆的英文符号名来表示指令和数据地址。这种用助记符来表示的机器指令称为汇编语言。

由于汇编语言与机器指令一一对应，机器指令和汇编语言都是直接与计算机硬件本身密切相关的。但这两种语言都要求程序员了解计算机的硬件，因而学习汇编语言需要积累一定的硬件基础。由于汇编语言执行速度快，易于对硬件进行控制，所以在一些对程序空间和时间要求很高的工业控制场合，汇编语言仍然得到广泛的应用。

3. 高级语言

高级语言是目前应用最为广泛的一类计算机语言。常用的语言如 Basic、Pascal、C 等都是高级语言。之所以称为高级语言，是因为这些语言与自然语言比较接近，容易学习。高级语言可以在不同的机器上执行，使用很方便。与机器语言和汇编语言不同，在高级语言中，与计算机硬件有关的内容被抽去，所以对不懂计算机硬件的人来说，便于学习和使用。

4. 面向对象的语言

面向对象的编程语言与以往各种编程语言的根本区别在于，它设计的出发点就是为了更直接地描述客观世界中存在的事物以及它们之间的关系。

面向对象的编程语言将客观事物看作具有属性和行为的对象，通过归纳找出同一类对象的共同属性和行为，抽象成类。通过类的继承与多态可以很方便地实现代码重用，大大缩短了软件开发周期，并使得软件风格统一。目前应用最广泛的面向对象程序设计语言是在 C 语言基础上扩充出来的 C++语言。

1.4　计算机中的信息表示

计算机在目前的信息社会中发挥的作用越来越重要，计算机的功能也得到了很大的改进，从最初的科学计算、数值处理发展到现在的过程检测与控制、信息管理、计算机辅助系统等方面。计算机不仅仅是对数值进行处理，还要对语言、文字、图形、图像和各种符号进行处理，但因为计算机内部只能识别二进制数，所以这些信息都必须经过数字化处理后，才能进行存储、传送等处理。

1.4.1　数和数制

1. 数制

数制也称计数制，是指用一组固定的符号和统一的规则来表示数值的方法。

记数法通常使用的是进位计数制，即按进位的规则进行计数。在进位计数制中，有"基数"和"位权"两个基本概念。

基数是进位计数制中所用的数字符号的个数。假设以 X 为基数进行计数，其规则是"逢 X 进一"，则称为 X 进制。例如，十进制的基数为 10，其规则是"逢十进一"；二进制的基数为 2，其规则是"逢二进一"。

在进位计数制中，把基数的若干次幂称为位权，幂的方次随该位数字所在的位置而变化，整数部分从最低位开始依次为 0，1，2，3，4，…；小数部分从最高位开始依次为−1，−2，−3，−4，…。

任何一种用进位计数制表示的数，其数值都可以写成按位权展开的多项式之和：

$$N = a_n \times X^n + a_{n-1} \times X^{n-1} + \cdots + a_1 \times X^1 + a_0 \times X^0 + a_{-1} \times X^{-1} + a_{-2} \times X^{-2} + \ldots + a_{-m} \times X^{m}$$

其中，X 是基数；a_i 是第 i 位上的数字符号（或称系数）；X^i 是位权；n 和 m 分别是数的整数部分和小数部分的位数。

例如，十进制数 123.45 可以写成：

$$(123.45)_{10}=1 \times 10^2+2 \times 10^1+3 \times 10^0+4 \times 10^{-1}+5 \times 10^{-2}$$

例如，二进制数 1011 可以写成：

$$(1011)_2=1 \times 2^3+0 \times 2^2+1 \times 2^1+1 \times 2^0=8+0+4+1=(13)_{10}$$

一般在计算机文献中，用在数据末尾加下角标的方式表示不同进制的数。例如，十进制用"（数字）$_{10}$"表示，二进制数用"（数字）$_2$"表示。

在计算机中，一般在数字的后面用特定字母表示该数的进制。例如，B 表示二进制，D 表示十进制（D 可省略），O 表示八进制，H 表示十六进制。

2. 常用数制表示方法

日常生活中，人们习惯使用十进制，有时也使用其他进制，例如，计算时间采用六十进制，1 小时为 60 分钟，1 分钟为 60 秒；在计算机科学中，经常涉及二进制、八进制、十进制和十六进制等；但在计算机内部，不管什么类型的数据都使用二进制编码的形式来表示。下面介绍几种常用的数制：二进制、八进制、十进制和十六进制。

（1）几种常用数制的基本信息及计数特点。表 1-1 列出了几种数制的基本信息及计数特点。

表 1-1　　　　　　　　　　常用数制的基数、数值及各进制的特点

数制	数值符号	基数	特点
十进制	0，1，2，3，4，5，6，7，8，9	10	逢十进一
二进制	0，1	2	逢二进一
八进制	0，1，2，3，4，5，6，7	8	逢八进一
十六进制	0，1，2，3，4，5，6，7，8，9，A，B，C，D，E，F	16	逢十六进一

（2）几种数制之间的简单对应关系。各数制之间的简单对应关系见表 1-2。

表 1-2　　　　　　　　　　二、八、十、十六进制间数的对应关系

数制				数制			
十	二	八	十六	十	二	八	十六
0	0	0	0	8	1000	10	8
1	1	1	1	9	1001	11	9
2	10	2	2	10	1010	12	A
3	11	3	3	11	1011	13	B
4	100	4	4	12	1100	14	C
5	101	5	5	13	1101	15	D
6	110	6	6	14	1110	16	E
7	111	7	7	15	1111	17	F

1.4.2　数制转换

数值转换主要分为十进制数转换为二、八、十六进制数，二、八、十六进制数转换为十进制数和二进制数转换为八、十六进制数 3 类。

（1）十进制数转换为 r 进制数。将十进制数转换为 r 进制数（如二进制数、八进制数和十六进制数等）的方法如下。

整数的转换采用"除 r 取余"法，将待转换的十进制数连续除以 r，直到商为 0，每次得到的

余数按相反的次序（即第一次除以 r 所得到的余数排在最低位，最后一次除以 r 所得到的余数排在最高位）排列起来就是相应的 r 进制数。

小数的转换采用"乘 r 取整"法，将被转换的十进制纯小数反复乘以 r，每次相乘乘积的整数部分若为 1，则 r 进制数的相应位为 1；若整数部分为 0，则相应位为 0。由高位向低位逐次进行，直到剩下的纯小数部分为 0 或达到所要求的精度为止。

对具有整数和小数两部分的十进制数，要用上述方法将其整数部分和小数部分分别转换，然后用小数点连接起来。

【例 1-2】将 $(10.25)_{10}$ 转换为二进制数。

将整数部分"除 2 取余"，将小数部分"乘 2 取整"。

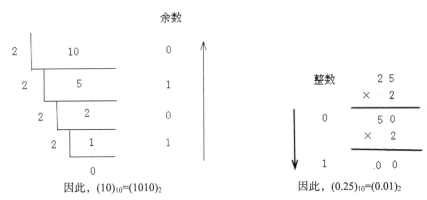

因此，$(10)_{10}=(1010)_2$　　　　因此，$(0.25)_{10}=(0.01)_2$

最后得出转换结果：$(10.25)_{10}=(1010.01)_2$。

（2）将 r 进制数转换为十进制数。将 r 进制数（如二进制数、八进制数和十六进制数等）按位权展开并求和，便可得到等值的十进制数。

【例 1-3】将二进制数 1101 转换为十进制数。

$$(1101)_2=1\times2^3+1\times2^2+0\times2^1+1\times2^0=8+4+1=(13)_{10}$$

【例 1-4】将八进制数 1101 转换为十进制数。

$$(1101)_8=1\times8^3+1\times8^2+0\times8^1+1\times8^0=512+64+1=(577)_{10}$$

【例 1-5】将十六进制数 1101 转换为十进制数。

$$(1101)_{16}=1\times16^3+1\times16^2+0\times16^1+1\times16^0=4096+256+1=(4353)_{10}$$

（3）二进制数与八、十六进制数之间的转换。由于 $8=2^3$，$16=2^4$，因此 1 位八进制数相当于 3 位二进制数，1 位十六进制数相当于 4 位二进制数。

① 二进制数转换为八进制数或十六进制数。把二进制数转换为八进制数或十六进制数的方法如下。

以小数点为界向左和向右划分，小数点左边（整数部分）从右向左每 3 位（八进制）或每 4 位（十六进制）一组构成 1 位八进制或十六进制数，位数不足 3 位或 4 位时最左边补 0；小数点右边（小数部分）从左向右每 3 位（八进制）或每 4 位（十六进制）一组构成 1 位八进制或十六进制数，位数不足 3 位或 4 位时最右边补 0。

例如：

$$(1101010)_2=(1,101,010)_2=(152)_8$$
$$(1101010)_2=(110,1010)_2=(6A)_{16}$$

② 八进制数或十六进制数转换为二进制数。把八进制数或十六进制数转换为二进制数的方

法如下。

把 1 位八进制数用 3 位二进制数表示，把 1 位十六进制数用 4 位二进制数表示。

例如：

$$(12.34)_8=(001,010.011,100)_2=(1010.0111)_2$$

$$(1A.26)_{16}=(0001,1010.0010,0110)_2=(11010.0010011)_2$$

1.4.3　计算机中的信息表示

日常生活中，人们习惯使用十进制，但在计算机领域，最常用到的是二进制，这是因为计算机是由千千万万个电子元件（如电容、电感、三极管等）组成的，这些电子元件一般都只有两种稳定的工作状态（如三极管的截止和导通），用高、低两个电位"1"和"0"表示是在物理上最容易实现的。

其次，计算机内的数据是以二进制数表示的。数据包括字符、字母、符号等文本型数据和图形、图像、声音等非文本型数据。在计算机中，所有类型的数据都被转换为二进制代码形式加以存储和处理。待数据处理完毕后，再将二进制代码转换成数据的原有形式输出。

1．数据的单位

如上所述，任何一个数都是以二进制形式在计算机内存储。计算机的内存是由千千万万个小的电子线路组成的，每一个能代表 0 和 1 的电子线路能存储一位二进制数，若干个这样的电子线路就能存储若干位二进制数。关于计算机数据存储，在计算机中存储的数据用以下的单位表示。

位（比特）：记为 Bit 或简写为 b，是最小的信息单位，用 0 或 1 来表示 1 个二进制数位。

字节：记为 Byte 或简写为 B，是计算机中最小的存储单位。通常每 8 个二进制位构成 1 个字节。字节的容量一般用 KB、MB、GB、TB 来表示，其换算关系如下：

1KB = 1024B $\qquad$ 1GB = 1024MB

1MB = 1024KB $\qquad$ 1TB = 1024GB

字：记为 word 或简写为 w，是计算机中作为一个整体被存取、传送和处理的二进制数字单元。每个字中二进制位数的长度称为字长。1 个字由若干个字节组成，不同的计算机系统的字长是不同的，常见的有 8 位、16 位、32 位、64 位等，字长越长，计算机存放数据的范围越大，精度越高，字长是计算机性能的一个重要指标。

2．数值的表示与运算

（1）字符数据的表示。在计算机数据中，字符型数据占有很大比重。字符编码是指用一系列的二进制数来表示非数值型数据（如字符、标点符号等）的方法，简称为编码。那么，对字符编码需要多少位二进制数呢？假如要表示 26 个英文字母，则 5 个二进制数已足够表示 26 个字符了。但是，每个英文字母有大小写之分，还有大量的标点符号和其他一些特殊符号（如$、#、@、&、+等）。目前计算机中用得最广泛的字符集和编码是由美国国家标准局（ANSI）制定的 ASCII（American Standard Code for Information Interchange，美国标准信息交换码），包括了所有拉丁文字字母。

（2）数值数据的表示。计算机可以通过二进制格式来存储十进制数字，即存储数值型数据。在计算机中表示一个数值型数据需要解决以下两个问题。首先，要确定数的长度。在数学中，数的长度一般指它用十进制表示时的位数。其次，数有正负之分。在计算机中，总是用最高位的二进制数表示数的符号，并约定以"0"代表正数，以"1"代表负数。

3．图像数据的表示

随着信息技术的发展，越来越多的图形信息要求计算机来存储和处理。

在计算机系统中，有两种不同的图形编码方式，即位图编码和矢量编码方式。两种编码方式的不同影响到图像的质量、存储图像的空间大小、图像传送的时间和修改图像的难易程度。

（1）位图图像。是以屏幕上像素点的位置来存储图像的。最简单的位图图像是单色图像。单色图像只有黑白两种颜色，如果某像素点上对应的图像单元为黑色，则在计算机中用 0 来表示；如果对应的是白色，则在计算机中用 1 来表示，如图 1-9 所示。

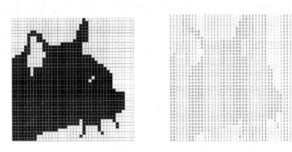

图 1-9　位图图像存储

计算机可以使用 16、256 或 1670 万色来显示彩色图像，颜色越多，用户得到的图像越真实。

位图图像常用来表现现实图像，适合表现比较细致、多层次和色彩丰富、包含大量细节的图像。例如，扫描的图像、摄像机、数字照相机拍摄的图像，或帧捕捉设备获得的数字化帧画面。经常使用的位图图像文件扩展名有 bmp、pcx、tif、jpg 和 gif 等。

由像素矩阵组成的位图图像可以修改或编辑单个像素，即可以使用位图软件（也称照片编辑软件或绘画软件）来修改位图文件。可用来修改或编辑位图图像的软件有 Adobe Photoshop、Micrografx Picture Publisher 等，这些软件能够将图片的局部区域放大，而后进行修改。

（2）矢量图像。是由一组存储在计算机中，描述点、线、面等大小形状及图像位置、维数的指令组成的。它不是真正的图像，而是通过读取这些指令并将其转换为屏幕上所显示的形状和颜色的方式来显示图像的，矢量图像看起来没有位图图像直观。用来生成矢量图像的软件通常称为绘图软件，常用的绘图软件有 Micrografx Designer 和 CorelDraw。

4．音频数据的表示

复杂的声波由许许多多具有不同振幅和频率的正弦波组成，这些连续的模拟量不能由计算机直接处理，必须将其数字化才能被计算机存储和处理。

计算机获取声音信息的过程就是声音信号的数字化处理过程。经过数字化处理之后的数字声音信息能够像文字和图像信息一样被计算机存储和处理。图 1-10 所示即为模拟声音信号转化为数字音频信号的大致过程。

图 1-10　声音信息的采集与存储

存储在计算机上的声音文件的扩展名为 wav、mod、au 和 voc。要记录和播放声音文件，软件方面需要使用声音软件，硬件方面需要使用声卡。

5. 视频数据的表示

视频是图像数据的一种，由若干有联系的图像数据连续播放而形成。人们一般讲的视频信号为电视信号，是模拟量；而计算机视频信号是数字量。

视频信息实际上是由许多幅单个画面帧所构成。电影、电视通过快速播放每帧画面，再加上人眼的视觉滞留效应便产生了连续运动的效果。视频信号的数字化是指在一定时间内以一定的速度对单帧视频信号进行捕获、处理以生成数字信息的过程。

6. 非数值信息的编码

编码是采用少量的基本符号，选用一定的组合原则，将字符变为指定的二进制形式，以表示大量复杂多样信息的技术。前面我们已介绍过，计算机中是以二进制的形式存储和处理信息的，对非数值的文字和其他符号进行处理时，要对文字和符号进行数字化处理，即用二进制编码来表示文字和符号。

字符编码（Character Code）是用二进制编码来表示字母、数字以及专门符号。字符编码的方法很简单，先确定需要编码的字符总数，然后将每一个字符按顺序确定编号，编号值的大小无意义，仅作为识别和使用这些字符的依据。

（1）ASCII 码。ASCII 是英文 American Standard Code For Information Interchange 的缩写，称为"美国标准信息交换代码"，由国际标准化组织认定为国际标准。西文字符编码普遍采用 ASCII 码，ASCII 码有 7 位版本和 8 位版本两种，国际上通用的是 7 位版本。7 位版本的 ASCII 码有 128 个元素，只需用 7 个二进制位（$2^7 = 128$）表示，其中控制字符 34 个，阿拉伯数字 10 个，大小写英文字母 52 个，各种标点符号和运算符号 32 个。用一个字节（8 位二进制位）表示 7 位 ASCII 码时，最高位为 0，它的范围为 00000000B～01111111B。

8 位 ASCII 码称为扩充 ASCII 码，是 8 位二进制字符编码，最高位可以是 0 或 1，它的范围为 00000000B～11111111B，因此可以表示 256 种不同的字符。其中，范围在 00000000B～01111111B 为基本部分，共有 128 种；范围在 10000000B～11111111B 为扩充部分，也有 128 种。尽管美国国家标准信息协会对扩充部分的 ASCII 码已经给出定义，但实际上多数国家都将 ASCII 码扩充部分规定为自己国家语言的字符代码。

（2）十进制 BCD 码。十进制 BCD（Binary-Coded Decimal）码是指每位十进制数用 4 位二进制编码来表示。选用 0000～1001 来表示 0～9 这 10 个数符，这种编码又称为 8421 码。十进制数与 BCD 码的对应关系见表 1-3。

表 1-3　　　　　　　　　　　　十进制数与 BCD 码的对应关系

十进制数	BCD 码	十进制数	BCD 码
0	0000	10	00010000
1	0001	11	00010001
2	0010	12	00010010
3	0011	13	00010011
4	0100	14	00010100
5	0101	15	00010101
6	0110	16	00010110
7	0111	17	00010111
8	1000	18	00011000
9	1001	19	00011001

通过表中给出的十进制数与 BCD 码的对应关系可以看出，2 位十进制数是用 8 位二进制数并

列表示的，但它不是一个 8 位二进制数。如 11 的 BCD 码是 00010001，而二进制数 $(00010001)_2 = (17)_{10}$。

（3）国标码 GB2312-80。汉字编码方案有多种，GB2312-80 是应用最广泛、历史最悠久的一种。GB2312-80 是指我国于 1980 年颁布的"中华人民共和国国家标准信息交换汉字编码"，简称为国标码。

在国标码中，提供了 6763 个汉字和 682 个非汉字图形符号。6763 个汉字按使用频度、组词能力以及用途大小，分为一级常用汉字（按拼音字母顺序）3775 个和二级常用汉字（按笔形顺序）3008 个。规定一个汉字由两个字节组成，每个字节只用低 7 位。一般情况下，将国标码的每个字节的高位设置为 1，作为汉字机内码，这样做既解决了西文机内码与汉字机内码的二义性，又保证了汉字机内码与国标码之间非常简单的对应关系。汉字机内码是供计算机系统内部进行存储、加工处理、传输而统一使用的代码，又称为汉字内码。汉字内码是唯一的。

（4）GBK 和 GB18030。GB2312 表示的汉字比较有限，一些偏僻的地名、人名等用字在 GB2312 中没有，于是我国的信息标准委员会对原标准进行了扩充，得到了扩充后的汉字编码方案 GBK，使汉字个数增加到 20902 个。在 GBK 之后，我国又颁布了 GB18030。GB18030 共收录 27484 个汉字，它全面兼容 GB2312，可以充分利用已有资源，保证不同系统间的兼容性，是未来我国计算机系统必须遵循的基础标准之一。

（5）Unicode。Unicode 是一个多种语言的统一编码体系，被称为"万国码"。Unicode 给每个字符提供了一个唯一的编码，而与具体的平台和语言无关。它已经被 Apple、HP、Microsoft 和 Sun 等公司采用。Unicode 采用的是 16 位编码体系，因此它允许表示 65536 个字符，使用两个字节表示一个字符。

（6）汉字输入码（外码）。汉字输入码是为了将汉字通过键盘输入计算机而设计的代码，有音码、形码和音形结合等多种输入法。外码不是唯一的，可以有多种形式。

（7）汉字字形码。汉字字形码是一种使用点阵方法构造的汉字字形的字模数据，在显示或打印汉字时，需要使用汉字字形码，也称为汉字字库。汉字字形点阵有 16×16、24×24、32×32、64×64、96×96、128×128、256×256 点阵等。点阵越多，占用的存储空间越多。例如，16×16 点阵汉字使用 32 个字节（16×16/8=32）。

1.5　计算机信息安全

1.5.1　信息安全

1. 信息安全的基本概念

信息安全即防止信息财产被故意地或偶然地非授权泄露、更改、破坏或使信息被非法的系统辨识、控制。它包括 5 个基本要素，即确保信息的完整性、保密性、可用性、可控性和可审查性。综合来说，就是要保障信息的有效性。

完整性就是对抗对手的主动攻击，防止信息被未经授权地篡改。

保密性就是对抗对手的被动攻击，保证信息不泄漏给未经授权的人。

可用性就是保证信息及信息系统确实为授权使用者所用。

可控性就是对信息及信息系统实施安全监控。

可审查性即对出现的信息安全问题提供调查的依据和手段。

信息安全主要涉及信息传输的安全、信息存储的安全以及对网络传输信息内容的审计 3 方面。

2. 信息安全分类

信息安全包括操作系统安全、数据库安全、网络安全、病毒防护、访问控制、加密与鉴别 7 个方面。

3. 信息安全技术简介

信息安全是一个系统工程，不是单一的产品或技术可以完全解决的。目前一般多是指计算机网络信息系统的安全。这是因为网络安全包含多个层面，既有层次上的划分、结构上的划分，又有防范目标上的差别。在层次上，涉及网络层的安全、传输层的安全、应用层的安全等；在结构上，不同节点考虑的安全是不同的；在目标上，有些系统专注于防范破坏性的攻击，有些系统是用来检查系统的安全漏洞，有些系统用来增强基本的安全环节（如审计），有些系统解决信息的加密、认证问题，有些系统考虑的是防病毒的问题。任何一个产品不可能解决全部层面的问题，这与系统的复杂程度、运行的位置和层次都有很大关系，因而一个完整的安全体系应该是一个由具有分布性的多种安全技术或产品构成的复杂系统，既有技术的因素，又包含人的因素。用户需要根据自己的实际情况选择适合自己需求的技术和产品。

信息安全技术主要有以下几类：防火墙技术、加密技术、鉴别技术、数字签名技术、审计监控技术、病毒防治技术。

（1）防火墙技术。防火墙技术是一种用来加强网络之间访问控制，防止外部网络用户以非法手段通过外部网络进入内部网络，访问内部网络资源，保护内部网络操作环境的技术。

（2）加密技术。加密技术的核心就是因为网络本身并不安全可靠，故而所有重要信息就全部通过加密处理。加密的技术主要分两种。

① 单匙技术。此技术无论加密还是解密都是用同一把钥匙。这是比较传统的一种加密方法。

② 双匙技术。此技术使用两个相关互补的钥匙：一个称为公钥，另一个称为私钥。公钥是大家被告知的，而私钥则只有每个人自己知道。

（3）鉴别技术。鉴别技术是指对网络中的主体进行验证的技术。一是只有该主体了解的秘密，如口令、密钥；二是主体携带的物品，如智能卡和令牌卡；三是只有该主体具有的独一无二的特征或能力，如指纹、声音、视网膜或签字等。

（4）数字签名技术。对文件进行加密只解决了传送信息的保密问题，而防止他人对传输的文件进行破坏，以及如何确定发信人的身份还需要采取其他的手段，这一手段就是数字签名。

（5）审计监控技术。审计监控技术即建设审计监控体系，是要建设完整的责任认定体系和健全授权管理体系。它是指在网络环境下，借助大容量的信息数据库，并运用专业的审计软件对共享资源和授权资源进行实时、在线的审计服务，从技术上加强了安全管理，从而保证了信息的安全性。

（6）病毒防治技术。病毒防治技术分成 4 个方面，即检测、清除、免疫和防御。除了免疫技术因目前找不到通用的免疫方法而进展不大之外，其他 3 项技术都有相当的进展。

① 病毒预防技术。是指通过一定的技术手段防止计算机病毒对系统进行传染和破坏，实际上它是一种特征判定技术，也可能是一种行为规则的判定技术。

② 病毒检测技术。是指通过一定的技术手段判定出计算机病毒的一种技术。

③ 病毒消除技术。是计算机病毒检测技术发展的必然结果，是病毒传染程序的一种逆过程。

4. 计算机病毒及防范

计算机病毒是借用了生物病毒的概念。生物病毒可传播、传染，使生物体受到严重的损害，甚至导致生物体死亡。计算机病毒的出现及迅速蔓延，给计算机世界带来了极大的危害，严重地干扰了科技、金融、商业、军事等各部门的信息安全。

计算机病毒是指可以制造故障的一段计算机程序或一组计算机指令，它被病毒开发者有意无意地放进一个标准化的计算机程序或计算机操作系统中。然后，该病毒会依照指令不断地进行自我复制，也就是进行繁殖和扩散传播。有些病毒能控制计算机的磁盘系统，再去感染其他系统或程序，并通过磁盘交换使用或计算机联网通信传染给其他系统或程序。病毒依照其程序指令可以干扰计算机的正常工作，甚至毁坏数据，使磁盘、磁盘文件不能使用或者产生一些其他形式的严重错误。

我国计算机病毒的来源主要有两种途径：一个是来自国外的一些应用软件或游戏盘等，如小球病毒、"DIR-2"病毒等；另一个来源是国内，某些人改写国外的计算机病毒或自己编写计算机病毒。如"广州一号"病毒为修改国外"大麻病毒"形成的变种，Bloody 病毒则为国产病毒。病毒的蔓延很快，每天都会有新的病毒产生。一台电脑如果染上了病毒，可能会造成不可估量的破坏性后果。

一般来说，电脑被病毒感染时，常常会出现一些异常现象，例如，数据无故丢失，内存量异常减小，计算机运行速度变慢，引导不正常，文件长度增加或显示一些杂乱无章的内容等。有经验的用户可以利用技术分析法来消除计算机病毒。

在日常使用中，要具有防范意识，特别要注意以下几方面。

（1）尽量不用软盘启动系统。如果确有必要，应该用确信无病毒的系统盘启动。

（2）公共软件在使用前和使用后改用反病毒软件检查，确保无病毒感染。

（3）对所有系统盘和不写入数据的盘片应进行写保护，以免被病毒感染。

（4）计算机系统中的重要数据要定期备份。

（5）计算机启动后和关机前，用反病毒软件对系统和硬盘进行检查，以便及时发现并清除病毒。

（6）对新购买的软件必须进行病毒检查。

（7）不在计算机上运行非法复制的软件或盗版软件。

（8）对于重要科研项目所使用的计算机系统，要实行专机、专盘和专用。

（9）发现计算机系统的任何异常现象，应立即采取检测和消毒措施。

5. 计算机犯罪

同任何技术一样，计算机技术也是一柄双刃剑，它的广泛应用和迅猛发展，一方面使社会生产力获得极大解放；另一方面又给人类社会带来前所未有的挑战，其中尤以计算机犯罪为甚。

计算机犯罪与计算机技术密切相关。随着计算机技术的飞速发展，计算机在社会应用领域的影响急剧扩大，计算机犯罪的类型和领域不断地增加和扩展，从而使"计算机犯罪"这一术语随着时间的推移而不断获得新的含义。因此在学术研究上，关于计算机犯罪迄今为止尚无统一的定义。结合刑法条文的有关规定和我国计算机犯罪的实际情况，计算机犯罪的概念可以有广义和狭义之分：广义的计算机犯罪是指行为人故意直接对计算机实施侵入或破坏，或者利用计算机实施有关金融诈骗、盗窃、贪污、挪用公款、窃取国家秘密或其他犯罪行为的的总称；狭义的计算机犯罪仅指行为人违反国家规定，故意侵入国家事务、国防建设、尖端科学技术等计算机信息系统，或者利用各种技术手段对计算机信息系统的功能及有关数据、应用程序等进行破坏、制作、传播计算机病毒，影响计算机系统正常运行且造成严重后果的行为。

计算机犯罪所涉及的内容如下。

（1）盗窃电子信息和计算机技术之类的行为。

（2）篡改、损害、删除或毁坏计算机程序或文件的行为。

（3）通过计算机为别人犯诸如贪污、欺诈等罪行提供便利。

（4）非法侵入计算机系统，故意篡改或消除计算机数据，非法拷贝计算机程序或数据等行为。

（5）未经机主同意，擅自"访问"或"使用"别人的计算机系统。

（6）妨碍合法用户对计算机系统功能的全面获取，如降低计算机处理信息的能力等。

（7）非法传送"病毒"、"蠕虫"、"逻辑炸弹"等计算机病毒。

（8）利用网络进行盗窃、诈骗、诽谤、侵犯隐私等行为。

（9）非法占有计算机系统及其内容。

6. 计算机信息系统安全保护规范化与法制化

（1）计算机信息系统安全法规的基本内容与作用。随着全球信息化的发展，如何确保计算机信息系统和网络的安全，特别是国家重要基础设施信息系统的安全，已成为信息化建设过程中必须解决的重大问题。由于我国信息系统安全在技术、产品和管理等方面发展相对落后，所以在国际联网之后，信息安全问题变得十分重要。在这种形式下，需要制定适应和保障我国信息化发展的计算机信息系统安全总体策略，全面提高安全水平，规范安全管理等一系列信息系统安全方面的法规。这些法规主要涉及信息系统安全保护、国际联网管理、商用密码管理、计算机病毒防治和安全产品检测与销售 5 个方面。

（2）我国计算机信息系统安全法规简介。

① 信息系统安全保护。《中华人民共和国计算机信息系统安全保护条例》是国务院于 1994 年 2 月 18 日发布的我国第一个关于信息系统安全方面的法规，分五章共三十一条，目的是保护信息系统的安全，促进计算机的应用和发展。

② 国际联网管理。《中华人民共和国计算机信息网络国际联网管理暂行规定》是国务院于 1996 年 2 月 1 日发布的，共十七条，1997 年 5 月 20 日，《国务院关于修改<中华人民共和国计算机信息网络国际联网管理暂行规定>的决定》进行了修订。它体现了国家对国际联网实行统筹规划、统一标准、分级管理、促进发展的原则。

《中华人民共和国计算机信息网络国际联网管理暂行规定实施办法》是国务院信息化工作领导小组于 1997 年 12 月 8 日发布的，共二十五条。它是根据《中华人民共和国计算机信息网络国际联网管理暂行规定》而制定的具体实施办法。

《计算机信息网络国际联网安全保护管理办法》是 1997 年 12 月 11 日经国务院批准，公安部于 1997 年 12 月 30 日发布的，分五章共二十五条，目的是加强国际联网的安全保护。

《中国公用计算机互联网国际联网管理办法》是原邮电部在 1996 年发布的，共十七条，目的是加强对中国公用计算机互联网 China net 国际联网的管理。

《计算机信息网络国际联网出入口信道管理办法》是原邮电部在 1996 年发布的，共十一条，目的是加强计算机信息网络国际联网出入口的管理。

《计算机信息系统国际联网保密管理规定》是由国家保密局发布并于 2000 年 1 月 1 日开始执行的，分四章共二十条，目的是加强国际联网的保密管理，确保国家秘密的安全。

③ 商用密码管理。《商用密码管理条例》是国务院于 1999 年 10 月 7 日发布的，分七章共二

十七条，目的是加强商用密码管理，保护信息安全，保护公民和组织的合法权益，维护国家的安全和利益。

④ 计算机病毒防治。《计算机病毒防治管理办法》是公安部于 2000 年 4 月 26 日发布执行的，共二十二条，目的是加强对计算机病毒的预防和治理，保护计算机信息系统安全。

⑤ 安全产品检测与销售。《计算机信息系统安全专用产品检测和销售许可证管理办法》是公安部于 1997 年 12 月 12 日发布并执行的，分六章共十九条，目的是加强计算机信息系统安全专用产品的管理，保证安全专用产品的安全功能，维护计算机信息系统的安全。

上述 10 个计算机信息系统安全法规基本覆盖了信息系统安全管理所涉及的内容，体现了国家对信息安全的重视。在这些法规基础上，一些省市也相继制定了相关的地方法规，例如山东省的《计算机信息系统安全管理办法》。国家法规和地方法规的相互补充，将大大加强我国在计算机信息系统安全方面的管理，促进我国信息产业的发展。

1.5.2　信息产业

信息产业是从事信息技术设备制造以及信息的生产、加工、传播与服务的新兴产业群体，是信息设备制造业、软件业、通信业与信息服务业等相关产业的总称。

1. 信息产业的发展

当今世界正处于信息时代，信息已被视作现代社会的重要战略资源，信息资源的开发与利用已成为生产力、竞争力、综合国力及社会经济成就的关键因素和社会经济发展的重要推动力。信息技术是支持各高新技术产业迅速发展的核心与动力。因此，各国在高新技术发展战略中都把信息产业列在了首位，使信息产业成为世界上发展最快的产业。

全世界信息产业产值的年均增长率超过整个经济增长率 1 倍以上。各个领域的广泛应用，使信息产业成为世界上发展最快的产业，各国政府在高新技术发展战略中都把信息产业列在了首位。未来几年，信息产业将向多极化、合作化、国际化方向发展，并在世界各国国民经济结构的调整过程中，逐步超越第一、第二产业，形成经济发展的突出地位。

2. 信息产业的分类

信息产业在当今理论界和学术界还没有统一的明确的定义。从窄的范围来理解，有两种说法：一种把信息产业定义为计算机制造、软件开发、光通信、光探测、数据图像处理等设备的制造业；另一种认为信息产业是直接进行信息的生产、流通、加工和分配，以信息产品和信息服务作为其产出的产业。我们认为应从较宽的范围来理解信息产业，信息产业是直接支持人类信息活动的产业群体，包括信息源、信息处理、信息流通 3 个方面。也就是说，信息产业的一部分包括信息设备制造业，它是原第二产业的一部分；信息产业另一部分包括信息产品的生产和信息服务业，它是第三产业的主要部分。根据上述定义界定的信息产业范围，我们将信息产业分为以下 4 大门类：信息设备制造业、通信业、软件业和信息服务业。

3. 我国信息产业的现状

目前，我国已是位居世界前列的电子信息产品生产大国和出口大国，移动和固定电话用户量高居全球第一。信息产业已经成为我国经济的支柱产业。特别是自 20 世纪 90 年代以来，我国电子信息产业一直保持着持续高增长的发展势头。目前，我国的信息产业在全球经济领域已经成为不可忽视的力量，而且正在形成世界经济发展的重要核心。

信息产业已成为当今世界的一个新的经济增长点，其在经济和社会发展中的地位越来越重要。我国信息产业是一个有着广泛发展前景的产业，这是一个不争的事实。但是，当前我们也要清醒地认识到原有发展模式所存在的不足和不能适应的问题。主要体现在信息产业的整体科技创新能力不高，科技投入不足，基础研究相对薄弱，核心技术受制于人，信息产品制造业处于国际产业体系价值链的低端，技术空心化的问题较为严重，并存在较大的信息安全隐患。总体而言，我国的信息科技创新能力与产业发展不协调。由于发展的不协调，形成了当前信息产业发展面临的两大问题：一是产业大而不强；二是国际化的快速发展引发的科技进步投入与知识产权权益之间的不平衡。我们需要认真思考和解决我国科技发展的战略问题，包括标准战略、质量工作战略等。

第 2 章
Windows 7 操作基础

2.1 Windows 7 基础

Windows 7 是由微软（Microsoft）公司开发的操作系统，核心版本号为 Windows NT 6.1。Windows 7 可供家庭及商业工作环境、笔记本电脑、平板电脑、多媒体中心等使用。2009 年 7 月 14 日，Windows 7 RTM（Build 7600.16385）正式上线，2009 年 10 月 22 日，微软公司于美国正式发布 Windows 7。Windows 7 同时也发布了服务器版本——Windows Server 2008 R2。2011 年 2 月 23 日凌晨，微软公司面向大众用户正式发布了 Windows 7 升级补丁——Windows 7 SP1（Build 7601.17514.101119-1850），另外还包括 Windows Server 2008 R2 SP1 升级补丁。

2.1.1 Windows 7 操作系统简介

Windows 7 操作系统继承部分 Vista 特性，在加强系统的安全性、稳定性的同时，重新对性能组件进行了完善和优化，部分功能、操作方式也回归质朴，在满足用户娱乐、工作、网络生活中的不同需要等方面达到了一个新的高度。特别是在科技创新方面，实现了上千处新功能和改变，Windows 7 操作系统成为了微软公司产品中的巅峰之作。

1. Windows 7 操作系统的常见版本

（1）Windows 7 Home Basic（家庭普通版）。提供更快、更简单的找到和打开经常使用的应用程序和文档的方法，为用户带来更便捷的计算机使用体验，其内置的 Internet Explorer 8 提高了上网浏览的安全性。

（2）Windows 7 Home Premium（家庭高级版）。可帮助用户轻松创建家庭网络和共享用户收藏的所有照片、视频及音乐。还可以观看、暂停、倒回和录制电视节目，实现最佳娱乐体验。

（3）Windows 7 Professional（专业版）。可以使用自动备份功能将数据轻松还原到用户的家庭网络或企业网络中。通过加入域，还可以轻松连接到公司网络，而且更加安全。

（4）Windows 7 Ultimate（旗舰版）。是最灵活、强大的版本。它在家庭高级版的娱乐功能和专业版的业务功能基础上结合了显著的易用特性，用户还可以使用 BitLocker 和 BitLocker To Go 对数据加密。

2. 安装 Windows 7 操作系统简介

（1）开始安装 Windows 7 操作系统，首先要得到安装过程的镜像文件，同时通过刻录机将其刻录到光盘当中（如果不具备刻录设备，也可通过虚拟光驱软件，加载运行 ISO 镜像文件），之后重启计算机，进入到 BIOS 设置选项。找到启动项设置选项，将光驱（DVD-ROM 或 DVD-RW）设置为默认的第一启动项目，随后保存设置并退出 BIOS，此时放入刻录光盘，在出现载入界面时按回车键，即可进入 Windows 7 操作系统的安装界面当中，同时自动启动对应的安装向导。

（2）在完成对系统信息的检测之后，即进入 Windows 7 系统的正式安装界面，首先会要求用户选择安装的语言类型、时间和货币方式、默认的键盘输入方式等，如安装中文版本，就选择中文（简体）、中国北京时间和默认的简体键盘即可，设置完成后，则会开始启动安装。安装界面如图 2-1 所示。

（3）单击"开始安装"按钮，启动 Windows 7 操作系统安装过程，随后会提示确认 Windows 7 操作系统的许可协议，用户在阅读并认可后，选中"我接受许可条款"，并进行下一步操作。

（4）此时，系统会自动弹出包括"升级安装"和"全新安装"两种升级选项提示，前者可以在保留部分核心文件、设置选项和安装程度的情况下，对系统内核执行升级操作，例如可将系统从 Windows Vista 旗舰版本升级到 Windows 7 的旗舰版本等，不过并非所有的微软系统都支持进行升级安装。Windows 7 为用户提供了包括升级安装和全新安装两种选项，并支持当前升级的对应版本（仅支持从 Vista 升级到 Windows 7），如图 2-2 所示。

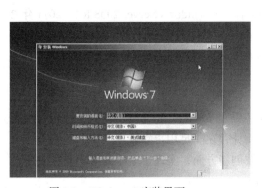

图 2-1　Windows 7 安装界面

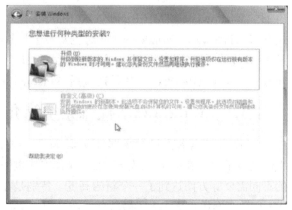

图 2-2　选择安装类型

（5）在选择好安装方式后，下一步则会选择安装路径信息，此时安装程序会自动罗列当前系统的各个分区和磁盘体积、类型等，选择一个确保至少有 8GB 剩余空间的分区，即可执行安装操作，当然，为防止出现冲突，建议借助分区选项，对系统分区先进行格式化后，再继续执行安装操作。

（6）选择安装路径后，执行格式化操作并继续安装系统。选择好对应的磁盘空间后，下一步便会开始启动包括对系统文件的复制、展开系统文件、安装对应的功能组件、更新等操作，期间基本无需值守，当中会出现一到两次的重启操作。

（7）完成配置后，开始执行复制、展开文件等安装工作。文件复制完成后，将出现 Windows 7 操作系统的启动界面，如图 2-3 所示。

（8）经过大约 20min 之后，安装部分便已经成功结束，之后会弹出包括账户、密码、区域和语言选项等设置内容，此时根据提示，即可轻松完成配置向导，之后便会进入到 Windows 7 操作系统的桌面当中，如图 2-4 所示。

图 2-3　Windows 7 启动界面　　　　　　　　图 2-4　Windows 7 登录界面

2.1.2　Windows 7 开关机操作

1．开机操作及其原理

我们按下主机开关和显示器开关以后，Windows 7 自动运行启动。

（1）开启电源。计算机系统将进行加电自检（POST）。如果通过，之后 BIOS 会读取主引导记录（MBR）——被标记为启动设备的硬盘的首扇区，并传送被 Windows 7 建立的控制编码给 MBR。

这时，Windows 接管启动过程。接下来，MBR 读取引导扇区——活动分区的第一扇区。此扇区包含用以启动 Windows 启动管理器（Windows Boot Manager）程序 Bootmgr.exe 的代码。

（2）启动菜单生成。Windows 启动管理器读取"启动配置数据存储（Boot Configuration Data Store）中的信息。此信息包含已被安装在计算机上的所有操作系统的配置信息，并且用以生成启动菜单。

（3）在启动菜单中做不同的操作。

① 如果选择的是 Windows 7（或 Windows Vista），Windows 启动管理器（Windows Boot Manager）运行%SystemRoot%\System32 文件夹中的 OS loader——Winload.exe。

② 如果选择的是自休眠状态恢复 Windows 7 或 Vista，那么启动管理器将装载 Winresume.exe 并恢复先前的使用环境。

③ 如果在启动菜单中选择的是早期的 Windows 版本，启动管理器将定位系统安装所在的卷，并且加载 Windows NT 风格的早期 OS loader（Ntldr.exe）——生成一个由 boot.ini 内容决定的启动菜单。

（4）核心文件加载及登录。Windows 7 启动时，加载其核心文件 Ntoskrnl.exe 和 hal.dll——从注册表中读取设置并加载驱动程序。接下来将运行 Windows 会话管理器（smss.exe），并且启动 Windows 启动程序（Wininit exe）、本地安全验证（Lsass.exe）与服务（services.exe）进程，完成后就可以登录系统了。

（5）登录后的开机加载项目。这时，我们进入了 Windows 7 系统的登录画面。

2．关机操作

Windows 7 的关机操作与 Windows XP 操作系统的关机非常相似，下面具体讲解。

（1）单击"开始"菜单中的"关机"按钮，即可关闭计算机，如图 2-5 所示。

（2）单击"关机"右侧的  按钮，可以对计算机进行其他操作，如图 2-6 所示。

图 2-5 单击"关机"按钮

图 2-6 展开"并机"状态操作菜单

2.1.3 鼠标指针及鼠标操作

1. 鼠标概述

在 Windows 7 中,使用鼠标在屏幕上的项目之间进行交互操作就如同现实生活中用手取用物品一样方便,使用鼠标可以充分发挥操作简单、方便、直观、高效的特点。可以用鼠标选择操作对象,并对选择的对象进行复制、移动、打开、更改、删除等操作。

每个鼠标都有一个主要按钮(也称为左按钮、左键或主键)和次要按钮(也称为右按钮、右键或次键)。鼠标左按钮主要用于选定对象和文本,在文档中定位光标以及拖动项目。单击鼠标左按钮的操作被称为"左键单击"或"单击"。鼠标右按钮主要用于"打开根据单击位置不同而变化的任务或选项的快捷菜单",该快捷菜单对于快速完成任务非常有用。单击次要鼠标按钮的操作被称为"右键单击"。现在多数鼠标在两键之间有一个鼠标轮(也称第三按钮),主要用于"前后滚动文档"。

2. 鼠标的基本操作

鼠标的基本操作如下。

(1)左键单击:指向屏幕上的对象,左键单击,快速放开。

(2)右键单击:指向屏幕上的对象,右键单击,显示快捷菜单。

(3)左键双击:指向屏幕上的对象,然后两次快速单击再放开。如果双击有困难,一般可以通过右键单击对象执行相同的任务。

(4)左键三击:指向屏幕上的对象,快速单击 3 次左键。主要用于选择整个文档。

(5)左键拖动对象:可以将鼠标指针移到屏幕上的对象上,单击并按住左键,将该对象移动到新位置,然后放开。

(6)滚动鼠标轮:如果按钮具有鼠标轮,用食指转动轮子在文档或网页中上下移动。

3. 鼠标指针符号

在 Windows 中,鼠标指针用多种易于理解的形象化的图形符号表示,每个鼠标指针符号出现的位置、含义各不相同，在使用时应注意区分。表 2-1 中列出了 Windows 中常用的鼠标指针符号。

表 2-1　　　　　　　　　　　　　　　鼠标指针符号

指针符号	功能	指针符号	功能
↖	正常选择	↕	垂直调整
↖?	帮助选择	⇔	水平调整
↖○	后台运行	⬉	沿对角线调整 1
○	忙	⬈	沿对角线调整 2
＋	精确选择	✥	移动
I	文本选择	↑	候选
✎	手写	🖑	连接选择
⊘	不可用		

2.1.4　调整任务栏预览窗大小

Windows 7 的任务栏预览功能非常实用，但是还有用户觉得任务栏预览窗口太小了，如果能再大一点就更加方便了。调整方法如下。

（1）单击"开始"菜单，在"搜索"文本框中输入"regedit.exe"，按回车键后打开"注册表编辑器"窗口。

（2）在窗口左侧依次展开到：HKEY_CURRENT_USER\Software\Microsoft\Windows\Current Version\Explorer\Taskband 分支。

（3）在右侧窗格的空白处单击鼠标右键，选择"新建"→"DWORD（32-位）值"菜单命令，并将新建的键值命名为"MinThumbSizePx"。

（4）双击新建的"MinThumbSizePx"键值，然后在弹出的对话框中输入需要调整的预览窗大小（系统默认是 200 左右，用户可以根据情况调整为 300 或更大，而右边的"基数"则选择十进制），如图 2-7 所示。

图 2-7　调整预览窗大小

（5）单击"确定"按钮，关闭注册表，重新启动计算机即可。

2.1.5 任务栏和开始菜单

Windows 7 操作系统在任务栏方面进行了较大程度的改进和革新，包括将从 Windows 95、Windows 98 到 Windows 2000、Windows XP、Windows Vista 都一直沿用的快速启动栏和任务选项进行合并处理，这样通过任务栏即可快速查看各个程序的运行状态、历史信息等，同时对于系统托盘的显示风格也进行了一定程度的改良操作，特别是在执行复制文件过程中，对应窗口还会在最小化的同时也显示复制进度等功能，如图 2-8 所示。

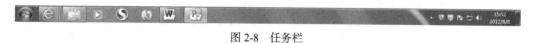

图 2-8　任务栏

（1）把鼠标放在对应的图标上，可以显示窗口的画面，如图 2-9 所示，单击其中的窗口，即可显示当前操作界面。

图 2-9　显示当前操作界面

（2）Windows 7 的任务栏预览功能更加简单和直观，用户可通过任务栏单击属性选项，对相关功能进行调整，如恢复到小尺寸的任务栏窗口，也包括对通知区域的图标信息进行调整，是否启用任务栏窗口预览（Aero Peek）功能等。

（3）右键单击开始菜单，单击"属性"命令，可打开"任务栏和「开始」菜单属性"对话框，则可对显示模式等进行调整，如图 2-10 所示。

图 2-10　"任务栏和「开始」菜单属性"对话框

（4）在 Windows 7 系统的"开始"菜单选项中，我们可以看到很多创新，例如，将各种程序进行归类，将其和包括 Office 文档、记事本等的程序进行了有效整合，方便快速进行管理，调用对应文件等。

2.1.6 窗口及其操作

在 Windows 7 中，除了用鼠标进行窗口之间的切换和窗口的打开外，还可以使用一些特别的快捷键，实现简单快速的操作。

在 Windows 7 系统内打开的多个窗口中，可按"Tab+Windows"组合键实现窗口的折叠显示，方便我们快速在不同窗口之间完成切换等操作，如图 2-11 所示。

图 2-11 折叠窗口显示

另外选择"Tab+Ctrl+Alt"组合键，可以缩略窗口的形式，了解当前开启的窗口内容，同时完成对应的切换操作。按"Tab+Ctrl+Alt"组合键可快速在不同窗口间完成切换，同时当拖动某一窗口上下、左右进行摇晃时，也可以看到其会显示类似水滴的切换效果，快速实现最大化、最小化操作，如图 2-12 所示。

图 2-12 切换效果

2.1.7 桌面及其设置

Windows 7 采用了比 Vista 系统相对更为宽厚的任务栏，这样做的好处是，通过任务栏可以更加方便地管理当前运行的各类程序和窗口信息，关闭边框等耗费资源的程序，在一定程度上避免资源浪费，等等。

同时，如果您的显卡型号支持 Windows 7 系统，那么在默认情况下便会自动开启 Aero 效果（窗口透明和切换效果），如果显卡并未通过微软认证，那么或需要重新安装驱动，或可能暂时无法进行开启。

1. 个性化定制

如果对系统默认的桌面主题、壁纸并不满意，可以通过对应的选项设置对其进行个性定制，方法是在桌面空白处单击鼠标右键，选择菜单中的"个性化"选项，进入"更改计算机上的视觉效果和声音"窗口，如图 2-13 所示。

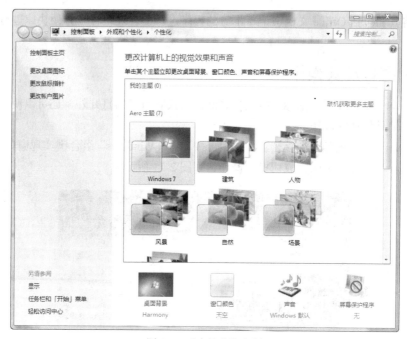

图 2-13 "个性化"定制

2. "桌面背景"设置

Windows 7 系统为用户内置更多的桌面主题信息，包括按照不同的主题类型、风格等进行整齐排列，依次单击即可自动切换到对应的主题状态当中，同时在"桌面背景"选项中还能够设置启用幻灯片形式，自动切换壁纸文件等，通过"窗口颜色"也可以对界面窗口的色调进行调整。在"更改计算机上的视觉效果和声音"窗口中单击"桌面背景"选项，在"桌面背景"窗口中可开启以幻灯片形式自动切换壁纸功能，还可以设置自动切换的时间等，如图 2-14 所示。

图 2-14 "桌面背景"设置

3. "窗口颜色"设置

单击"窗口颜色"选项，在"窗口颜色"窗口中可对模块色调、显示风格进行调整，只要您的硬件条件达到了可支持 Aero 效果的水准，那么同样可以通过 Windows 7 系统实现非常炫目的窗口切换效果，如图 2-15 所示。

图 2-15　"窗口颜色"设置

2.1.8　图标及其基本操作

1. 图标的基本概念

图标是显示在屏幕上代表可由用户操纵的对象的小图像。图标用作视觉记忆帮助，用户无需记住命令或者在键盘上输入这些命令，即可控制某些计算机操作。图 2-16 所示的工具条上的"后退"按钮的图标是 ，见此图标我们会很自然地想到它的功能。将鼠标放在图标上，将出现文字标识其名称和内容。图 2-16 所示的"示例图片"是文件图标，要打开文件或程序，可双击该图标。

通过图标可以访问程序、文件、文件夹、磁盘驱动器、网页、打印机和其他计算机。快捷方式图标仅仅提供所代表的程序或文件的链接。可以添加或删除该图标而不会影响实际的程序或文件。

2. 排列图标

（1）排列桌面图标。右键单击桌面空白处，在弹出的快捷菜单中选择"排序方式"选项，然后在子菜单中选择排序的方式，如名称、大小、项目类型、修改日期。

（2）排列窗口中的图标。在窗口中单击"更改您的视图"按钮 右侧的 按钮处可以更改图标的视图方式，单击子菜单上的一个命令，见表 2-2。

图 2-16　图标

表 2-2　　　　　　　　　　　　　　　　　　排列桌面图标

单击	目的
超大图标	各个文件或文件夹以超大的图标显示
大图标	各个文件或文件夹以较大的图标显示
中等图标	各个文件或文件夹以中等的图标显示
小图标	各个文件或文件夹以较小的图标排列
列表	图标在屏幕中以种类列出来
详细信息	列出文件或文件夹的详细信息，如修改日期、类型、大小等
平铺内容	按照图标的名称、种类平铺在窗口中显示文件或文件夹的具体内容，如作者等

3. 删除不使用的桌面图标

（1）打开"桌面图标设置"窗口的方法是在桌面空白处单击鼠标右键，在弹出的快捷菜单中选择"个性化"→"更改桌面图标"菜单项。

（2）在"桌面图标设置"选项卡上，可以对计算机上的"计算机"、"用户的文件"、"网络"、"回收站"和"控制面板"的显示和隐藏进行设置。

（3）其他的非计算机基本的系统图标可以单击右键或按"Shift+Delete"组合键进行删除。

2.1.9　菜单及其操作

1. "开始"菜单及其使用

单击任务栏上的"开始"按钮，弹出"开始"菜单，如图 2-17 所示。"开始"菜单包含了使用 Windows 7 时需要开始的所有工作，通过它可以轻松地访问计算机上最有用的项目。例如，单击开始菜单可以访问"计算机"、"文档"、"控制面板"、"音乐"等系统文件夹，打开相应文件，使用"控制面板"自定义系统；单击"帮助和支持"，学习使用 Windows，获取疑难解答信息，或得到其他支持；单击"所有程序"，可以打开一个程序列表，列出计算机上当前安装的程序等。

"开始"菜单上的一些项目呈文件夹图标显示，表示此项为二级菜单，二级菜单上还有更多的选项。鼠标单击文件夹图标时，另一个菜单将出现。

再次单击"开始"按钮或在"开始"菜单以外单击，可以取消开始菜单。按键盘上的▦键，也可以启动或关闭"开始"菜单。

"开始"菜单顶部显示当前使用计算机的用户名。底部右侧有"关机"按钮，"关机"按钮右侧有箭头按钮，可以打开执行计算机命令的菜单，如注销计算机、切换用户等。中间部分是程序列表区域，分为左右两个部分。左边程序列表区

图 2-17　"开始"菜单

域在分隔线上方显示的程序称为"固定项目列表"，在分隔线下方显示的程序称为"最常使用的程序列表"。固定项目列表中的程序包括 IE 浏览器和电脑管家等，可以向固定项目列表中添加程序。最常使用的程序列表中显示用户近期经常使用的程序的快捷方式，当使用程序时，程序即会添加到最常使用的程序列表中。Windows 有一个默认的程序数量，在最常使用的程序列表中只能显示这些数量的程序。程序数达到默认值后，最近还未打开的程序便被刚刚使用过的程序替换。可以对最常使用的程序列表中所显示的程序数量进行更改（最多是 18）。右边程序列表区域中保留了"经典开始菜单"中的一些项目和传统桌面上的一些系统文件夹，如"计算机"、"控制面板"等。

"开始"菜单中的项目，有的已经介绍，另外一些重要的项目介绍如下。

（1）"所有程序"。单击它弹出一个程序菜单，包括系统提供的程序、工具和用户安装的程序的快捷方式，通过选择相关的菜单项就可以启动相应的程序。

（2）"文档"。Windows 为计算机的每一个用户创建了个人文件夹，用于存放个人的信息，其默认路径为 "C:\Users\用户名\Documents\"（用户可以修改），可将个人文件夹设置为每个人都可以访问，也可设置为专用，这样只有用户自己可以访问其中的文件。当多人使用一台计算机时，它会使用用户名来标识每个个人文件夹。

（3）"图片"、"音乐"。计算机为用户创建的，默认存储图片和音乐的文件夹。

（4）"计算机"。显示软磁盘、硬盘、CD-ROM 驱动器和网络驱动器中的内容。也可以搜索和打开文件及文件夹，并且访问控制面板中的选项以修改计算机设置。要打开"计算机"窗口，可单击"开始"菜单中的"计算机"。

（5）"游戏"。计算机自带的游戏，双击游戏图标，可以打开游戏窗口。

2．其他菜单及其操作

（1）菜单。显示一个命令列表，其中一些命令旁会显示图像，以便快速地将命令与图像联系起来。大多数菜单都位于菜单栏上，菜单栏是位于屏幕顶部的工具栏，工具栏可以包含按钮、菜单或者二者的组合。

（2）系统菜单。包含可用来操纵窗口或关闭程序命令的菜单。单击标题栏左边的程序图标，

可以打开"系统"菜单。

（3）快捷菜单。显示用于该项目的大多数常用命令，如图 2-18 所示。快捷菜单在这几种情况下也会出现：右键单击桌面上的空白处、文件、文件夹、系统菜单、窗口标题栏、窗口菜单栏、窗口工具栏、"开始"按钮、任务栏空白处、任务栏快速启动工具栏、"任务栏活动区域"按钮、"任务栏语言相关"按钮、任务栏时间等。要显示整个快捷菜单，可在右键单击时按住 Shift 键。

（4）级联菜单。在菜单项列表中，有的菜单项后边带有一个实心三角形符号"▶"，它表示该项还有下一层子菜单，子菜单项还可以包含子菜单。有的菜单项后边带有省略号"…"，它表示该项对应一个对话框，如图 2-19 所示。当鼠标在不同的菜单项间移动时，鼠标指向的目标颜色反向显示，若该项包含子菜单，则显示该子菜单。

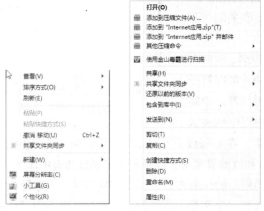

图 2-18 "快捷菜单"命令

图 2-19 级联菜单

2.1.10 对话框及其操作

1. 对话框及组成元素

对话框是一种次要窗口，为向用户提供信息或要求用户提供必要信息而出现的窗口。图 2-20 所示为"更改显示器的外观"对话框。

图 2-20 "更改显示器的外观"对话框

对话框可以由多种元素组成：对话框标题栏、选项卡、下拉列表框、文本框、单选按钮（也称选项按钮）、复选按钮（也称选择框）、命令按钮、微调按钮、标签、表态文本、关闭窗口按钮、帮助按钮等。不同的对话框含有的元素可能不同。下面对主要的组成元素作简要说明。

（1）选项卡。对话框中一般含有选项卡，如图 2-21 所示有 3 个选项卡，分别是"缩进和间距"、"换行和分页"和"中文版式"。每个选项卡上可以放多个诸如单选按钮、命令按钮等对象。

（2）文本框。是在对话框中可键入执行命令所需信息的框。当对话框打开时，文本框可能是空白的，也可能包含文本。

（3）下拉列表框。平时只显示一个选择项，当单击框右边的向下箭头时，可以显示其他选项。它使用方便，占用的空间小。

（4）单选按钮。它一般是显示一组单选按钮，每次只能选择其中的一项，主要用于多选一。

（5）复选按钮。它一般是显示一个或一组复选按钮，每次可选择其中的一项或多项，主要用于多选多。

（6）命令按钮。单击它执行一定的操作。如单击"确定"按钮，则接受用户操作，并退出对话框；如单击"取消"按钮，则不接受用户操作，并退出对话框。

（7）微调按钮。单击微调按钮可以调整微调按钮中的数值。

Windows 7 和以前的 Windows XP 相比，前者有明显的进步和不同。我们就以两者之间复制文件的对话框为例来做个对比。可以明显感觉到，在 Windows 7 下，通过对话框我们可以了解得更多，如图 2-22 所示。

图 2-21　"段落"对话框

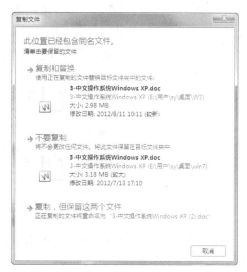

图 2-22　"复制文件"对话框

我们在 Windows 7 计算机桌面和其他目录下各自保存一个"中文操作系统"的 doc 文本文件，然后把其中桌面上的复制到那个保存有同一文件的目录下，由于目录内已经存在一个同名的文件，那么就出现一个复制文件确认对话框。同样，我们在 Windows XP 下也做同一实验，这样可以明显看到两者的不同。

可以看出，在复制文件遇到同名的文件时，Windows XP 只有一个简单的选项，询问我们是否替换文件，而 Windows 7 就详细得多。不仅显示同名需要替换，而且还提供了两个文件的详细信息，以给我们更多选择，让我们根据实际情况再确认是否替换。

2. 对话框的基本操作

（1）选择对话框中的不同元素。用鼠标直接单击相应的部分，或 Tab 键指向前一元素，或按"Shift+Tab"组合键指向前一个元素。

（2）文本框操作。用户可以使用系统提供的默认值；可以删除默认值，并再输入新值；可以修改原有的默认值，首先必须将插入点定位到指定位置再修改，按 Backspace 键可删除插入点前的字符，按 Del 键可删除插入点后的字符。

（3）从下拉列表框中选择值。单击框右边的向下箭头时，显示其他选择项，用鼠标指向要选择的项，单击左键。

（4）选定某单选项。在对应的圆形按钮上或其后的文字上单击左键。

（5）选定或清除复选框。复选框前面的方形框中显示"✓"，表示选定复选框，否则表示未选定复选框。在选定复选框状态下，在对应的方形框上或其后的文字上单击左键，方形框中不显示"✓"，表示没有选定；在未选定复选框状态下，在对应的方形框上或其后的文字上单击左键，方形框中显示"✓"，表示选定复选框。

（6）执行命令按钮操作。在命令按钮上单击左键，或选择某命令按钮并按回车键。多数对话框中被选择的命令按钮或默认选择的按钮有一个粗的边框，当按回车键时，将自动选中该按钮。有的命令按钮名称后边带有省略号"…"，它表示单击此命令按钮将弹出一个对话框，例如图 2-23 中的"快捷键（K）…"按钮。

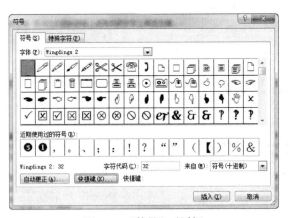

图 2-23 "符号"对话框

（7）取消对话框。单击"取消"按钮，或单击窗口"关闭"按钮，或按 Esc 键均可取消对话框。

2.1.11 帮助系统

1. 帮助和支持概述

Windows 7 为操作系统中的所有功能提供了广泛的帮助。从"Windows 帮助和支持"主页上可以浏览帮助主题，如图 2-24 所示。在"搜索帮助"文本框中输入需要的帮助主题，可以找到相关的信息。

要打开"Windows 帮助和支持"窗口，可选择"开始"菜单中的"帮助和支持"。

在"Windows 帮助和支持"中可以进行以下操作。

（1）"Windows 帮助和支持"是一个有关实际建议、指南和示例的综合资源，它能帮助用户学习如何使用 Windows。单击▇按钮，可以查看到所有 Windows 帮助资源列举的项目，其中包括 Internet 上的资源，如图 2-25 所示。

图 2-24　"Windows 帮助和支持"主页

图 2-25　"Windows 帮助和支持"窗口

（2）帮助和支持功能是全面提供各种工具和信息的资源。不但可以单机查找帮助，还可以广泛访问各种联机帮助系统。通过它可以联机向 Microsoft 技术支持人员寻求帮助，可以与其他 Windows 用户和专家利用 Windows 新闻组交换问题和答案，可以加入 Windows 7 论坛进行讨论。

使用"Windows 帮助和支持"中的很多工具可以查找关于计算机的信息，并使计算机保持有效工作状态。

2. 在"Windows 帮助和支持"中查找所需内容

在🔍按钮的左侧文本框中输入查找内容，再单击🔍按钮，即可找到相应的内容，如输入"文本文档"，单击🔍按钮，即可查找到对应结果，如图 2-26 所示。

3. 其他求助方法

当打开一个窗口或者对话框，在窗口或对话框的右上角会有❓按钮，单击该按钮，可以弹出关于该对话框或关于窗口的帮助信息，如图 2-27 所示是单击 Word 文档中的❓按钮弹出的帮助信息。

图 2-26　帮助和支持中心　　　　　　　图 2-27　"Word 帮助"对话框

2.2　程　序　管　理

2.2.1　程序文件

1．程序文件的含义

程序是为完成某项活动所规定的方法。描述程序的文件称为程序文件，程序文件存储的是程序，包括源程序和可执行程序。

2．质量体系程序文件

质量体系程序文件对影响质量的活动做出规定，是质量手册的支持性文件，应包含质量体系中采用的全部要素的要求和规定，每一质量体系程序文件应针对质量体系中一个逻辑上独立的活动。

3．程序文件的作用

程序文件的作用是使质量活动受控，对影响质量的各项活动作出规定，规定各项活动的方法和评定的准则，使各项活动处于受控状态，阐明与质量活动有关人员的责任，作为执行、验证和评审质量活动的依据，程序的规定在实际活动中执行并留下证据，依据程序审核实际运作是否符合要求。

2.2.2　程序的运行与退出

1．程序的运行

启动应用程序有多种方法，可以用以下任意一种方法。

（1）单击"开始"菜单或其级联菜单中列出的程序，如图 2-28 所示。

图 2-28　通过"开始"菜单打开程序

（2）单击桌面或快速启动工具栏应用程序图标，在图标上右键单击，弹出快捷菜单，单击"打开"命令。

（3）单击文件夹中应用程序或快捷方式的图标，在图标上右键单击，弹出快捷菜单，单击"打开"命令。

（4）单击"开始"，在"搜索程序和文件"文本框中输入应用程序名，按回车键即可。

2．程序的退出

退出程序或关闭运行的程序或窗口如图 2-29 所示，可以用以下任意一种方法。

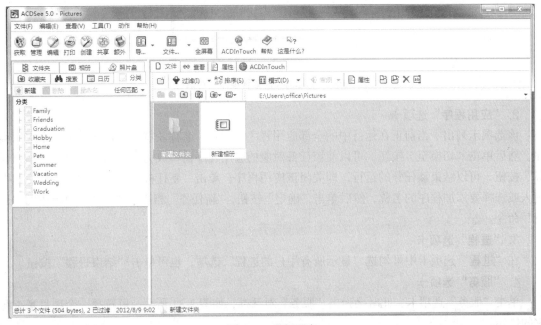

图 2-29　关闭程序

（1）按"Alt+F4"组合键。

（2）单击应用程序窗口右上角的"关闭"按钮。

（3）打开窗口"系统"菜单，执行"关闭"命令。

（4）打开应用程序"文件"菜单，执行"关闭"命令。

（5）打开应用程序"文件"菜单，执行"退出"命令。

（6）右键单击任务栏上对应窗口图标，在弹出的"系统"菜单中执行"关闭"命令。

（7）打开"任务管理器"，执行"结束任务"命令。右键单击任务栏上空白处，在弹出的快捷菜单中单击"任务管理器"菜单项。

2.2.3 任务管理器的使用

任务管理器提供有关计算机上运行的程序和进程信息的 Windows 实用程序。使用"任务管理器"，一般用户主要用它快速查看正在运行的程序状态、终止已经停止响应的程序、结束程序、结束进程、运行新的程序、显示计算机性能（CPU、内存等）的动态概述。

1. 打开任务管理器

右键单击任务栏空白处，在弹出的快捷菜单中选择"启动任务管理器"选项，单击即可打开任务管理器，如图 2-30 所示。

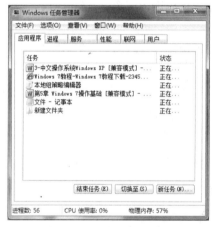

图 2-30 "Windows 任务管理器"对话框

2. "应用程序"选项卡

该选项卡列出了当前正在运行中的全部应用程序的图标、名称及状态。选定其中一个应用程序，然后单击"切换至"按钮，可以使该任务对应的应用程序窗口成为活动窗口；单击"结束任务"按钮，可以结束该任务的运行，即关闭该应用程序；单击"新任务"按钮，在"打开"框中键入或选择要添加程序的名称，然后单击"确定"按钮，"新任务"相当于"开始"菜单中的"运行"命令。

3. "进程"选项卡

在"进程"选项卡中可勾选"显示所有用户的进程"选项，也可单击"结束进程"按钮。

4. "服务"选项卡

单击"服务"选项卡，此时会弹出"服务"对话框，如图 2-31 所示，可选择一个项目来查看它的描述。

图 2-31　"服务"对话框

5. "性能"选项卡

该选项卡显示计算机性能的动态概述，如图 2-32 所示，主要包括下列选项。

（1）CPU 使用率。表明处理器工作时间百分比的图表。该计数器是处理器活动的主要指示器。查看该图表，可以知道当前使用的处理时间是多少。如果计算机看起来运行较慢，该图表就会显示较高的百分比。

（2）CPU 使用记录。显示 CPU 的使用程度随时间的变化情况的图表。

（3）内存。显示分配给程序和操作系统的内存。

（4）物理内存使用记录。显示内存的使用程度随时间的变化情况的图表。

6. "联网"选项卡

在该是选项卡中可查看网络使用率、线路速度和连接状态，如图 2-33 所示。

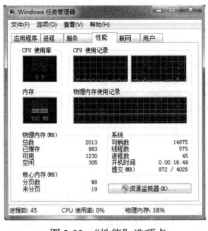

图 2-32　"性能"选项卡

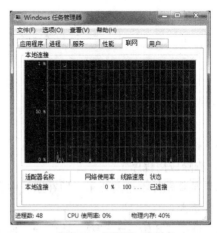

图 2-33　"联网"选项卡

7. "用户"选项卡

在该是选项卡中可查看用户活动的状态，可选择断开、注销或发送消息，如图 2-34 所示。

图 2-34 "用户"选项卡

2.2.4 安装或删除应用程序

1. 安装应用程序

安装应用程序操作步骤如下。

（1）下载应用程序。

（2）双击需要安装的应用程序，会弹出安装应用程序对话框，如图 2-35 所示，单击"下一步"按钮。

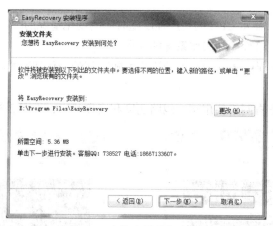

图 2-35 安装应用程序对话框

（3）按照安装程序的提示进行操作。

2. 删除应用程序

如果某款软件不再需要了，留在系统中会占用一定的系统资源，可以将其卸载，以释放被占用的系统资源。

（1）选择"开始"→"控制面板"→"程序"菜单命令，找到"程序和功能"项，如图 2-36 所示。

（2）单击"程序和功能"项，打开"卸载或更改程序"窗口，在列表中找到需要卸载的程序，双击该程序，打开"**卸载"的对话框，如图 2-37 所示。

（3）根据程序提示一步一步完成卸载即可。

图 2-36　"程序和功能"项

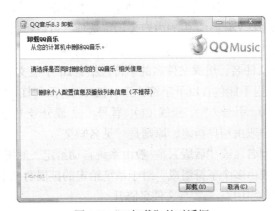

图 2-37 "**卸载"的对话框

2.3　文件和文件夹管理

2.3.1　文件和文件夹基本概念

1．文件和文件夹的概念

（1）文件。是存储在一定介质上的、具有某种逻辑结构的、完整的、以文件名为标识的信息集合。它可以是程序所使用的一组数据，也可以是用户创建的文档、图形、图像、动画、声音、视频等，如图 2-38 所示。文件是操作系统管理信息和独立进行存取的基本（或最小）单位。文件使计算机能够区分不同的信息组。文件是数据的集合，用户可以对这些文件中的数据进行检索、更改、删除、保存或发送到一个输出设备（例如打印机或电子邮件程序）。

（2）文件夹。是图形用户界面中程序和文件的容器，用于存放程序、文档、快捷方式和子文件夹。文件夹是在磁盘上组织程序和文档的一种手段。在屏幕上由一个文件夹的图标和文件夹名来表示。只存放子文件夹和文件的文件夹称为标准文件夹，一个标准文件夹对应一块磁盘空间。文件夹还可以用来存放控制面板、拨号网络、打印机、软盘、硬盘、光盘等。硬盘、光盘等是硬件设备。而控制面板、拨号网络等不能用来存储文件或文件夹，它们实际上是应用程序，是一种特殊的文件夹。如果没有特别说明，本书文件夹都是指标准文件夹，如图 2-39 所示。

Sleep Away

野生动物

图 2-38　文件

示例视频

示例音乐

图 2-39　文件夹

2. 文件名

每个文件必须有且仅有一个标记，称为文件全名，简称文件名。文件名包括服务器名、驱动器号、文件夹路径、文件名和扩展名，最多可包含 255 个字符。其格式如下：

［服务器名］［驱动器号:］［文件夹路径］<文件名>［.扩展名］

（1）文件名格式中的中括号"［ ］"中的内容表示可选项，可以省略。如驱动器号、文件夹路径等可以省略；尖方括号"<>"中的内容为必选项，不能省略。

（2）<文件名>也称主文件名，组成文件名的字符包括：26 个英文字母（大小写同义），数字（0～9）和一些特殊符号，但不能包含以下字符：正斜杠（/）、反斜杠（\）、大于号（>）、小于号（<）、星号（*）、问号（?）、引号（"）、竖线（|）、冒号（:）或分号（;）。汉字可以用作文件名，但不鼓励这样做。文件名一般由用户指定，原则是"见名知义"。

（3）扩展名也称"类型名"或"后缀"，一般由系统自动给定，原则是"见名知类"，它由 3 个字符组成，也可以省略或由多个字符组成。对于系统给定的扩展名，不能随意改动，否则系统将不能识别。扩展名前边必须用点"."与文件名隔开。

3. 文件名通配符

当查找文件、文件夹、打印机、计算机或用户时，可以使用通配符来代替一个或多个字符。当不知道真正的字符或者不想键入完整的名称时，常常使用通配符代替一个或多个字符。通配符有两个：星号"*"和问号"?"，其含义和用法如下。

（1）星号（*）。代表名称为 0 个或多个字符。对于要查找的文件，如果知道它以"gloss"开头，但不记得文件名的其余部分，则可以键入以下字符串"gloss*"，它表示查找以"gloss"开头的所有文件类型的所有文件，包括 Glossary.txt、Glossary.doc 和 Glossy.doc。如果要缩小范围以搜索特定类型的文件，可以键入"gloss*.doc"，它表示查找以"gloss"开头并且文件扩展名为".doc"的所有文件，如 Glossary.doc 和 Glossy.doc 等。

（2）问号（?）。代表名称为 0 个或 1 个字符。例如，键入"gloss?.doc"，它表示查找以"gloss"开头，主文件名最长为 6 个字符并且文件扩展名为".doc"的所有文件，它查找到的文件可能为 Glossy.doc 或 Glooss1.doc，但不会是 Glossary.doc。

4. 文件类型

文件类型可以分为 3 大类：系统文件、通用文件和用户文件。前两类一般在装入系统时安装，其文件名和扩展名由系统指定，用户不能随便改名和删除。用户文件是指用户自己建立的文件，多数是文本文件。

在 Windows 环境中，文件类型指定了对文件的操作或结构特性。文件类型可标识打开该文件的程序，如 Microsoft Word。文件类型与文件扩展名相关联。例如，具有 .txt 或 .log 扩展名的文件是"文本文档"类型，可使用任何文本编辑器打开。

5. 文件属性

文件属性用于指出文件是否为只读、隐藏、准备存档（备份）、压缩或加密，以及是否应索引文件内容以便加速文件搜索的信息等，如图 2-40 所示。

图 2-40　"示例视频属性"对话框

文件和文件夹都有属性页，文件属性页显示的主要内容包括文件类型、与文件关联的程序（打开文件的程序名称）、它的位置、大小、创建日期、最后修改日期、最后打开日期、摘要（列出包括标题、主题、类别和作者等的文件信息）等，不同类型的文件或同一类型的不同文件其属性可能不同，有些属性可由用户自己定义。

通常情况下，建立文件的程序还可以自定义属性，提供关于该文件的其他信息。如使用 Word 创建或编辑文档时，单击"文件"菜单项，在弹出的菜单中选择"属性"，弹出"属性"对话框，选择"自定义"选项卡，可以为文件创建新属性。

2.3.2　管理工具——资源管理器

1. 基本概念

"资源管理器"是 Windows 操作系统提供的资源管理工具，是 Windows 的精华功能之一。我们可以通过资源管理器查看计算机上的所有资源，能够清晰、直观地对计算机上形形色色的文件和文件夹进行管理。在 Windows 7 中，资源管理器更加美观和直观，如图 2-41 所示。

图 2-41　资源管理器窗口

打开资源管理器并显示菜单栏的步骤如下。

（1）在任务栏中单击"Windows 资源管理器"按钮，或在"开始"按钮上单击右键，在弹出的快捷菜单中选择"打开 Windows 资源管理器"菜单命令。

（2）在打开的窗口中按 Alt 键，菜单栏将显示在工具栏上方。若要隐藏菜单栏，可单击任何菜单项或者再次按 Alt 键。若要永久显示菜单栏，在工具栏中选择"组织"→"布局"→"菜单栏"命令，选中"菜单栏"，即可永久显示，如图 2-42 所示。

图 2-42　菜单栏

在 Windows 7 资源管理器左边列表区中，整个计算机的资源被划分为 4 大类：收藏夹、库、计算机和网络，这与 Windows XP 及 Vista 系统都有很大的不同，是为了让用户更好的组织、管理及应用资源，为我们带来更高效的操作。比如在收藏夹下"最近访问的位置"中可以查看到我们最近打开过的文件和系统功能，方便我们再次使用；在网络中，我们可以直接在此快速组织和访问网络资源。此外，更加强大的则是"库"功能，它将各个不同位置的文件资源组织在一个个虚拟的"仓库"中，这样集中在一起的各类资源自然可以极大地提高用户的使用效率。

2. 新功能介绍

Windows 7 资源管理器的地址栏采用了一种新的导航功能，直接单击地址栏中的标题就可以进入相应的界面，单击▼按钮，可以弹出快捷菜单，如图 2-43 所示。另外，如果要复制当前的地址，只要在地址栏空白处单击鼠标左键，即可让地址栏以传统的方式显示。

图 2-43　快捷菜单

在菜单栏方面，Windows 7 的组织方式发生了很大的变化（或者叫简化），一些功能被直接作为顶级菜单而置于菜单栏上，如刻录、新建文件夹功能。

此外，Windows 7 不再显示工具栏，一些有必要保留的按钮则与菜单栏放在同一行中。如视图模式的设置，单击按钮后即可打开调节菜单，在多种模式之间进行调整，包括 Windows 7 特色的大图标、超大图标等模式。在地址栏的右侧，我们可以再次看到 Windows 7 的搜索。在搜索框中输入搜索关键词后按回车键，立刻就可以在资源管理器中得到搜索结果，不仅搜索速度令人满意，且搜索过程的界面表现也很出色，包括搜索进度条、搜索结果条目显示等。

2.3.3　管理文件和文件夹

1．使用文件预览功能快速预览子文件夹

虽然 Windows XP 系统早已实现对图片文件的预览（显示缩略图），不过 Windows 7 的预览功能更为强大，可以支持图片、文本、网页、Office 文件等。

（1）单击选中需要预览的文件，如图片文件或 Word 文档等。

（2）单击 按钮，在窗口右侧的窗格中就会显示出该文件的内容，如图 2-44 所示。

图 2-44　在窗口中预览文件

2．选择多个连续文件或文件夹

需要对多个连续文件或文件夹进行相同操作时，同时将这些文件选中再进行操作，要比一个一个地操作方便很多，方法如下。

（1）单击要选择的第一个文件或文件夹后按住 Shift 键。

（2）再单击要选择的最后一个文件或文件夹，则将以所选第一个文件和最后一个文件为对角线的矩形区域内的文件或文件夹全部选定，如图 2-45 所示。

3．一次性选择不连续文件或文件夹

需要对多个不连续文件或文件夹进行相同操作时，可以使用如下方法将这些文件同时选中。

（1）首先单击要选择的第一个文件或文件夹，然后按住 Ctrl 键。

（2）再依次单击其他要选定的文件或文件夹，即可将这些不连续的文件选中，如图 2-46 所示。

4．快速复制文件或文件夹

这里介绍两种复制文件或文件夹的方法。

图 2-45　选中文件夹

图 2-46　选中不连续的文件

第一种方法：

（1）选定要复制的文件或文件夹。

（2）单击"组织"按钮下拉菜单中的"复制"命令，如图 2-47 所示，或右键单击需要复制的文件或文件夹，在弹出的快捷菜单中选择"复制"命令，也可以按下"Ctrl+C"组合键。

（3）打开目标文件夹（复制后文件所在的文件夹）。

（4）单击"组织"按钮下拉菜单中的"粘贴"命令（参见图 2-47），或者右键单击需要复制的文件或文件夹，在弹出的快捷菜单中选择"粘贴"命令，也可以按下"Ctrl+V"组合键。

第二种方法：

（1）选定要复制的文件或文件夹，然后打开目标文件夹。

（2）按住 Ctrl 键的同时把所选内容使用鼠标左键（按住鼠标左键不放）拖动到目标文件夹（即

复制后文件所在的文件夹）即可。

图 2-47　"复制"命令

5. 快速移动文件或文件夹

需要移动文件或文件夹位置时，可以使用以下两种方法。

第一种方法：

（1）选定要移动的文件或文件夹。

（2）单击"组织"按钮下拉菜单中的"剪切"命令，或者右键单击需要复制的文件或文件夹，在弹出的快捷菜单中选择"剪切"命令，也可以按"Ctrl+X"组合键。

（3）打开目标文件夹（即移动后文件所在的文件夹）。

（4）单击"组织"按钮下拉菜单中的"粘贴"命令，或者右键单击需要复制的文件或文件夹，在弹出的快捷菜单中选择"粘贴"命令，也可以按"Ctrl+V"组合键。

第二种方法：

（1）选定要移动的文件或文件夹。

（2）按住 Shift 键的同时把所选内容使用鼠标左键（按住鼠标左键不放）拖动到目标文件夹（即移动后文件所在的文件夹）即可。

6. 彻底删除不需要的文件或文件夹

顾名思义，彻底删除就是将文件或文件夹彻底从电脑中删除，删除后文件或文件夹不被移动到回收站，所以也不能还原。确认文件彻底不需要了可以将其彻底删除。

（1）选定要删除的文件或文件夹。

（2）按住 Shift 键的同时单击"组织"按钮下拉菜单中的"删除"命令，或右键单击需要删除的文件或文件夹，在弹出的快捷菜单中选择"删除"命令，也可以按下"Shift+Del"组合键。

（3）在弹出的对话框中单击"是"按钮即可，如图 2-48 所示。

图 2-48 "提示"对话框

2.3.4 磁盘管理

1. 磁盘清理

Windows 有时使用特定目的的文件，然后将这些文件保留在为临时文件指派的文件夹中；或者可能有以前安装的现在不再使用的 Windows 组件；或者硬盘驱动器空间耗尽等多种原因，可能需要在不损害任何程序的前提下，减少磁盘中的文件数或创建更多的空闲空间。

可以使用"磁盘清理"清理硬盘空间，包括删除临时 Internet 文件，删除不再使用的已安装组件和程序并清空回收站。如图 2-49 所示，开始磁盘清理程序搜索所需的驱动器，然后列出临时文件、Internet 缓存文件和可以安全删除的不需要的程序文件。可以使用磁盘清理程序删除部分或全部文件。通常情况下，建议用户使用计算机，每隔一个月左右的时间后运行一次"磁盘清理"清理硬盘空间。

磁盘清理的一般步骤如下。

（1）要启动"磁盘清理"程序，依次单击"开始"→"所有程序"→"附件"→"系统工具"→"磁盘清理"命令，或在要进行磁盘清理的盘符上单击右键，如在 C 盘上单击右键，选择"属性"→"常规"→"磁盘清理"命令，如图 2-50 所示。

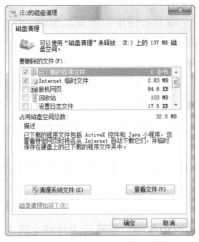

图 2-49 "磁盘清理"对话框

图 2-50 "本地磁盘（C:）属性"对话框

（2）选择要清理的磁盘。

（3）单击"确定"按钮，开始清理磁盘。

（4）磁盘清理结束后，弹出"磁盘清理"窗口，显示可以清理掉的内容。

（5）选择要清除的项目，单击"确定"按钮。

2. 磁盘碎片整理

计算机会在对文件来说足够大的第一个连续可用空间上存储文件。如果没有足够大的可用空间，计算机会将尽可能多的文件保存在最大的可用空间上，然后将剩余数据保存在下一个可用空间上，并依次类推。当卷中的大部分空间都被用作存储文件和文件夹后，大部分的新文件则被存储在卷中的碎片中。删除文件后，在存储新文件时，剩余的空间将随机填充。这样，同一磁盘文件的各个部分分散在磁盘的不同区域。

当磁盘中有大量碎片时，它减慢了磁盘访问的速度，并降低了磁盘操作的综合性能。

磁盘碎片整理程序可以分析本地卷、合并碎片文件和文件夹，以便每个文件或文件夹都可以占用卷上单独而连续的磁盘空间，如图 2-51 所示。这样，系统就可以更有效地访问文件和文件夹，以及更有效地保存新的文件和文件夹。通过合并文件和文件夹，磁盘碎片整理程序还将合并卷上的可用空间，以减少新文件出现碎片的可能性。合并文件和文件夹碎片的过程称为碎片整理。

碎片整理花费的时间取决于多个因素，其中包括卷的大小、卷中的文件数和大小、碎片数量和可用的本地系统资源。首先分析卷，可以在对文件和文件夹进行碎片整理之前找到所有的碎片文件和文件夹，然后就可以观察卷上的碎片是如何生成的，并决定是否从卷的碎片整理中受益。要了解如何分析卷或整理卷的碎片，可按步骤指示，并参阅分析卷和整理卷的碎片。

磁盘碎片整理程序可以对使用文件分配表（FAT）、FAT32 和 NTFS 文件系统格式化的文件系统卷进行碎片整理。

整理磁盘碎片的一般步骤如下。

（1）启动"磁盘碎片整理"程序，选择"开始"→"所有程序"→"附件"→"系统工具"→"磁盘碎片整理"命令，或者在要进行磁盘碎片整理的盘符上单击右键，如在 C 盘上单击右键，选择"属性"→"工具"→"立即进行碎片整理"命令，如图 2-52 所示。

图 2-51　磁盘碎片整理

图 2-52　"磁盘碎片整理"命令

（2）选择要整理的磁盘。

（3）单击"碎片整理"按钮，开始碎片整理。

（4）显示"分析和碎片整理报告"。

3. 检测并修复磁盘错误

可以使用错误检查工具来检查文件系统错误和硬盘上的坏扇区。操作步骤如下。

（1）打开"计算机"窗口，然后选择要检查的本地硬盘，如 F 盘，单击右键，在弹出的对话框中选择"属性"命令。

（2）打开"本地磁盘属性"窗口，在"工具"选项卡的"查错"栏下单击"开始检查"按钮（可参考图 2-52）。

（3）在"磁盘检查选项"下选中"扫描并试图恢复坏扇区"复选框，单击"开始"按钮。

 执行该过程之前，必须关闭所有文件。如果卷目前正在使用，则会显示消息框，提示您选择是否要在下次重新启动系统时重新安排磁盘检查。这样在下次重新启动系统时，磁盘检查程序将运行。此过程运行当中，该卷不能用于执行其他任务。

若该卷被格式化为 NTFS，则 Windows 将自动记录所有的文件事务，自动代替坏簇并存储 NTFS 卷上所有文件的关键信息副本。

2.4　控制面板及常用选项使用

2.4.1　控制面板

1. 控制面板含义

控制面板（control panel）是 Windows 图形用户界面的一部分，可通过"开始"菜单访问。它允许用户查看并操作基本的系统设置和控制，比如添加硬件，添加/删除软件，控制用户账户，更改辅助功能选项，等等。

2. 打开控制面板

选择"开始"→"控制面板"菜单命令，打开"控制面板"窗口，如图 2-53 所示。

图 2-53　"控制面板"窗口

3. 控制面板查看方式

（1）在控制面板窗口中单击"查看方式"后的▼按钮，在弹出的下拉菜单中选择"小图标"，如图 2-54 所示。

图 2-54　"小图标"查看方式

（2）单击"查看方式"后的▼按钮，在弹出的下拉菜单中选择"大图标"，如图 2-55 所示。

图 2-55　"大图标"查看方式

2.4.2　显示属性设置

在"控制面板"窗口中"类别"视图模式下选择"外观和个性化"选项，可在显示的选项中修改需要的设置，下面具体介绍，如图 2-56 所示。

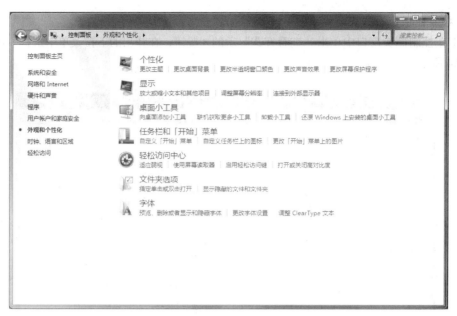

图 2-56   "外观和个性化"选项

1. 放大或缩小文本和其他项目

（1）在"显示"选项下单击"放大或缩小文本和其他项目"选项，在其中选择一个选项，可以更改屏幕上的文本大小以及其他选项，单击"应用"按钮即可，如图 2-57 所示。

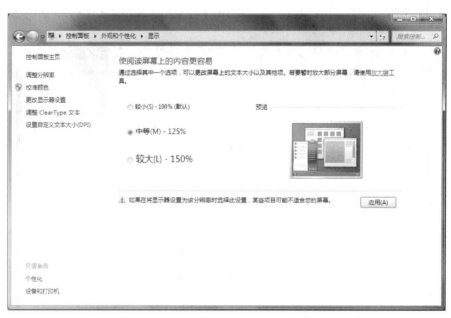

图 2-57   "放大或缩小文本和其他项目"选项

（2）在"字体"选项下单击"调整 ClearType 文本"选项，打开"ClearType 文本调谐器"对话框，单击"下一步"按钮进行调整，使屏幕上的文本适于阅读，如图 2-58 所示。

（3）选择"放大或缩小文本和其他项目"选项，然后单击左侧的"设置自定义文本大小（DPI）"选项，在弹出的"自定义 DPI 设置"对话框中进行设置，如图 2-59 所示。

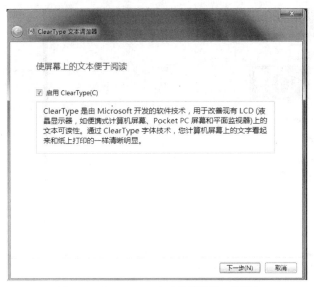

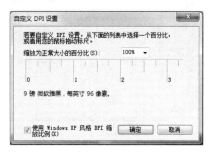

图 2-58　"ClearType 文本调谐器"对话框　　　　图 2-59　"自定义 DPI 设置"对话框

2. 调整屏幕分辨率

（1）在"外观和个性化"窗口中，选择"调整屏幕分辨率"选项，打开"更改显示器的外观"窗口，如图 2-60 所示。

图 2-60　"更改显示器的外观"窗口

（2）单击"分辨率"后面的下拉按钮，在弹出的下拉框中单击鼠标拖动"滑块"，完成后单击"确定"按钮，如图 2-61 所示。

（3）单击"高级设置"按钮，在弹出的对话框中进行高级设置，如图 2-62 所示。

3. 连接到外部显示器

选择"连接到外部显示器"选项，单击"检测"和"识别"按钮，连接外部显示器，如图 2-63 所示。

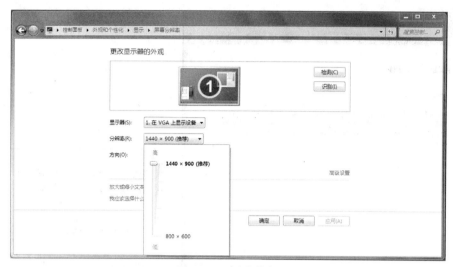

图 2-61　更改分辨率

图 2-62　"高级设置"对话框

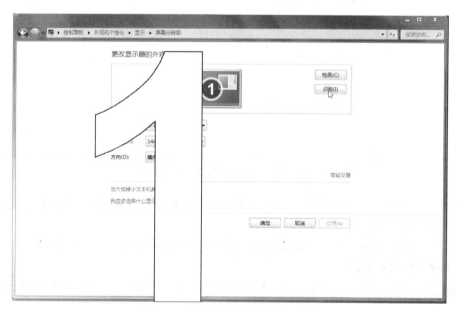

图 2-63　"连接到外部显示器"选项

2.4.3　系统日期和时间设置

在"控制面板"窗口选择"时钟、语言和区域"选项，可进行系统日期和时间设置，如图 2-64 所示。

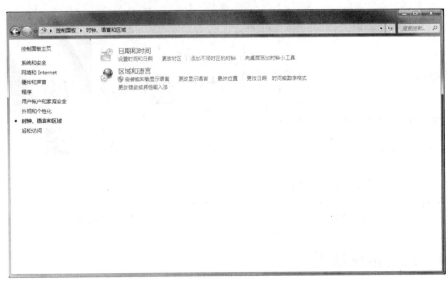

图 2-64　设置"日期和时间"

1．设置时间和日期

（1）选择"日期和时间"选项，打开"日期和时间"对话框，如图 2-65 所示。

（2）单击"更改日期和时间"按钮，在弹出的"日期和时间设置"对话框中进行设置，完成后单击"确定"按钮，如图 2-66 所示。

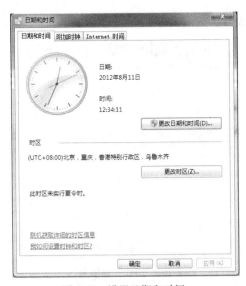

图 2-65　设置日期和时间

图 2-66　"日期和时间设置"对话框

2．更改时区

（1）打开"日期和时间"对话框，单击"更改时区"按钮，在弹出的对话框中对时区进行设置，如图 2-67 所示。

（2）完成后单击"确定"按钮即可。

3. 向桌面添加时钟小工具

选择"向桌面添加时钟小工具"选项，在弹出的窗口中选择时钟小工具进行添加，如图 2-68 所示。

图 2-67　时区设置

图 2-68　添加时钟小工具

2.4.4　设置鼠标属性

在"控制面板"窗口中选择"大图标"或"小图标"视图模式，单击"鼠标"选项，打开"鼠标属性"对话框，如图 2-69 所示。

1. 鼠标键

打开"鼠标属性"对话框，单击"鼠标键"选项卡，可对鼠标键配置、双击速度和单击锁定进行设置。

2. 指针

单击"指针"选项卡，可对鼠标指针进行各种设置，如图 2-70 所示。

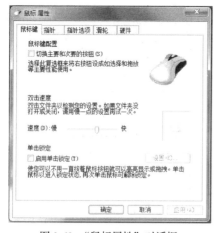

图 2-69　"鼠标属性"对话框

图 2-70　"指针"选项卡

（1）方案：单击"方案"下方的下拉按钮，在弹出的下拉菜单中选择一种方案，如图 2-71 所示。

（2）自定义：在自定义下方的鼠标选项中选择一种鼠标，单击"确定"按钮即可。

（3）启用指针阴影：单击"浏览"按钮，在弹出的"浏览"对话框中选择一种指针阴影，单击"确定"按钮，如图 2-72 所示。

图 2-71　选择方案

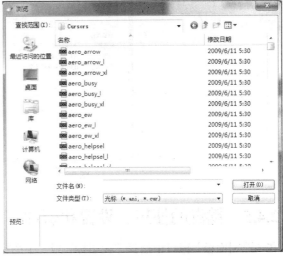

图 2-72　"浏览"对话框

（4）允许主题更改鼠标指针：选中"允许主题更改鼠标指针"复选框，单击"确定"按钮即可。

3. 指针选项

打开"鼠标属性"对话框，选择"指针选项"选项卡，可对鼠标的移动、对齐和可见性进行设置，如图 2-73 所示。

4. 滑轮

打开"鼠标属性"对话框，选择"滑轮"选项卡，可设置鼠标的垂直滚动和水平滚动，如图 2-74 所示。

图 2-73　"指针选项"选项卡

图 2-74　"滑轮"选项卡

5. 硬件

打开"鼠标属性"对话框，选择"硬件"选项卡，可查看并设置鼠标的设备属性，如图 2-75 所示。

图 2-75　"硬件"选项卡

2.4.5　键盘的使用、设置和管理

在"控制面板"窗口中选择"大图标"或"小图标"视图模式，单击"键盘"选项，打开"键盘属性"对话框，如图 2-76 所示。

1. 速度

在"键盘属性"对话框中选择"速度"选项卡，可设置字符重复和光标闪烁速度。

2. 硬件

打开"键盘属性"对话框，选择"硬件"选项卡，可查看并设置键盘的设备属性，如图 2-77 所示。

图 2-76　"键盘属性"对话框

图 2-77　"硬件"选项卡

3. 键盘和语言

（1）在"控制面板"窗口的"类别"模式下单击"时钟、语言和区域"选项下的"更改键盘和其他输入法"选项，打开"区域和语言"对话框，选择"键盘和语言"选项，如图 2-78 所示。

（2）单击"更改键盘"按钮，打开"文本服务和输入语言"对话框，对键盘语言进行设置，如图 2-79 所示。

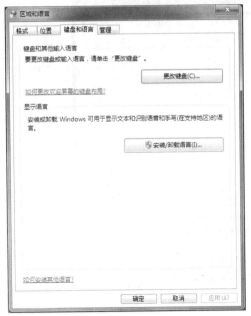

图 2-78　"区域和语言"对话框

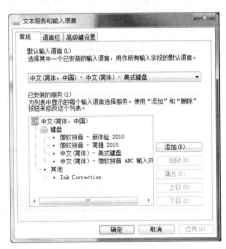

图 2-79　"文本服务和输入语言"对话框

2.4.6　安装新设备

在"控制面板"窗口的"类别"模式下单击"硬件和声音"选项下的"添加设备"选项，打开"添加设备"对话框，可以添加新的设备，如图 2-80 所示。

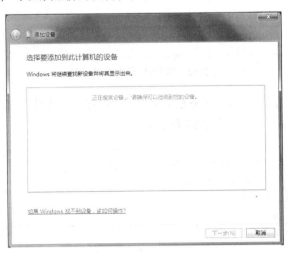

图 2-80　"添加设备"对话框

2.4.7　打印机的添加、设置、使用和管理

在"控制面板"窗口的"类别"模式下单击"硬件和声音"选项下的"查看设备和打印机"选项，打开如图 2-81 所示的对话框。

单击"添加打印机"选项，在弹出的"添加打印机"对话框中查找打印机，根据操作提示进行添加，如图 2-82 所示。

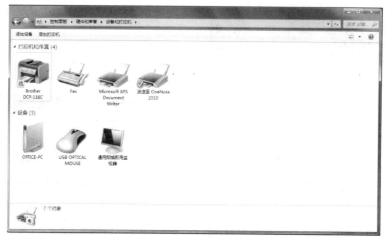

图 2-81 "查看设备和打印机"选项

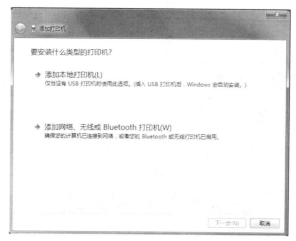

图 2-82 "添加打印机"对话框

在"打印机和传真"窗口的打印任务栏中单击"设置打印机属性",打开"打印机属性"对话框,设置打印纸、打印端口等,如图 2-83 所示。

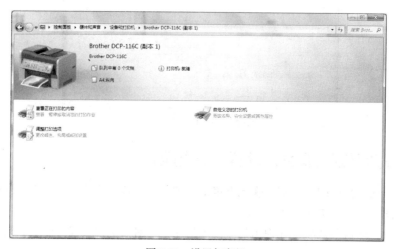

图 2-83 设置打印机

2.4.8　中文输入法设置

（1）在"控制面板"窗口的"类别"视图下选择"更改键盘和其他输入法"选项，打开"区域和语言"对话框，如图 2-84 所示。

（2）选择"键盘和语言"选项卡，单击"更改键盘"按钮，打开"文本服务和输入语言"对话框，如图 2-85 所示。

图 2-84　"区域和语言"对话框

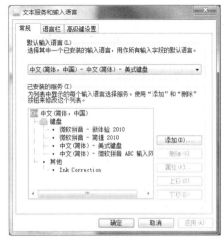

图 2-85　"文本服务和输入语言"对话框

（3）在"已安装的服务"下单击"添加"按钮来添加输入法。在安装的输入法列表中选中不需要的输入法后，即可激活右侧的"删除"按钮，单击"删除"按钮即可删除选中的输入法。

（4）在安装的输入法列表中，也可以对输入的位置进行调整。选中要调整的输入法，即可激活右侧的"上移"、"下移"按钮，进行对应操作即可。

2.4.9　用户账户管理

在"控制面板"窗口的"大图标"或"小图标"模式下单击"用户账户"选项，打开"用户账户"窗口，如图 2-86 所示。

1．更改密码

在"用户账户"窗口中单击"更改密码"选项，打开"更改密码"窗口，可以更改账户密码，如图 2-87 所示。

2．删除密码

在"用户账户"窗口中单击"删除密码"选项，打开"删除密码"窗口，输入当前密码，单击"删除密码"按钮即可删除，如图 2-88 所示。

图 2-86 "用户账户"窗口

图 2-87 "更改密码"窗口

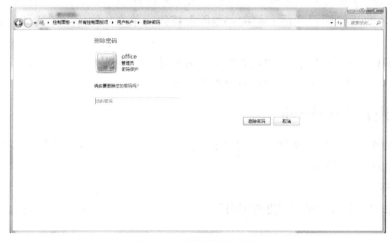

图 2-88 "删除密码"窗口

3. 更改图片

在"用户账户"窗口中单击"更改图片"选项,打开"更改图片"窗口,为账户选择一幅图片，单击"更改图片"按钮，如图 2-89 所示。

图 2-89　"更改图片"窗口

4．更改账户名称

在"用户账户"窗口中单击"更改账户名称"选项，打开"更改名称"窗口，在文本框中输入名称，单击"更改名称"按钮，如图 2-90 所示。

图 2-90　"更改名称"窗口

5．更改账户类型

在"用户账户"窗口中单击"更改账户类型"选项，打开"更改账户类型"窗口，单击"更改账户类型"按钮，进行账户类型的更改，如图 2-91 所示。

6．管理其他账户

在"用户账户"窗口中单击"管理其他账户"选项，打开"管理账户"窗口，选择其他的账户进行更改，如图 2-92 所示。

7．更改用户账户控制设置

在"用户账户"窗口中单击"更改用户账户控制设置"选项，打开"用户账户控制设置"窗口进行设置。完成后单击"确定"按钮，如图 2-93 所示。

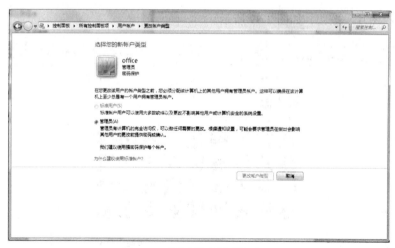

图 2-91　"更改账户类型"窗口

图 2-92　"管理账户"窗口

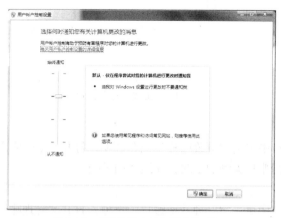

图 2-93　"用户账户控制设置"窗口

2.4.10　个性化环境设置

在"控制面板"窗口的"类别"模式下选择"外观和个性化"选项，如图 2-94 所示。

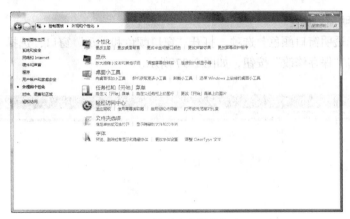

图 2-94　"外观和个性化"窗口

1. 更改主题

选择"更改主题"选项，打开"更改主题"窗口，选择一种主题进行更改，如图 2-95 所示。

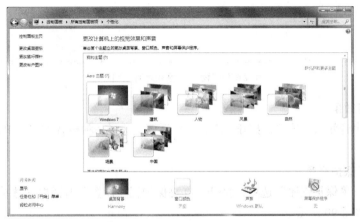

图 2-95　"更改主题"窗口

2. 更改桌面背景

选择"更改桌面背景"选项，打开"桌面背景"窗口，在"图片位置"后面单击"浏览"按钮，选择图片进行更改，如图 2-96 所示。

图 2-96　"桌面背景"窗口

3. 更改半透明窗口颜色

选择"更改半透明窗口颜色"选项，打开"窗口颜色和外观"窗口，选择一种半透明窗口颜色进行更改，单击"保存修改"按钮，如图 2-97 所示。

图 2-97 "窗口颜色和外观"窗口

4. 更改声音效果

选择"更改声音效果"选项，打开"声音"对话框，选择一种声音方案，单击"确定"按钮，如图 2-98 所示。

5. 更改屏幕保护程序

选择"更改屏幕保护程序"选项，打开"屏幕保护程序设置"对话框，选择一种屏幕保护程序进行更改，如图 2-99 所示。

图 2-98 "声音"对话框

图 2-99 "屏幕保护程序设置"对话框

2.5　Windows 系统维护和其他附件

2.5.1　系统维护工具

1. 系统优化

（1）判断计算机上是否已安装了防病毒软件。Windows 7 的操作中心可以自动判断系统中是否已经安装了防病毒软件，如果没有安装，操作中心会弹出提示信息。另外，用户也可以手动进行检查，方法如下。

① 在"控制面板"中单击"系统和安全"分类下的"操作中心"链接，打开"操作中心"窗口，单击 查看防病毒选项(V) 按钮，如图 2-100 所示。

② 在弹出的"选择防病毒软件选项"对话框中单击"显示这台计算机上的防病毒程序"选项，如图 2-101 所示。

图 2-100　"操作中心"窗口

图 2-101　"选择防病毒软件选项"对话框

③ 在弹出的"已安装的病毒防护程序"对话框中可以查看计算机中是否安装了防病毒软件，如图 2-102 所示。

图 2-102 "已安装的病毒防护程序"对话框

（2）手动更新 Windows Defender。Windows Defender 具有查杀间谍软件和流氓软件的功能，和杀毒软件一样，在使用时最好保证其是最新的，所以在使用前要对其进行更新，方法如下。

① 单击"开始"菜单，在"搜索"文本框中输入"Windows Defender"，按回车键后打开"Windows Defender"窗口。

② 单击❓右侧的▪按钮，在弹出的菜单中选择"检查更新"命令，如图 2-103 所示。

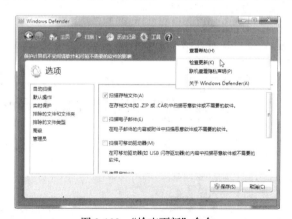

图 2-103 "检查更新"命令

③ 程序开始检查更新，如果有新的更新，程序将自动进行更新，如图 2-104 所示。

图 2-104 开始检查更新

（3）打开 Windows Defender 实时保护。开启 Windows Defender 实时保护功能，可以最大限度地保护系统安全，方法如下。

① 在 Windows Defender 窗口中单击 按钮，在打开的"工具和设置"窗口中单击"选项"链接，如图 2-105 所示。

② 在"选项"窗口中首先单击选中左侧的"实时保护"项，然后在右侧窗格中选中"使用实时保护"和其下的子项，如图 2-106 所示。

图 2-105　"工具和设置"窗口

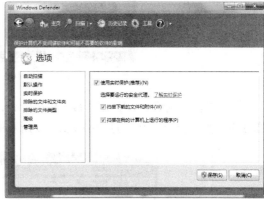

图 2-106　"实时保护"项

③ 单击 按钮即可。

（4）使用 Windows Defender 扫描计算机。如果怀疑计算机被植入了间谍程序或恶意软件，可以使用 Windows Defender 扫描计算机。

① 打开"Windows Defender"窗口。

② 单击 按钮右侧的 ，在弹出的菜单中选择一种扫描方式，如果是第一次扫描，建议选择"完全扫描"，如图 2-107 所示。

图 2-107　选择扫描

③ 选择后即可开始扫描，如图 2-108 所示。

2．系统备份与还原

（1）利用系统镜像备份 Windows 7。Windows 7 系统备份和还原功能中新增了"创建系统映像"功能，可以将整个系统分区备份为一个系统映像文件，以便日后恢复。如果系统中有两个或者两个以上系统分区（双系统或多系统），系统会默认将所有的系统分区都备份。备份方法如下。

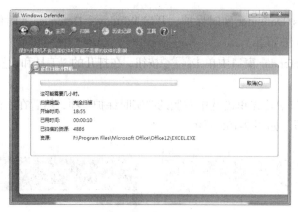

图 2-108　开始扫描

① 选择"开始"→"控制面板"菜单命令，打开"控制面板"窗口。选择"系统和安全"→"备份和还原"选项命令，打开如图 2-109 所示的"备份或还原文件"窗口。

图 2-109　"备份或还原文件"窗口

② 单击左侧窗格中的"创建系统映像"链接，打开"你想在何处保存备份？"对话框。该对话框中列出了 3 种存储系统映像的设备，本例中选择"在硬盘上"，然后单击下面的列表框，选择一个存储映像文件的分区，如图 2-110 所示。

图 2-110　"你想在何处保存备份？"对话框

③ 单击"下一步"按钮，打开"您要在备份中包括哪些驱动器？"对话框，在列表框中可以选择需要备份的分区，系统默认已选中了系统分区，如图 2-111 所示。

④ 单击"下一步"按钮，打开"确认您的备份设置"对话框，其中列出了用户选择的备份设置，确认无误即可单击 开始备份(S) 按钮开始备份，如图 2-112 所示。

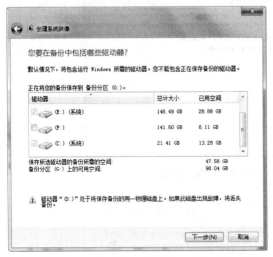
图 2-111 "您要在备份中包括哪些驱动器？"对话框

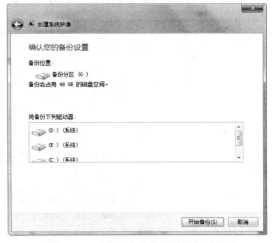
图 2-112 "确认您的备份设置"对话框

⑤ 单击"开始备份"按钮，弹出如图 2-113 所示对话框，同时显示出了备份进度。

图 2-113 备份进度

⑥ 接下来就是等待备份完成了，备份完成后在弹出的对话框中单击"关闭"按钮即可。

（2）利用系统镜像还原 Windows 7。当系统出现问题影响使用时，就可以使用先前创建的系统映像来恢复系统。恢复的步骤很简单，在系统下进行简单设置，然后重启计算机，按照屏幕提示操作即可。

① 在"控制面板"中选择"系统和安全"→"备份和还原"命令，打开"备份或还原文件"窗口。单击窗口下方的"恢复系统设置或计算机"链接，如图 2-114 所示。

② 在"将此计算机还原到一个较早的时间点"窗口中单击下方的"高级恢复方法"链接，如图 2-115 所示。

③ 在"选择一个高级恢复方法"窗口中单击"使用之前创建的系统映像恢复计算机"，如图 2-116 所示。

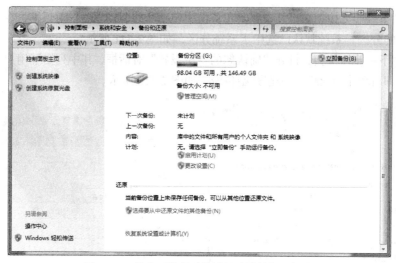

图 2-114 单击"恢复系统设置或计算机"链接

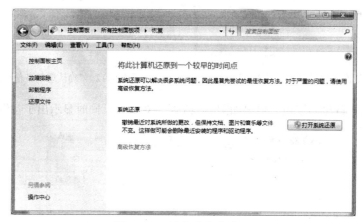

图 2-115 "高级恢复方法"

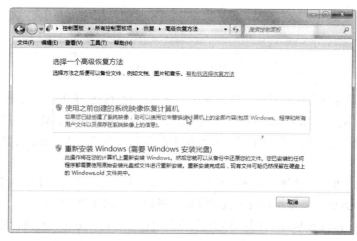

图 2-116 "选择一个高级恢复方法"窗口

④ 在"您是否要备份文件？"窗口中，因为之前提示了用户备份重要文件，所以这里单击 跳过 按钮，如图 2-117 所示。

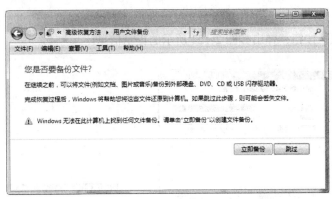

图 2-117　"您是否要备份文件？"窗口

⑤ 接着会打开"重新启动计算机并继续恢复"窗口，单击 重新启动 按钮，计算机将重新启动，如图 2-118 所示。

⑥ 重新启动后，计算机将自动进入恢复界面，在"系统恢复选项"对话框中选择键盘输入法，这里选择系统默认的"中文（简体）-美式键盘"，如图 2-119 所示。

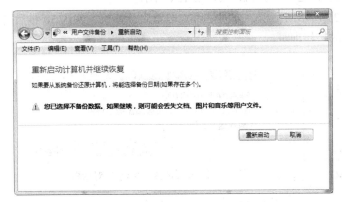

图 2-118　"重新启动计算机并继续恢复"窗口

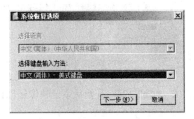

图 2-119　"系统恢复选项"对话框

⑦ 在"选择系统镜像备份"对话框中选中"使用最新的可用系统映像"单选项，如图 2-120 所示。

⑧ 单击"下一步"按钮，在"选择其他的还原方式"对话框中根据需要进行设置，一般无需修改，使用默认设置即可，如图 2-121 所示。

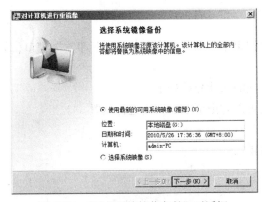

图 2-120　"选择系统镜像备份"对话框

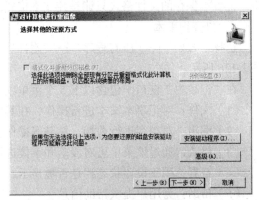

图 2-121　"选择其他的还原方式"对话框

⑨ 单击"下一步"按钮，在打开的对话框中列出了系统还原设置信息，如图 2-122 所示。

⑩ 单击"完成"按钮，弹出如图 2-123 所示的提示信息。

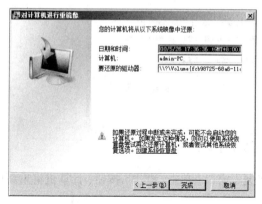

图 2-122　系统还原设置信息

图 2-123　提示信息

⑪ 单击"是"按钮，开始从系统映像还原计算机，如图 2-124 所示。

⑫ 还原完成后，会弹出如图 2-125 所示对话框，询问是否立即重启计算机，默认 50 秒后自动重新启动，这里根据需要单击相应的按钮即可。

图 2-124　开始从系统映像还原计算机

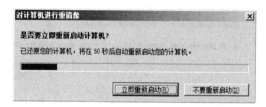

图 2-125　"提示"对话框

2.5.2　记事本

记事本是 Windows 操作系统提供的一个简单的文本文件编辑器，用户可以利用它来对日常事务中使用到的文字和数字进行处理，如剪切、粘贴、复制、查找等。它还具有最基本的文件处理功能，如打开与保存文件、打印文档等，但是在记事本程序中不能插入图形，也不能进行段落排版。记事本保存的文件格式只能是纯文本格式。

1. 打开记事本

选择"开始"→"所有程序"→"附件"→"记事本"命令，即可打开"记事本"窗口，如图 2-126 所示。

在"记事本"窗口中包含以下 5 个菜单项，各项的功能介绍如下。

（1）文件：对记事本文本进行操作，在其中还可以对记事本的页面进行设置。

（2）编辑：对内容进行剪切、粘贴等操作。

（3）格式：通过该菜单可对段落和字体进行设置。

（4）查看：用于设置状态栏是否被显示。

（5）帮助：为用户提供帮助信息。

图 2-126　"记事本"窗口

2. 编辑操作记事本

（1）新建记事本文件。每次打开记事本时，记事本都会自动新建一个文本文档，用户也可以手动新建文本文档，方法是在记事本窗口中选择"文件"→"新建"命令或按"Ctrl+N"组合键。

（2）输入编辑文本。把光标定位到需要输入文本的地方，即可输入文本，输入文本后拖动鼠标，即可选择文本，然后单击记事本中的文件、编辑、格式、查看等相应的命令，即可执行不同的操作。如删除一段文字，先选中文字，然后选择"编辑"→"删除"命令，即可删除文本，如图 2-127 所示。或者选中文字后按 Backspace 键或 Delete 键进行删除。

3. 保存记事本

输入编辑好文本后，需要把编辑的文本保存起来，方便以后使用，选择"文件"→"保存"命令，打开"另存为"对话框，如图 2-128 所示。找到保存路径，然后输入名称，单击"保存"按钮即可。

图 2-127　选择删除文本

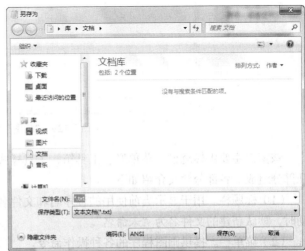

图 2-128　保存记事本

保存后的记事本文件，如果以后需要使用，双击记事本图标即可打开，或者在新的记事本中选择"文件"→"打开"命令或按"Ctrl+O"组合键，打开"打开"对话框，在该对话框中选择要打开的文件，单击"打开"按钮即可。

4．退出记事本

对记事本中的文档完成操作后，便可退出记事本。选择"文件"→"退出"命令，关闭"记事本"窗口，即可退出记事本程序，或者单击标题栏右侧⊠按钮，也可关闭记事本文档。

2.5.3　画图

1．画图程序简介

画图程序是一个简单的图形应用程序，它具有操作简单、占用内存小、易于修改、可以永久保存等特点。

画图程序不仅可以绘制线条和图形，还可以在图片中进行 加入文字，对图像进行颜色处理和局部处理以及更改图像在屏幕上的显示方式等操作。

选择"开始"→"所有程序"→"附件"→"画图"命令，打开画图程序，如图 2-129 所示。

图 2-129　"画图"程序

该窗口主要由标题栏、菜单栏、工具箱、工具样式区、前景色、背景色、画图区、颜料盒等几部分组成，各部分含义介绍如下。

（1）标题栏。用于显示当前使用的程序名和文件名。这里的文件名是指画图的名称，程序启动时，默认新建的文件名为"未命名"。

（2）菜单栏。提供画图程序的各种操作命令。

（3）工具箱。提供画图时需要使用的各种工具，从工具的名称可看出该工具的作用。

（4）工具样式区。在其中可以选择某些工具不同的大小和形状。

（5）前景色。指将要绘制图形所使用的颜色，默认为黑色。要对前景色进行改变，只需在颜料盒中单击所需的颜色即可。

（6）背景色。指画纸的颜色，它决定了用户可以在什么底色上绘画，默认为白色。要对背景色进行改变，只需要在颜料盒中右键单击所需的颜色即可。

（7）画图区。相当于画图的画纸，即画图的场所。

（8）颜料盒。提供了多种可供使用的颜色。

2. 画图操作

打开程序以后，在画图区域即可进行画图操作，选择相应的图形形状和需要的颜色，在画布中拖动鼠标即可绘图，如绘制一个红色的矩形框，单击选择矩形工具，并且在颜料盒中单击红色，画出的效果如图 2-130 所示。如果需要填充颜色，可单击 按钮，再选择需要的颜色，在图画上单击，即可填充颜色。

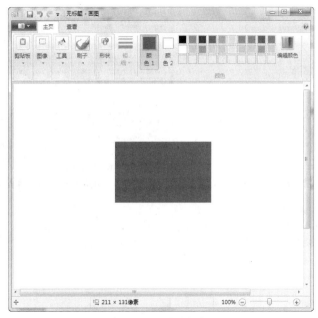

图 2-130　填充颜色

3. 保存图画

画图完成以后，单击 按钮，在弹出的下拉菜单中选择"保存"或"另存为"，或者单击 按钮，都可进行保存操作。

2.5.4　计算器

计算器是方便用户计算的工具，它操作界面简单，而且容易操作。

1. 标准型计算器

选择"开始"→"所有程序"→"附件"→"计算器"命令，即可启动"计算器"程序，如图 2-131 所示。

在标准型计算器中，0～9 十个数字按钮分别用于输入相应的数字，其他按钮为一些运算符号以及操作控制按钮。

←按钮：删除显示数字的最右边一个数字。

CE 按钮：清除数值显示栏中所显示的数字。

C 按钮：用于计算器的复位，即数值归零。

% 按钮：计算数字的百分比。

1/x 按钮：计算显示数的倒数。

MC 按钮：清除计算存储中的所有数字。

MR 按钮：调出计算内存中的数字。

MS 按钮：将显示的数字存入内存。

M+ 按钮：将所显示的数字与存储数相加。

2. 科学型计算器

当需要对输入的数据进行乘方等运算时，可切换至科学型计算器界面，在标准型计算器界面中选择"查看"→"科学型"命令，可打开如图 2-132 所示的界面。

图 2-131 "计算器"程序

图 2-132 切换至科学型计算器界面

第3章
文字处理软件 Word 2010

3.1 中文 Word 2010 概述

3.1.1 Microsoft Office 2010 简介

Microsoft Office 2010 是微软公司推出的新一代办公软件。该软件共有 6 个版本，分别是初级版、家庭及学生版、家庭及商业版、标准版、专业版和专业高级版。

Microsoft Office 2010 在旧版本的基础上做出了很大的改变。首先在界面上，Office 2010 采用 Ribbon 新界面主题，使界面简洁明快；另一方面，新版本的 Microsoft Office 2010 进行了许多功能上的优化，例如，具有改进的菜单和工具、增强的图形和格式设置。同时也增加了许多新的功能，特别是在线应用，可以使用户更加方便、更加自由地去表达自己的想法，去解决问题以及与他人联系。

3.1.2 Word 2010 的基本功能

Word 2010 提供了许多编辑工具，可以使用户更轻松地制作出比以前任何版本都精美的具有专业水准的文档。它在继承旧版本中功能的基础上还增加了许多新的功能。

- 新增"文件"标签，管理文件更方便。

在 Word 2007 版本中，让用户较为不适应的是"文件"选项栏，即 Office 按钮。然而在 Word 2010 中，可以通过"文件"标签对文档进行设置权限、共享文档、新建文档、保存文档、打印文档等操作，如图 3-1 所示。

- 新增字体特效，让文字不再枯燥。

在 Word 2010 中，用户可以为文字轻松地应用各种内置的文字特效，除了简单的套用，用户还可以自定义为文字添加颜色、阴影、映像、发光等特效，设计出更加吸引眼球的文字效果，让读者阅读文章时不会感觉到枯燥，如图 3-2 所示。

- 新增图片简化处理功能，让图片更亮丽。

在 Word 2010 中，对于在文档中插入的图片可以进行简单处理。不仅可以对图片增加各种艺术效果，还可以修正图片的锐度、柔化、对比度、亮度以及颜色，这样简单处理图片就不需要使用专业的图片处理工具，如图 3-3 所示。

图 3-1 "文件"标签

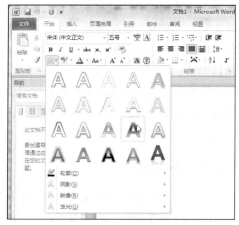

图 3-2 增添特效字体

图 3-3 增添图片艺术效果

● 快速抠图的好工具——"删除背景"功能。

"删除背景"功能是 Word 2010 新增加的一项功能。利用该功能，在文档中可以对图片进行快速"抠图"，方便而高效地将图片中的主题"抠"出来，如图 3-4 所示。

图 3-4　删除背景效果

● 方便的截图功能。

Word 2010 中增加了简单的截图功能，该功能可以帮助用户快速截取程序的窗口画面，而且该功能还可以进行区域截图，如图 3-5 所示。

图 3-5　截图功能

● 优化的 SmartArt 图形功能。

Word 2010 的 SmartArt 图形中新增了图形图片布局。要使用该功能，可以单击"插入"菜单项，在插入的 SmartArt 形状中插入图表、填写文字，就可以快速建立流程图、矩阵图、组织结构图等功能复杂的图形，方便阐述案例，如图 3-6 所示。

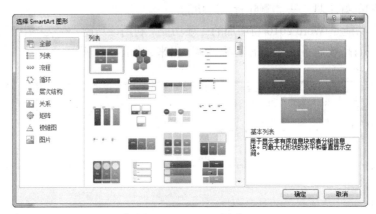

图 3-6　SmartArt 图形

● 多语言的翻译功能。

为了更好地实现语言的沟通，Word 2010 进一步完善了许多语言功能。Word 2010 中新增的多语言翻译功能不仅可以帮助用户进行文档、选定文字的翻译，而且包含了即指即译功能，可以对文档中的文字进行即时翻译，如同一个简单的金山词霸，如图 3-7 所示。

图 3-7　翻译功能

● 即见即得的打印预览效果。

在 Word 2010 中，将打印效果直接显示在打印选项的右侧。用户可以在左侧打印选项中进行调整，任何打印设置调整的效果都将即时地显示在预览框中，非常方便，如图 3-8 所示。

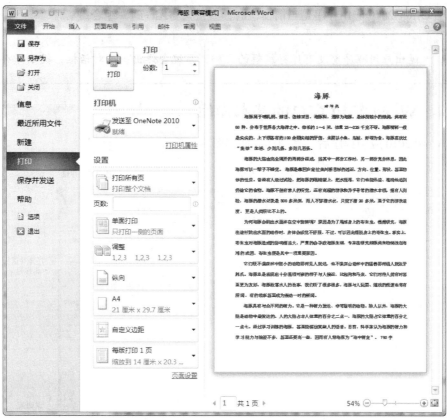

图 3-8　打印预览功能

3.1.3　Word 2010 的启动和退出

1．Office 2010 应用程序的启动

启动 Office 2010 提供的 6 个主要应用程序，操作步骤有以下几种。

（1）选择"开始→所有程序→Microsoft Office→Microsoft Office Word 2010"命令，即可以启动 Word 应用程序。类似操作可以启动 Office 2010 中的其他程序。

（2）如果在桌面上建立了各应用程序的快捷方式，可直接双击快捷方式图标启动相应的应用程序。

（3）如果在任务栏上有应用程序的快捷方式，可直接单击快捷方式图标，即可启动相应的应用程序。

（4）双击应用程序文件，也可启动相应的应用程序。

2．Office 2010 应用程序的退出

退出 Office 2010 应用程序的操作方法有以下几种。

（1）在 Microsoft Office 2010 应用程序窗口中单击程序窗口右上角的"关闭"按钮（ ），可快速退出主程序。

（2）在任务栏上单击 Microsoft Office 2010 应用程序图标后，显示当前打开的应用程序文件的缩略窗口，单击其右上角"关闭"按钮，也可关闭应用程序。

（3）打开 Office 2010 应用程序的 Backstage 视窗，单击"关闭"按钮，也可快速关闭当前应用程序。

（4）当 Office 2010 应用程序是当前窗口时，直接按"Alt+F4"组合键。

注意　退出应用程序前没有保存编辑的文档，系统会弹出一个对话框，提示保存文档。

3.1.4　Word 2010 窗口的基本操作

启动 Word 2010 应用程序后，其操作界面如图 3-9 所示。

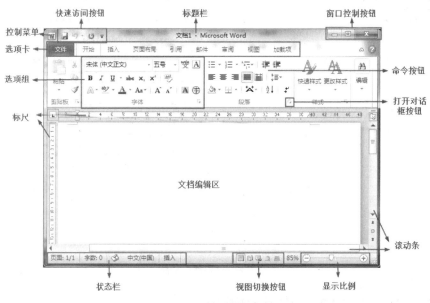

图 3-9　Word 2010 操作界面

Word 2010 的工作窗口中主要包括有标题栏、工具栏、标尺、状态栏及工作区等，选用的视图不同，显示出来的屏幕元素也不同。另外，用户也可以定义某些屏幕元素的显示或隐藏。

（1）标题栏。窗口顶端的水平栏，显示文档的名称。它的左端显示控制菜单和快速访问按钮图标，其后显示文档名称，它的右端显示最小化、最大化或还原和关闭按钮图标。

（2）快速访问按钮。快速访问按钮显示在标题栏最左侧，包含一组独立于当前所显示选项卡的命令，是一个可以自定义的工具栏，可以在快速访问工具栏中添加一些最常用的命令。

（3）窗口控制按钮。使用这些按钮可以缩小、放大和关闭 Word 窗口。

（4）标尺。在 Word 中使用标尺计算出编辑对象的物理尺寸，如通过标尺可以查看文档中图片的高度和宽度。标尺分为水平标尺和垂直标尺两种，默认情况下，标尺上的刻度以字符为单位。

（5）文档编辑区。它是 Word 文档的输入和编辑区域。

（6）状态栏。文档的状态栏中分别显示了该文档的状态内容，包括当前的页数/总页数，文档的字数，校对文档出错内容、语言设置、设置改写状态等。

（7）视图切换按钮。切换文档以不同的视图方式显示。

（8）显示比例。调整文档的显示比例。

（9）滚动条。默认情况下，在文档编辑区内仅显示 15 行左右的文字，因此为了查看文档的其他内容，可以拖动文档编辑区上的垂直滚动条和水平滚动条，或者单击上三角按钮▲或下三角按钮▼，使屏幕向上或向下滚动一行来查看，还可以单击"前一页"按钮 ♠ 或"下一页"按钮 ♥，向上或向下滚动一页来查看。

（10）选项卡。为了方便浏览，功能区中设置了多个围绕特定方案或对象组织的选项卡，每一个选项卡中都通过组把一个任务分解为多个子任务，来完成对文档的编辑，每个选项卡包含一些常用的功能按钮。

3.1.5　Word 2010 文件视图

在 Word 2010 中提供了多种视图模式供用户选择，这些视图模式包括"页面视图"、"阅读版式视图"、"Web 版式视图"、"大纲视图"和"草稿视图"等视图方式。用户可以在"视图"功能区中选择需要的文档视图模式，也可以在 Word 2010 文档窗口的右下方单击视图切换按钮选择视图。

1．页面视图

"页面视图"可以显示 Word 2010 文档的打印结果外观，主要包括页眉、页脚、图形对象、分栏设置、页面边距等元素，是最接近打印结果的页面视图，如图 3-10 所示。

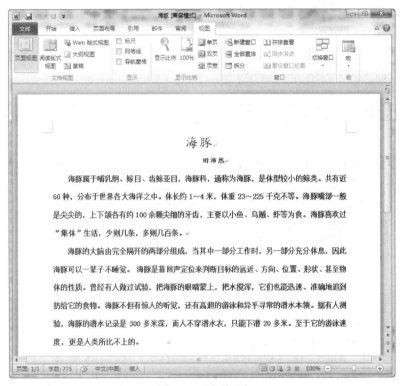

图 3-10　页面视图

2．阅读版式视图

"阅读版式视图"以图书的分栏样式显示 Word 2010 文档，"文件"按钮、功能区等窗口元素被隐藏起来。在阅读版式视图中，用户还可以单击"工具"按钮选择各种阅读工具，如图 3-11 所示。

3．Web 版式视图

"Web 版式视图"以网页的形式显示 Word 2010 文档，Web 版式视图适用于发送电子邮件和创建网页，如图 3-12 所示。

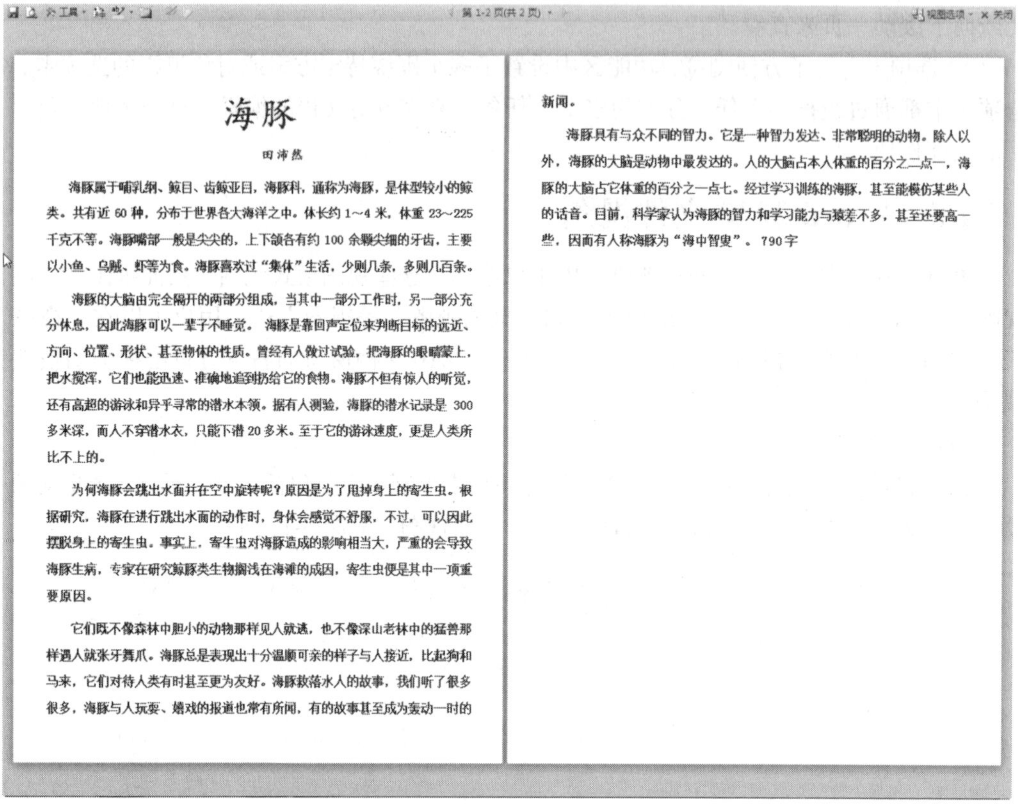

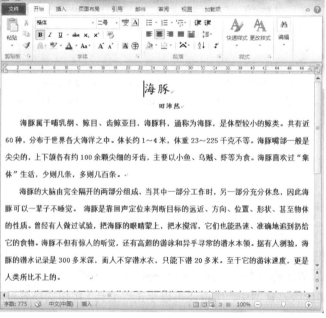

图 3-11　阅读版式视图

图 3-12　Web 版式视图

4．大纲视图

"大纲视图"主要用于 Word 2010 文档的设置和显示标题的层级结构，并可以方便地折叠和展开各种层级的文档。大纲视图广泛用于 Word 2010 长文档的快速浏览和设置中，如图 3-13 所示。

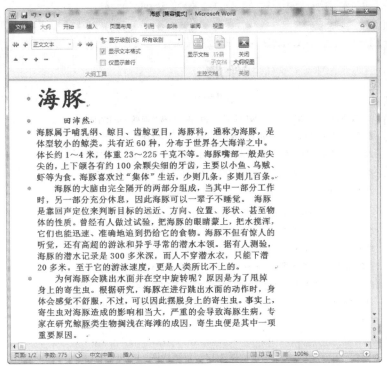

图 3-13　大纲视图

5．草稿视图

"草稿视图"取消了页面边距、分栏、页眉页脚和图片等元素，仅显示标题和正文，是最节省计算机系统硬件资源的视图方式。当然，现在计算机系统的硬件配置都比较高，基本上不存在由于硬件配置偏低而使 Word 2010 运行遇到障碍的问题，如图 3-14 所示。

6．打印预览

在打印预览中，通过缩小尺寸显示多页文档；查看分页符、隐藏文字以及水印；在打印前编辑和改变格式。若要切换到打印视图，单击"文件"选项卡，选择"打印"命令，窗口右侧会显示打印预览视图。

7．缩放文档

可将文档放大进行浏览，也可缩小比例来查看更多的页面。单击"视图"选项卡上的"显示比例"框旁边的箭头，选择所需的显示比例即可。

8．同时查看文档的两部分

若要查看长文档中两个相关的部分，可将窗口拆分为两个窗格，在两个窗格中分别显示相关的内容。用这种方法也可以在两部分之间移动或复制文本，一个窗格显示所需的文字或图形，另一个窗格显示文字或图形的目的位置，然后选定文字或图形并将其拖动过拆分条。把窗口分为两个窗格或合二为一的方法如下。

（1）单击"视图"选项卡→"窗口"选项组→"拆分"选项，将指针指向垂直滚动条顶部的拆分条。

（2）当指针变为"⬍"时，将拆分条拖动到所需位置。

（3）双击拆分条，可回到单个窗口的状态。

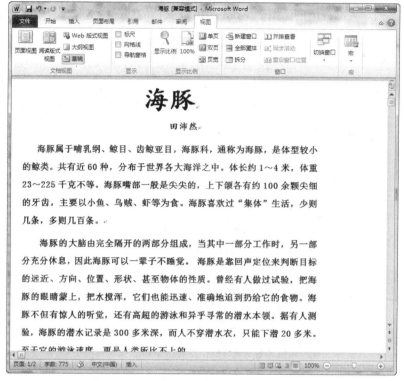

图 3-14　草稿视图

3.1.6　Word 2010 帮助系统

用户在使用 Microsoft Office 的过程中遇到问题时，第一想法就是查阅相关资料或请教高手，这些方法固然可行，但在此之前一定不要忘了尝试使用 Microsoft Office 2010 的"帮助"功能。

单击 Word 2010 主界面右上角的 按钮，打开 Word 帮助窗口，在该窗口中可以搜索帮助信息，单击某一主题，即可显示该主题的帮助信息，如图 3-15 所示。

图 3-15　Word 2010 帮助窗口

● 在"键入要搜索的关键词"文本框中输入需要搜索的关键词，如"艺术字"，单击"搜索"按钮，即可显示出搜索结果。

● 单击搜索结果中需要的链接，在打开的窗口中即可看到具体内容，如图 3-16 所示。

图 3-16　使用帮助系统

3.2　文件的基本操作

3.2.1　文件的创建与保存

1. 文件的创建

当默认启动 Office 2010 中的应用程序后，可以新建一个空白文档。如果正在使用 Office 2010 应用程序，也可以通过"新建"功能来新建文档。下面以 Word 2010 为例，来具体地介绍新建文件的方法。

（1）创建空白文档。空白文档分为 3 种情况：一般的空白文档、博客文章和书法字帖。生成空白文档有 3 种方法。

① 启动 Word 后，立即创建一个新的空白文档。

② 单击快速访问工具栏下拉列表中的"新建空白文档"按钮或按组合键"Ctrl+N"，立即创建一个新的空白文档。

③ 选择"文件→新建→空白文档"命令，立即创建一个新的空白文档。

● 新创建的空白文档，其临时文件名为"文档 1"，如果是第二次创建空白文档，其临时文件名为"文档 2"，其他的文件名依次类推。

● 空白文档是 Word 常用的文档模板之一，该模板提供了一个不含有任何内容和格式的空白文本区，允许自由输入文字处理，插入各种对象，设计文档的格式。

● 博客文章和书法字贴的创建方法与此类似，请根据上述方法（3）创建博客文章和书法字帖文件。

（2）根据现有文件创建新文件。根据现有文件创建新文件时，新文件的内容与选择的已有文件内容完全相同。在创建与已有文档类似的文档时，使用这种方法是最简单和最快的，且文档的形式一致。

根据现有文档创建新文档的步骤是：选择"文件→新建"命令，在可用模板区域单击"根据现有内容新建"，弹出"根据现有文档"对话框，选择需要的文档即可。新创建的文档，其临时文件名为"文档1"。

（3）根据模板和向导创建新文档。任何 Word 文档都是以模板为基础的。模板决定了文档的基本结构和文档设置，例如，自动图文集词条、字体、快捷键指定方案、宏、菜单、页面设置、特殊格式和样式。Word 2010 的通用模板包含了多个常用模板，使用这些模板可以快速地生成文档的基本结构。也可以定义自己的文档模板。

从模板创建文档的基本步骤如下。

① 选择"文件→新建"命令。

② 在"可用模板"下执行下列操作之一。

● 单击"可用模板"区域，选择计算机上的可用模板。

● 单击"Office.com 模板"下的链接之一。

注释：若要下载 Office.com 下列出的模板，必须已连接到 Internet。

③ 选中所需的模板，单击"创建"按钮。

创建新文档时，应考虑的几个问题。

● 要创建的新文档的结构与已有模板相同或相似时，使用模板创建新文档。

● 要创建的新文档，系统已经提供了相关向导，使用向导创建新文档。

● 要创建一组类似的文档，而系统没有提供相关的模板和向导，此时应自定义一个模板，以后使用此模板创建新文档。

2. 文件的保存

完成文档后需要将其保存，新建的文档需要指定保存的位置，已经保存过的有直接保存和另存为两种方式。

（1）保存新建文档。如果不为文档指定一个文件名，Word 2010 将会以文档中第一行字的部分文字作为文件名。

① 选择"文件"→"保存"命令。

② 在打开的"另存为"对话框中为文档设置保存路径和文件名称，单击"保存"按钮即可，如图 3-17 所示。

（2）另存为文档。将文档保存后，如果想要在其他位置保存文档，可以将文档另存为到其他位置。

① 选择"文件→另存为"命令。

② 弹出"另存为"对话框，为文档设置需要保存的路径和文件名，单击"保存"按钮即可。

保存文件时，其保存位置最好选择系统盘（C盘）以外的盘符，因为系统一旦遭到病毒的侵扰或者其他原因导致系统崩溃时，保存在系统盘中的资料将很难恢复。

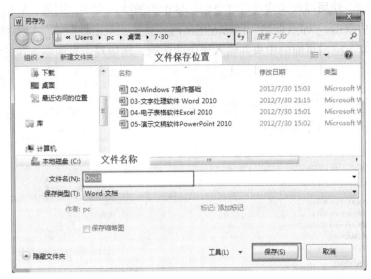

图 3-17　保存文件

3.2.2　文件编辑

1. 文字输入

Word 2010 的基本功能是进行文字的录入和编辑工作，本章节主要针对文字录入时的各种技巧进行具体介绍。

（1）输入中文。输入中文时，先不必考虑格式，对于中文文本，段落开始可先空两个汉字（即按空格键输入 4 个半角空格）。当输入一段内容后，按 Enter 键可分段插入一个段落标记。

如果前一段的开头输入了空格，段落首行将自动缩进。输入满一页将自动分页，如果对分页的内容进行增删，这些文本会在页面间重新调整，按"Ctrl+Enter"组合键可强制分页，即加入一个分页符，确保文档在此处分页。

（2）自动更正。使用"自动更正"，可以自动检测和更正输入错误、拼写错误的单词和不正确的大写。例如，如果输入"teh"和一个空格，"自动更正"将输入的内容替换为"the"。如果输入"This is theh ouse"和一个空格，"自动更正"将输入的内容替换为"This is the house"。也可使用"自动更正"快速插入在内置"自动更正"词条中列出的符号。例如，输入"（c）"插入©。设置自动更正的操作步骤如下。

① 选择"文件"→"选项"命令，打开"Word 选项"对话框。在左侧窗格单击"校对"选项，在右侧窗格单击"自动更正选项"按钮，打开"自动更正"对话框，选中各选项，如图 3-18 所示。

② 如果内置词条列表不包含所需的更正内容，可以添加词条。方法是在"替换"框中，输入经常拼写错误的单词或缩略短语，如"民大"，在"替换为"框中，输入正确拼写的单词或缩略短语的全称，如"中央民族大学"，单击"添加"按钮即可。

③ 可以删除不需要的词条或添加自己的词条。

不会自动更正超链接中包含的文字。

（3）即点即输。使用即点即输可以在空白区域中快速插入文字、图形、表格或其他项目。只需要在空白区域中双击，"即点即输"自动应用将内容放置在双击处所需的段落格式。例如，若要创建标题页，可双击空白页面的中央并输入居中的标题，然后双击页面右下角的空白处并输入右对齐的作者姓名。

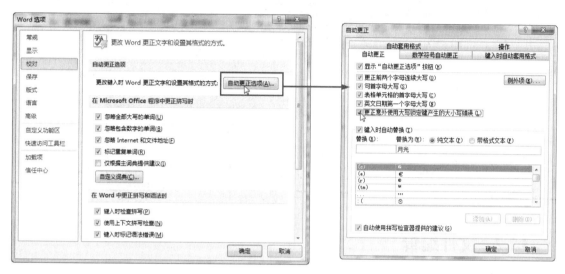

图 3-18　自动更正选项

● 如果看不到"即点即输"指针形状，可能尚未打开"即点即输"功能。若要打开该功能，可选择"文件→选项→高级"命令，选择"启用'即点即输'"复选框，然后单击"确定"按钮。

● 如果不想在双击的位置插入内容，只需双击其他区域。如果已经插入了内容，可以撤销插入操作。

（4）插入日期和时间。

① 单击要插入日期或时间的位置。

② 单击"插入"选项卡，在"文本"选项组中单击"日期和时间"按钮。

③ 打开"日期与时间"对话框，在该对话框中的"可用格式"列表框中的日期或时间格式中选择一种要使用的格式，并在"语言（国家/地区）"下拉列表中选择日期的语言。

④ 选择是自动更新日期还是将其保持为插入日期时的状态。可执行下列操作之一。

● 若要将日期和时间作为域插入，以便在打开或打印文档时自动更新日期和时间，可选中"自动更新"复选框。

● 若要将原始的日期和时间保持为静态文本，可取消选中"自动更新"复选框。

（5）插入符号和字符。符号和特殊字符不显示在键盘上，但是在屏幕上和打印时都可以显示。例如，可以插入符号，如¼和©；特殊字符，如长破折号"——"、省略号"…"或不间断空格；许多国际通用字符，如ĕ等。

可以插入的符号和字符的类型取决于可用的字体。例如，一些字体可能包含分数（¼）、国际通用字符（ç、ĕ）和国际通用货币符号（£、¥）。内置符号字体包括箭头、项目符号和科学符号。还可以使用附加符号字体，例如，"Wingdings"、"Wingdings2"、"Wingdings3"等，它包括很多装饰性符号。

可以使用"符号"对话框选择要插入的符号、字符和特殊字符，然后选择"插入→符号→其他符号"命令。打开"符号"对话框，选择要插入的符号，单击"插入"按钮即可，已经插入的"符号"保存在对话框中的"近期使用过的符号"列表中，再次插入这些符号时，直接单击相应的符号即可，而且可以调节"符号"对话框的大小，以便可以看到更多的符号。还可以通过为"符号、字符"指定快捷键，以后通过快捷键直接插入之。还可以使用"自动更正"将输入的文本自动替换为符号。

插入符号的操作步骤如下。

① 在文档中单击要插入符号的位置。

② 单击"插入"选项卡，在"符号"选项组中单击"符号"选项，在下拉列表中选择"其他符号"命令，弹出"符号"对话框，如图 3-19 所示。

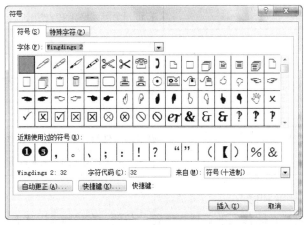

图 3-19　插入符号

③ 在"字体"框中选择所需的字体。

④ 插入符号：双击要插入的符号；或单击要插入的符号，再单击"插入"按钮。

⑤ 单击"关闭"按钮。

　　在图 3-19 中，最后一行的行尾显示的是"取消"按钮，表示此时可以取消为某字符指定的快捷键。在选择或插入字符状态下，"取消"变为"关闭"。

插入特殊字符的操作步骤如下。

① 在文档中单击要插入字符的位置。

② 选择"插入→符号→其他符号"命令，打开"符号"对话框，选择"特殊字符"选项卡。

③ 双击要插入的字符。

④ 单击"关闭按钮"。

2. 文本选定、编辑

在编辑文档过程中，最基本的编辑过程为：移动光标位置到指定处，然后进行编辑操作，如选择文本和图形表格等操作、插入操作、删除操作、复制操作、剪切操作、粘贴操作、设置文本格式操作等。操作的主要对象一般包括：字符、词、句、行、一段或多段、表格、图片、形状等。移动光标位置操作是各种编辑操作的前提。

（1）移动光标位置。移动光标位置的方法主要如下。

- 利用鼠标移动光标。用鼠标把"I"光标移到特定位置，单击即可。
- 利用键盘移动光标。相应的操作见表 3-1。

表 3-1 光标移动键的功能列表

按键	插入点的移动
↑/↓，←/→	向上/下移一行，向左/右侧移动一个字符
Ctrl+向左键←/Ctrl+向右键→	左移一个单词/右移一个单词
Ctrl+向上键↑/Ctrl+向下键↓	上移一段/下移一段
Page Up/Page Down	上移一屏（滚动）/下移一屏（滚动）
Home/End	移至行首/移至行尾
Tab 键	右移一个单元格（在表格中）
Shift+Tab 键	左移一个单元格（在表格中）
Alt+Ctrl+Page Up/Alt+Ctrl+Page Down	移至窗口顶端/移至窗口结尾
Ctrl+Page Down/Ctrl+Page Up	移至下页顶端/移至上页顶端
Ctrl+Home/Ctrl+End	移至文档开头/移至文档结尾
Shift+F5	移至前一处修订（执行文档修订修改时）
Shift+F5	移至上一次关闭文档时插入点所在位置（执行关闭文档时）

（2）字符的插入、删除和修改。

① 插入字符。首先把光标移到准备插入字符的位置，在"插入"状态下输入待添加的内容即可。对新插入的内容，Word 将自动进行段落重组。如系统处于"改写"状态，输入内容将代替插入点后面的内容。

② 删除字符。首先把光标移到准备删除字符的位置，删除光标后边的字符按 Del 键，删除光标前边的字符按 Backspace 键或"←"键。

③ 修改字符。有两种方法：

- 首先把光标移到准备修改字符的位置，先删除字符，再插入正确的字符。
- 首先把光标移到准备修改字符的位置，先选择要删除的字符，再插入正确的字符。

（3）行的基本操作。

① 删除行。选定行后，按 Del 键或 Backspace 键。

② 插入空行。在某两个段落之间插入若干空行，可将插入点移动到第一个段落结束处，按回车键即可。

③ 整行的左右移动。设定一行内容居中、居左或居右，把插入点移到这行上，选择"开始→段落"选项组→对齐方式按钮之一即可。

④ 拆行。首先把光标移到准备拆行的位置，有两种方法：

- 按回车键，产生一个段落结束标记，则把一行拆分为两行，且两行分属两个段落。
- 按"Shift+Enter"键，产生一个向下箭头标记，则把一行拆分为两个逻辑行，且两行属于一个段落。

⑤ 并行。有两种方法：

● 把光标移到前一行的结束处，按 Del 键。

● 把光标移到后一行的开始处，按 Backspace 键。

（4）复制或移动文字和图形。在编辑 Word 文档时，经常需要把某些内容从一处移到另一处，或把某些内容或格式复制到另一处或多处，Word 提供了解决这类问题的方法。通常的操作步骤如下。

① 选定要移动或复制的项。

② 可执行下列操作之一：

● 若要进行移动，可单击"开始→剪贴板"选项组→"剪切"按钮 ✂。

● 若要进行复制，可单击"开始→剪贴板"选项组→"复制"按钮 ▥。

③ 如果要将所选项移动或复制到其他文档，首先切换到目标文档。

④ 单击要显示所选项的位置。

⑤ 单击"开始→剪贴板"选项组→"粘贴"按钮 ▥。

⑥ 若要确定粘贴项的格式，可单击显示在所选择内容下面的"粘贴选项"按钮中的选项，如图 3-20 所示。

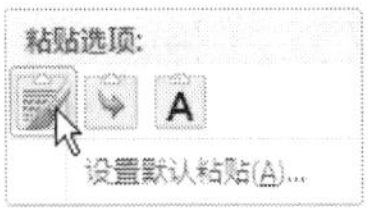

（5）拖放式编辑功能。可通过拖动来移动或复制所选文本，操作方便、快捷，在使用这项功能前，先要进行必要的设置。启用拖放式编辑功能的操作步骤如下。

图 3-20　复制格式选项

① 选择"文件"→"选项"命令，打开"Word 选项"对话框，在左侧窗格单击"高级"选项。

② 在"编辑"列表中选中"允许拖放式文字编辑"复选框（清除此复选框后不能使用拖放式编辑功能）。

● 若要移动文本。首先选定文本，将指针指向所选内容，当鼠标指针变成指向左上角的箭头形状时，按下鼠标左键后移动光标将所选内容拖至新位置。

● 若要复制所选文字。首先选定文本，将指针指向所选内容，当鼠标指针变成指向左上角的箭头形状时，按住 Ctrl 键，再按下鼠标左键移动光标将所选内容拖至新位置。

（6）Office 剪贴板。使用 Office 剪贴板可以从任意数目的 Office 文档或其他程序中收集文字、表格、数据表和图形等内容，再将其粘贴到任意 Office 文档中。例如，可以从一篇 Word 文档中复制一些文字，从 Microsoft Excel 中复制一些数据，从 Microsoft PowerPoint 中复制一个带项目符号的列表，从 Microsoft FrontPage 复制一些文字，从 Microsoft Access 中复制一个数据表，再切换回 Word，把收集到的部分或全部内容粘贴到 Word 文档中。

Office 剪贴板可与标准的"复制"和"粘贴"命令配合使用。只需将一个项目复制到 Office 剪贴板中，然后在任何时候均可将其从 Office 剪贴板中粘贴到任何 Office 文档中。在退出 Office 之前，收集的项目都将保留在 Office 剪贴板中。

（7）撤销和恢复操作。在编辑 Word 文档时，如果发现某一操作有误，可以使用"撤销"和"恢复"功能，其操作步骤如下。

① 在快速访问工具栏上，单击"撤销"旁边的向下箭头 ↺▾，Microsoft Word 将显示最近执行的可撤销操作的列表。

② 单击要撤销的操作。如果该操作不可见，滚动列表。撤销某项操作的同时，也将撤销列表中该项操作之上的所有操作。

通过单击快速启动工具栏上的"撤销"或按"Ctrl+Z"组合键，可以撤销上一步的操作。如果又不想撤销该操作，单击快速启动工具栏上的"恢复"按钮 ↻ 即可。

3.2.3　文件保护

编辑好 Word 文档内容后，若想要编辑的文档不被其他人修改，可以对文档进行保护，设置密码防止他人更改，或是限制编辑，允许特定的人对文档进行更改。

（1）单击"文件"标签，打开 Backstage 视窗，在左侧窗格单击"信息"，在右侧窗格单击"保护文档"下拉按钮，在其下拉列表中选择一种保护方式，如"使用密码进行加密"。

（2）打开"加密文档"对话框，在"密码"文本框中输入密码，单击"确定"按钮，在打开的"确认密码"对话框中再次输入密码，再次单击"确定"按钮，即可使用密码对文档进行保护，如图 3-21 所示。

图 3-21　"加密文档"对话框

> 关闭文档后，若想再次打开 Word 文档，需要输入设置的密码，如果忘记密码，则文档将处于锁定状态，不能显示内容。

3.3　文 件 排 版

3.3.1　字符格式设置

文本是视觉媒体的重要构成要素，文本的格式也直接影响着整个版面的视觉传达效果，因此文本的排版是增强视觉效果、提高文档诉求力、赋予版面审美价值的一种重要手段。在掌握了 Word 的基本操作之后，本节主要学习如何对文档字体属性进行设置，为段落应用段落格式，为文档设置页面格式，以及分节符的使用等。

1.　字符格式

设置字符的基本格式是 Word 对文档进行排版美化的最基本操作，其中包括对文字的字体、字号、字形、字体颜色和字体效果等字体属性的设置。

通过设置 Word 2010 的字符属性，可以使文档更加易读，整体结构更加美观。图 3-22 所示给出了部分字符属性的效果。

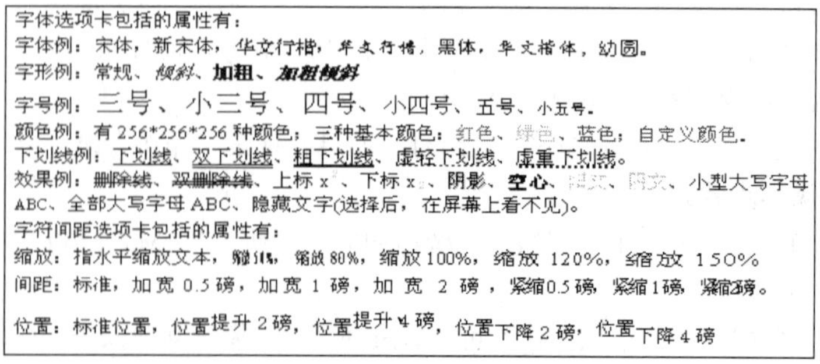

```
字体选项卡包括的属性有：
字体例：宋体，新宋体，华文行楷，华文行楷，黑体，华文楷体，幼圆。
字形例：常规，倾斜，加粗，加粗倾斜
字号例：三号、小三号、四号、小四号、五号、小五号。
颜色例：有 256*256*256 种颜色；三种基本颜色：红色、绿色、蓝色；自定义颜色。
下划线例：下划线、双下划线、粗下划线、虚轻下划线、虚重下划线。
效果例：删除线、双删除线、上标 x、下标 x、阴影、空心、阳文、阴文、小型大写字母
ABC、全部大写字母 ABC、隐藏文字(选择后，在屏幕上看不见)。
字符间距选项卡包括的属性有：
缩放：指水平缩放文本，缩放 1%，缩放 80%，缩放 100%，缩放 120%，缩放 150%
间距：标准，加宽 0.5 磅，加宽 1 磅，加宽 2 磅，紧缩0.5 磅，紧缩1磅，紧缩2磅。
位置：标准位置，位置提升 2 磅，位置提升 4 磅，位置下降 2 磅，位置下降 4 磅
```

图 3-22　字符属性的部分设置效果

Word 2010 的字符属性包括许多项，在"字体"对话框中，这些属性分别存入两个选项卡中，

如图 3-23 所示。

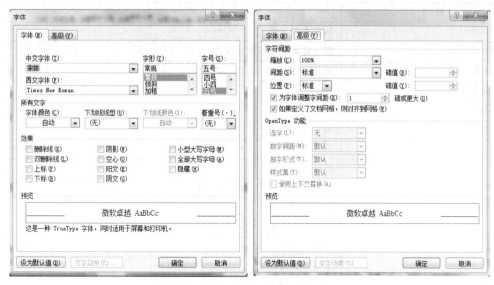

图 3-23　"字体"对话框

"字体"选项卡包括的属性有：字体（中文、西文）、字形（常规、倾斜、加粗、加粗倾斜）、字号、颜色、下划线及其颜色、效果（删除线、双删除线、上标、下标、阴影、空心、阳文、阴文、小型大写字母、全部大写字母、隐藏文字）。

"高级"选项卡包括的属性有：缩放、间距、位置、为字体调整字间距，如果定义了文档网格，则对齐到网格。

设置字符属性的方法非常简单，有 4 种方式：使用"字体"对话框，使用格式工具栏，使用格式菜单和使用快捷键。

（1）使用"字体"对话框设置字符属性的基本操作步骤如下。

① 选择要设置格式的文本。

② 选择"开始"选项卡，单击"字体"选项组的　按钮，打开"字体"对话框。

③ 选择相应的选项卡，设置相关属性。

④ 单击"确定"按钮即可。

注意

- 不能在"字体"对话框中设置"字符边框"和"字符底纹"属性。
- 在"字体"对话框中可同时设置其中的多个属性。
- 使用"字体"对话框时，选择相应的选项即可，同时在预览区中可以看到选择效果。

（2）使用工具栏按钮设置字符属性的基本操作步骤如下。

① 选择要设置文本格式的文本。

② 单击"字体"选项组中相关按钮。

（3）使用格式菜单按钮设置字符属性的基本操作步骤如下。

① 选择要设置文本格式的文本。

② 单击鼠标右键，在显示的格式菜单中单击相关按钮。

（4）使用快捷键设置字符属性的基本操作步骤如下。

表 3-2 是完成字符属性设置的一些快捷键。

表 3-2　　　　　　　　　　　　　　设置字符属性的快捷键

按键	功能
Ctrl+Shift+C	从文本复制格式
Ctrl+Shift+V	将已复制格式应用于文本
Ctrl+Shift+F	更改字体
Ctrl+Shift+P	更改字号
Ctrl+Shift+>	增大字号
Ctrl+Shift+<	减小字号
Ctrl+]	逐磅增大字号
Ctrl+[	逐磅减小字号
Ctrl+D	更改字符格式（"格式→字体"命令）
Shift+F3	更改字母大小写
Ctrl+Shift+A	将所有字母设为大写
Ctrl+B	应用加粗格式
Ctrl+U	应用下划线格式
Ctrl+ Shift +W	只给单词加下划线，不给空格加下划线
Ctrl+Shift+D	给文字添加双下划线
Ctrl+Shift+H	应用隐字格式
Ctrl+I	应用倾斜格式
Ctrl+Shift+K	将所有字母设成小写
Ctrl+=（等号）	应用下标格式（自动间距）
Ctrl+Shift++（加号）	应用上标格式（自动间距）
Ctrl+空格键	删除手动设置的字符格式
Ctrl+Shift+Q	将所选部分更改为 Symbol 字体
Ctrl+Shift+*（星号）	显示非打印字符

2. 中文版式

在 Word 中，可以调整文档的中文版式，打开"Word 选项"对话框，在左侧窗格单击"版式"选项，在右侧菜单中设置中文版式，如图 3-24 所示。

图 3-24　中文版式设置

除了在"Word 选项"对话框中设置中文版式，还可以在"段落"选项组设置文档内容的中文版式，在"段落"选项组中单击"中文版式"下拉按钮，即可为文档内容设置"纵横混排"、"合并字符"、"双行合一"等版式，也可以在"段落"对话框单击"中文版式"标签设置中文版式。

3.3.2　段落格式设置

文本的段落格式与许多因素有关，例如，页边距、缩进量、水平对齐方式、垂直对齐方式、行间距、段前和段后间距等，使用"段落"对话框可以方便地设置这些值。

1．对齐方式

对齐方式分为水平对齐方式和垂直对齐方式两种。

（1）水平对齐方式。水平对齐方式决定段落边缘的外观和方向：左对齐、右对齐、居中或两端对齐。两端对齐是指调整文字的水平间距，使其均匀分布在左右页边距之间。两端对齐使两侧文字具有整齐的边缘

（2）垂直对齐方式。垂直对齐方式决定段落相对于上或下页边距的位置。这是很有用的，例如，当创建一个标题页时，可以很精确地在页面的顶端或中间放置文本，或者调整段落使之能够以均匀的间距向下排列。

2．文本缩进

调整文本与页边距之间的距离。它决定段落到左或右页边距的距离，可以增加或减少一个段落或一组段落的缩进，还可以创建一个反向缩进（即凸出），使段落超出左边的页边距，还可以创建一个悬挂缩进，段落中的第一行文本不缩进，但是下面的行缩进。

3．行间距与段间距

行间距是指从一行文字的底部到另一行文字底部的间距，其大小可以改变。Word 将调整行距以容纳该行中最大的字体和最高的图形。它决定段落中各行文本间的垂直距离，其默认值是单倍行距，意味着间距可容纳所在行的最大字体并附加少许额外间距。如果某行包含大字符、图形或公式，Word 将增加该行的行距。如果出现某些项目显示不完整的情况，可以为其增加行间距，使之完全表示出来。

段间距是指上一段落与下一段落间的间距，段落间距决定段落的前后空白距离的大小，其大小可以改变。

4．边框与底纹

为文本添加边框和底纹，可以突出重要内容，给人以深刻的印象，并且可以使文档更美观。在"字体"选项组中单击"字符边框"按钮 A，可以为选择的文字添加边框，单击"字符底纹"按钮 A，可以为所选文字添加底纹。

5．项目符号与编号

（1）项目符号。是指在文档中的并列内容前添加的统一符号，可以使文档条理分明、清晰易读。Word 为用户提供了多种项目符号，用户还可以根据需要自定义添加新的项目符号，如图 3-25 所示。

（2）编号。与项目符号基本相同，只不过编号是连续的，使用编号可使文档有条理地排列出来，从而使文档的内容更加层次分明，突出重点，选中要编号的内容，在"段落"选项组中单击"编号"下拉按钮，即可在其下拉列表中为文本内容设置编号。

图 3-25　项目符号

6. 分栏

（1）分栏概述。Word 中节的概念：节是文档的一部分，可在其中设置某些页面格式选项，Word 默认生成的是一节的文档。

若要更改行编号、页眉和页脚等属性，则要创建一个新的节。每个节有一个分节符，它用带有"分节符"字样的双虚线表示，插入节的结尾，如图 3-26 所示。分节符包含节的格式设置元素，例如页边距、页面的方向、页眉和页脚，以及页码的顺序。

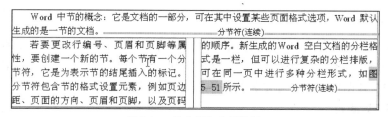

图 3-26　分节符与分栏效果

新生成的 Word 空白文档的分栏格式是一栏，但可以进行复杂的分栏排版，可在同一页中进行多种分栏形式。

（2）创建新闻稿样式分栏。创建新闻稿样式分栏的操作步骤如下。

① 切换到"页面布局"选项卡。

② 选择要在栏内设置格式的文本，可以是整篇文档或部分文档。

③ 在"页面设置"选项组中单击"分栏"下拉按钮，在其下拉列表中选择"更多分栏"选项，打开"分栏"对话框，如图 3-27 所示。

④ 选择有关分栏的选择项即可。例如，在"预设"

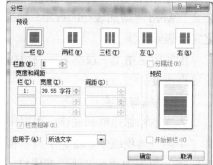

图 3-27　设置分栏

部分指定两栏、三栏、偏左、偏右或在栏数框中指定栏数；在"宽度和间距"部分指定各栏的宽度、间距或选择"栏宽相等"，指定分栏间添加垂直线，指定分栏的应用范围，如本节或插入点之后。

⑤ 单击"确定"按钮即可。

3.3.3　页面格式设置

在编辑文档前，最好先设置页面的一般形式，这样在编辑文档时更有针对性。设置页面的主要内容包括页眉页脚、脚注和尾注以及页面设置。

1. 页眉页脚

页眉和页脚是文档中每个页面页边距的顶部和底部区域。

可以在页眉和页脚中插入文本或图形，例如，页码、章节标题、日期、公司徽标、文档标题、文件名或作者名等，这些信息通常打印在文档中每页的顶部或底部。通过单击"插入"选项卡中的"页眉"或"页脚"按钮，可以在页眉和页脚区域中进行操作。

（1）创建每页都相同的页眉和页脚。

① 在"插入"选项卡的"页眉和页脚"选项组中单击"页眉"或"页脚"下拉按钮，在其下拉列表中选择一种页眉或页脚样式，以打开页面上的"页眉页脚工具"。

② 若要创建页眉，单击"插入→页眉和页脚"选项组→"页眉"下拉按钮，在页眉下拉列表中选择一种合适的页眉即可。

③ 若要创建页脚，可单击"页眉和页脚工具"→"导航"→"转至页脚"按钮以移动到页脚区域，然后在"页眉和页脚"选项组中单击"页脚"下拉按钮，在其下拉列表中选择一种页脚样式。也可以直接在"页眉和页脚"选项组中单击"页脚"下拉按钮，选中页脚样式后，系统自动跳至页脚。

④ 如果有必要，可以在"字体"选项组设置文本的格式。

⑤ 设置完成后，单击页眉和页脚工具"关闭"选项组中的"关闭"按钮。

注意

输入到页眉和页脚中的文本和图形会自动左对齐，也可以居中（而不是左对齐），或包括多个项（例如，日期左对齐、页码右对齐）。若要将某项内容居中放置，按一次 Tab 键；若要右对齐某项内容，按两次 Tab 键。

（2）为奇偶页创建不同的页眉或页脚。

① 单击"插入"→"页眉和页脚"→"页眉"下拉按钮，在其下拉列表中选择一种页眉样式

② 激活"页眉和页脚工具"区域，在"选项"选项组中选中"奇偶页不同"复选框。

③ 如果有必要，单击"页眉和页脚工具"→"导航"→"上一节"或"下一节"，以移动到奇数页或偶数页的页眉或页脚区域。

④ 单击"奇数页页眉"或"奇数页页脚"区域，单击"页面内页脚工具"→"页眉和页脚"→"页眉"或"页脚"下拉按钮，在其下拉列表中选择页眉或页脚样式，为奇数页创建页眉和页脚；在"偶数页页眉"或"偶数页页脚"区域按照相同的方法可以为偶数页创建页眉和页脚。

2. 脚注与尾注

脚注一般出现在文档中页的底部或者当页内容的下方，用于注释说明文档内容；尾注则位于节或文档的尾部，用于说明引用的文献。

单击"引用"→"脚注"→ 按钮，打开"脚注与尾注"对话框，选中"脚注"单选按钮，设置文档脚注格式；选中"尾注"单选按钮，设置尾注格式，单击"确定"按钮，即可为文档添加脚注和尾注，如图 3-28 所示。

3. 页面设置

设置页面的主要内容包括：页边距、选择页面的方向（"纵向"或"横向"）、选择纸张的大小等。可以在"页面布局→页面设置"选项组中进行相关设置。

页边距是页面四周的空白区域（用上、下、内侧、外侧的距离指定），如图 3-29 所示。通常可在页边距内部的可打印区域中插入文字和图形；也可以将某些项目放置在页边距区域中，如页眉、页脚和页码等。

1 脚注和尾注引用标记
2 分隔符线
3 脚注文本
4 尾注文本

图 3-28　脚注与尾注

（1）设置页边距。Microsoft Word 提供了下列页边距选项，可以做以下更改。

① 使用默认的页边距或指定自定义页边距。

② 添加用于装订的边距。使用装订线边距在要装订的文档两侧或顶部的页边距添加额外的空间。装订线边距保证不会因装订而遮住文字。

③ 设置对称页面的页边距。使用对称页边距设置双面文档的对称页面，例如书籍或杂志。在这种情况下，左侧页面的页边距是右侧页面页边距的镜像（即内侧页边距等宽，外侧页边距等宽）。

④ 添加书籍折页。打开"页面设置"对话框中在"页码"区域，单击"普通"下拉按钮，在其下拉列表中选择"书籍折页"选项，可以创建菜单、请柬、事件程序或任何其他类型的使用单独居中折页的文档。

⑤ 如果将文档设置为小册子，可用编辑任何文档的相同方式在其中插入文字、图形和其他可视元素。

（2）在同一文档中使用纵向和横向方向。

① 选择要更改为横向或纵向的页。

② 单击"页面布局"选项卡。

图 3-29　页面设置

③ 在"页面设置"选项组中单击"纸张方向"下拉按钮，在其下拉列表中选择"纵向"或"横向"。

　Microsoft Word 会自动在具有新页边距设置的文本前后插入分节符。如果已将文档划分为若干节，可以单击某节中的任意位置或选定多个节，然后修改页边距。

3.3.4　分节符的使用

分节符是指为表示节的结尾插入的标记。在编辑文档的过程中，前后要求有不同的版面格式，此时需要用到分节功能。

（1）打开 Word 2010 文档窗口，将光标定位到准备插入分节符的位置。单击"页面布局"→"页面设置"→"分隔符"下拉按钮。

（2）在打开的分隔符列表中的"分节符"区域中列出 4 种不同类型的分节符，选择合适的分节符即可。

3.3.5　文件打印

创建好 Word 文档后，有时根据需要将文档打印出来，下面介绍文档的打印功能。

1．打印前的准备工作

在打印文档前要准备好打印机：接通打印机电源，连接打印机与主机，加打印纸，检查打印纸与设置的打印纸是否吻合等。

2．打印预览

一般情况下，打印前要预览打印页面，预览页面与最终的打印页面效果是一致的，在预览页面时，如果发现有不妥之处，可随时修正，这样一方面节约打印纸，另一方面提高了工作效率。预览打印页面可以用以下两种方法之一：

● 在 Backstage 视窗单击"打印"选项，查看打印预览情况。

● 打开"页面设置"对话框，在"页面设置"对话框中进行调整。

若要退出打印预览并返回到以前的视图，单击"开始"选项卡返回即可。

3．打印文档

① 打开要打印的文档，单击"文件"标签，切换到 Backstage 视图。

② 在左侧窗格中单击 "打印"选项，在"打印份数"文本框中输入要打印的份数。单击"打印"按钮，即可打印文档，如图 3-30 所示。

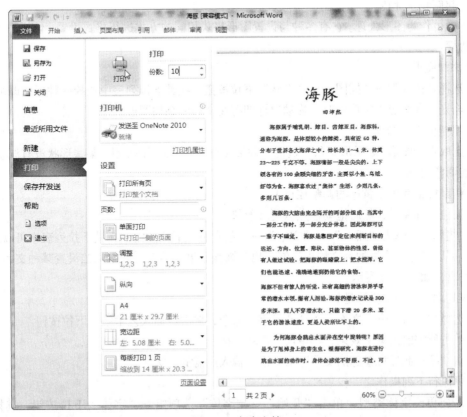

图 3-30　打印文档

3.4 图 文 混 排

3.4.1 插入图形

在单调的文档中插入剪贴画、图形、艺术字等图形对象，可以使文档变得更加引人注目。同时，Word 中也提供强大的美化图像功能，它可以使文档更加丰富多彩。

Word 中可插入的图形类型有很多种，比如剪贴画、自绘图形、艺术字、数学公式以及图形文件等，下面一一介绍。

（1）剪贴画。剪贴画是系统自带的一种突破格式，用户可以将剪贴画插入文档中，使文档更加具有美感。

单击"插入"→"插图"选项组→"剪贴画"按钮，在弹出的"剪贴画"任务窗格的"搜索文字"文本框中输入剪贴画的种类，例如卡通。单击"搜索"按钮，然后选择要插入的剪贴画即可，如图 3-31 所示。选中"包括 Office.com 内容，在计算机连网时，可以搜索到包括 Office.com 网页上的剪贴画。

（2）自绘图形。图形可以调整大小、旋转、翻转、着色以及组合以生成更复杂的图形。许多图形都有调整控点，可以用来更改图形的大多数重要特性。

可以将文本添加到图形，添加的文本将成为图形的一部分。如果旋转或翻转该图形，则文本将与其一起旋转或翻转。

文本框可作为图形处理。它有多种与设置图形格式相同的方式进行格式设置，包括添加颜色、填充及边框。

- 添加图形。
① 选择"插入"→"插图"→"形状"下拉按钮，在其下拉列表中选择一种形状即可。
② 当光标变为黑十字形状时，拖动鼠标即可在文档中添加图形。
- 调整图形的形状。
① 选取自选图形。如果形状包含黄色的调整控点，则可重调该形状。某些形状没有调整控点，因而只能调整大小。
② 将鼠标指针置于黄色的调整控点上。
③ 按住鼠标左键，然后拖动控点以更改形状。

（3）艺术字。单击"插入"→"文本"→"艺术字"下拉按钮，在其下拉列表中可以插入装饰文字，可以将艺术字添加到文档中以制作出装饰性效果，甚至可以把文档设置某种文字效果，使其更突出，如图 3-32 所示。

插入艺术字的基本步骤是如下。
① 选择"插入"→"文本"→"艺术字"命令，单击"插入艺术字"下拉按钮。
② 单击所需的艺术字效果，再单击"确定"按钮。
③ 在"请在此处放置您的文字"文本框中输入所需的文字。
④ 可执行下列操作之一：
- 若要更改字体类型，单击"开始"→"字体"选项组→"字体"下拉按钮，选择一种字体。

图 3-31 插入剪贴画

图 3-32 艺术字

● 若要更改字体大小，单击"开始"→"字体"选项组→"字号"下拉按钮，选择一种字号。

● 若要使文字加粗，单击"开始"→"字体"选项组→"加粗"按钮。

● 若要使文字倾斜，单击"开始"→"字体"选项组→"倾斜"按钮。

（4）数学公式。Word 2010 为我们提供了强大的公式快速插入功能，单击"插入"选项卡→"符号"选项组→"公式"下拉按钮，在其下拉列表中选择要添加的公式即可。下面列出了几种常见公式。

$$x = \frac{-b \pm \sqrt{b^2 - 4ac}}{2a} \qquad a^2 + b^2 = c^2 \qquad A = \pi r^2$$

在编辑文档时，有时需要插入一些如上所示的数学公式。Word 提供了相应的功能，操作步骤如下。

① 单击要插入公式的位置。

② 在"符号"选项组中单击"公式"下拉按钮，在弹出的菜单中选择我们需要的公式类型，如图 3-33 所示。

图 3-33 插入公式

③ 公式插入完成之后，在功能区会激活"公式工具"选项卡，选项卡下包括公式、符号以及结构选项组。

（5）SmartArt 图形。SmartArt 图形是信息和观点的视觉效果表示形式，用户可以通过在多种不同的布局中创建 SmartArt 图形，从而快速、轻松、有效地传达信息。

单击"插入"→"插入"选项组→"SmartArt"按钮，在弹出的"选择 SmartArt 图形"对话框中选择一种图形样式，如图 3-34 所示。

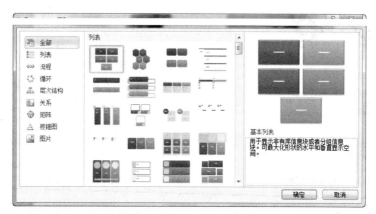

图 3-34　插入 SmartArt 图形

3.4.2　文字图形效果

1. 首字下沉

首字下沉效果经常出现在目前的报刊杂志中，文章或章节开始的第一个字字号明显较大并下沉数行，能起到吸引眼球的作用。设置这种效果在 Word 中非常简单：将光标置于需要设置的段落前，单击"插入"→"文本"选项组→"首字下沉"下拉按钮，执行"下沉"命令，即可设置首字下沉效果。

另外，可以执行"首字下沉选项"命令，在"首字下沉"对话框中的"位置"区域设置下沉的文字字体、下沉的行数和距正文的距离，如图 3-35 所示。

图 3-35　设置首字下沉

　设置首字下沉后，首字将被一个图文框包围，单击图文框边框，拖动控点可以调整其大小，里面的文字也会随之改变大小。

2. 调整文字方向

文字方向是指排版中文字的排列方向。为了满足不同的排版需求，Word 中提供了横排和竖排两种文字方向，对于竖排文字提供了从左到右和从右到左两种排列方式。

（1）在"文字方向"对话框中调整。选择文字后，右键单击并执行"文字方向"命令，在弹出的"文字方向"对话框中选择一种文字方向，接着单击"应用于"下拉按钮，选择文字方向应用的范围，设置完成后单击"确定"按钮，即可设置所选文字的方向，如图 3-36 所示。

　在"文字方向"对话框中有 5 种文字排列样式供选择，但此时只有 3 种能用，当用户在文档中插入一个文本框并写入文字时，就可以选择其他两种文字排列样式了。

（2）在"页面布局"选项卡中调整。单击"页面布局"→"页面设置"选项组→"文字方向"下拉按钮，选择一种文字方向，如"垂直"，即可调整文字方向。

 单击"页面设置"选项组中的"文字方向"下拉按钮，执行"文字方向选项"命令，也可以打开"文字方向"对话框。

3. 给文本添加拼音

当遇到不认识的汉字时，选择文字后，可以使用拼音指南功能查看它的读音，也可以为汉字添加拼音。

选择要添加拼音的文字，单击"开始"选项卡→"字体"选项组→"拼音指南"按钮🥢，在打开的"拼音指南"对话框中可以对文字拼音的各项属性进行设置，单击"确定"按钮，即可对文字添加拼音，如图 3-37 所示。

图 3-36　设置文字方向　　　　　　　图 3-37　拼音指南

在"拼音指南"对话框中，各个设置项的说明见表 3-3。

表 3-3　　　　　　　　　　　　　　拼音指南各项说明

设置项名称	说明
基准文字	在该文本框中显示要添加的文字
拼音文字	在该文本框中显示要添加的拼音
对齐方式	单击该按钮，选择拼音与文字之间的对齐方式
偏移量	单击其微调按钮，将设置拼音与文字之间的行间距
字体	设置拼音在文档中显示的字体
字号	设置拼音在文档中显示的字号
组合按钮	为多个文字添加拼音时，单击"组合"按钮，则设置拼音的对齐方式时，将所有字体组合到一起来设置
单字	将以单个文字为单位来设置拼音对齐

4. 带圈字符

有时为了加强文字效果，可以为文字或数字加上一个圈，以突出其意义，这些文字就称为带圈字符。在 Word 中，可以轻松地为字符添加圈号，制作出各种各样的带圈字符。

选择需要设置的汉字或数字，单击"开始"→"字体"选项组→"带圈字符"按钮字，在弹出的"带圈字符"对话框中设置样式和圈号，如图 3-38 所示。

图 3-38 "带圈字符"对话框

 在"带圈字符"对话框中，有"缩小文字"和"增大圈号"样式，前者可在圈号不变的情况下将文字缩小，后者则保证字符大小不变将圈号扩大。

3.4.3 插入文本框

文本框是一种可移动、可调大小的文字或图形容器。使用文本框，可以在一页上放置数个文字块，或使文字按与文档中其他文字不同的方向排列。

可以使用"绘图"工具栏上的选项来增强文本框的效果，例如，更改其填充颜色。操作方法与处理其他任何图形对象没有区别。

插入文本框的操作步骤如下。

（1）单击"插入"→"文本"选项组→"文本框"下拉按钮。

（2）在下拉列表中选择所需要的文本框样式，如"边线型提要栏"、"边线型引述"等，也可以执行"绘制文本框"命令。

（3）单击"绘制文本框"选项，当光标变为"＋"形状时，即可在文档中绘制文本框。

3.4.4 绘制图形

1. 绘制基本图形

（1）绘图画布。在 Word 中可以使用绘图画布绘制图形。当图形对象包括几个图形时，使用绘图画布非常方便。

绘图画布还在图形和文档的其他部分之间提供了一条类似框架的边界。在默认情况下，绘图画布没有背景或边框，但是如同处理图形对象一样，可以对绘图画布应用格式。

（2）创建绘图。

① 将光标放置在文档中要创建绘图的位置。

② 单击"插入"→"插图"选项组→"形状"下拉按钮，选择"新建绘图画布"选项，绘图画布就插入文档中了。

③ 在"插入形状"选项组中添加所需的图形或图片。

2. 对齐、排列图形对象

在 Word 中，可以采用不同的方式来排列图形对象。可以使用绘图画布来帮助布置图形，可以使对象互相对齐或与文档的其他部分对齐，也可以将图形对象等距分布。可以缩小绘图画布，以便它紧紧地围在图形对象的周围。也可同时增大图形对象和绘图画布，或者只增大图形，而绘图画布保持原来的大小，如图 3-39 所示。

图 3-39　对齐、排列图形对象

如果要将图片添加到图形中，可将图片的环绕方式设为浮动，然后将图片拖到绘图画布上。如果不想使用绘图画布，可以将图形对象从绘图画布上拖下来，选择绘图画布，然后将之删除。

　　　　从文档中拖动到画布中的图形可以从绘图画布上拖下来，但直接在绘图画布上绘制的图形不能拖出画布，当删除画布时，形状一并删除。

对齐图形对象：可以根据图形对象的边框、中心（水平）或中心（垂直）排列两个或更多图形对象，也可以根据整个页面、绘图画布或其他锁定标记的位置对齐一个或多个图形对象。

分布图形对象：可以将图形对象垂直或水平等距分布，也可以根据绘图画布等距分布。在对齐和分布图片前，必须先更改文字环绕方式，将"嵌入型"更改为浮于文字上方环绕方式。

3.5　表　格　处　理

3.5.1　创建表格

表格由行和列交叉的单元格组成，可以在单元格中填写文字和插入图片；表格通常用来组织和显示信息；用于快速引用和分析数据；还可对表格进行排序及公式计算；还可以使用表格创建有趣的页面版式，或创建 Web 页中的文本、图片和嵌套表格。

Word 提供了创建表格的几种方法。最适用的方法与工作的方式以及所需表格的复杂度有关。

1．自动插入表格

（1）单击要创建表格的位置。

（2）选择"插入"选项卡，在"表格"选项组中单击"表格"下拉按钮，调出如图 3-40 所示的网格状。

（3）拖动鼠标，选定所需的行、列数。

2．使用"插入表格"

（1）单击要创建表格的位置。

（2）选择"插入"→"表格"选项组→"表格"下拉按钮→"插入表格"，打开"插入表格"对话框。

（3）在"表格尺寸"下选择所需的行数和列数，如图 3-41 所示。

图 3-40　插入表格　　　　　　　　　　图 3-41　指定行、列数

（4）在"自动调整"操作下选择调整表格大小的选项。

（5）若要使用内置的表格格式，单击"表格"→"快速表格"，在弹出的菜单中选择所需选项。

3. 绘制更复杂的表格

可以手动绘制复杂的表格，例如，包含不同高度的单元格或每行包含的列数不同。

（1）单击要创建表格的位置。

（2）单击"插入"→"表格"选项组→"表格"下拉按钮→"绘制表格"命令。

（3）指针变为笔形，在文档中拖动鼠标可以绘制一个单元格，并激活"表格工具"选项卡。要确定表格的外围边框，可以先绘制一个矩形，然后在矩形内绘制行、列框线。

（4）若要清除一条或一组线，单击"表格和边框"→"设计"→"绘图边框"→"擦除"按钮，接着在绘制的表格中单击需要擦除的线。

（5）表格创建完毕后，单击其中的单元格，然后便可输入文字或插入图形。

4. 在表格中创建表格

创建嵌套表格以设计 Web 页。可以将 Web 页想象为一个包含其他表格的大表格，将文本和图形置于不同的表格单元格内，以帮助您排列页面中的不同部分。

（1）在"表格"菜单上单击"绘制表格"，指针变为笔形后，拖动即可绘制，此时，"表格和边框"工具栏显示出来。

（2）将笔形指针移动到要创建嵌套表格（即表格中的表格）的单元格中。

（3）绘制新表格。先绘制一个矩形以确定表格的边框，然后在矩形中绘制行、列的边框线。

（4）嵌套表格创建完成后，可单击某个单元格，就可以开始输入文字或插入图形了。

如果有一个原有表格，可将其复制并粘贴到另一个表格内部。

5．设置表格属性

使用"表格属性"对话框可以方便地改变表格的各种属性，主要包括：对齐方式、文字环绕、边框和底纹、默认单元格边距、默认单元格间距、自动调整大小以适应内容、行、列、单元格。

（1）单击需要设置属性的表格。

（2）单击鼠标右键，在弹出的菜单中单击"表格属性"选项，打开"表格属性"对话框，如图 3-42 所示。

（3）设置"表居中，无文字环绕"。单击"文字环绕"栏下的"无"图文框，再单击"对齐方式"栏下的"居中"图文框即可。

说明：对齐方式分为两种情况：无文字环绕时分左对齐、居中、右对齐 3 种情况，有文字环绕时分左对齐、居中、右对齐 3 种情况。在"表格属性"对话框的"表格"标签下，只要单击"文字环绕"栏下的"无"图文框，再单击"对齐方式"栏下的左对齐或居中或右对齐图文框即可设置相关的文字对齐方式；设置文字环绕对齐方式，只要单击"文字环绕"栏下的"环绕"图文框，再单击"对齐方式"栏下的左对齐或居中或右对齐图文框，即可设置相关的文字环绕对齐方式。

图 3-42　"表格属性"对话框

（4）设置默认单元格边距（单元格边框和内部文本的间距）上、下边距为 0 厘米，左、右边距为 0.19 厘米。在"表格属性"对话框的"表格"标签下单击"选项"按钮，显示 "表格选项"对话框，如图 3-43 所示。在"默认单元格边距"下，输入所需要的数值：上、下边距为 0 厘米，左、右边距为 0.19 厘米。

（5）设置默认单元格间距（单元格之间的距离）为 0.05 厘米。在"表格属性"对话框的"表格"标签下单击"选项"按钮，显示"表格选项"对话框，选中"允许调整单元格间距"复选框，在右边的框中输入所需要的数值：0.05，如图 3-43 所示。

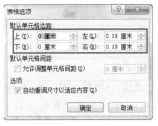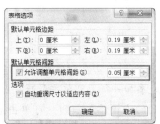

图 3-43　"表格选项"对话框

（6）设置为"自动调整表格"，使之能容下其中的文字或图形。如果输入的词比"列宽"长，列会自动调整以容纳文字。在"表格属性"对话框的"表格"标签下单击"选项"按钮，弹出"表格选项"对话框。选中"自动重调尺寸以适应内容"复选框即可，如图 3-43 所示。如果不需要根据输入的文字自动调整大小，可清除此复选框。

（7）各页顶端重复表格标题。当处理大型表格时，它一定会在分页符处被分割。当表格有多页时，可以调整表格以确认信息按所需方式显示。使其在页面视图或打印出的文档中看到重复的表格标题。操作步骤如下。

① 在表格第一行中合并单元格，并输入表格标题。

② 选择"表格工具"→"布局"→"数据"选项组→"重复标题行"命令即可。

　　　　Word 能够依据分页符自动在新的一页上重复表格标题，如果在表格中插入了手动分页符，则 Word 无法重复表格标题。

3.5.2　编辑表格

1．行、列操作

● 为表格添加单元格、行或列。

（1）选定与要插入的单元格、行或列数目相同的行或列。

（2）单击鼠标右键，在弹出的菜单中执行"插入"命令，在弹出的菜单中选择插入行、列或者单元格，如图 3-44 所示。

图 3-44　插入行列

　　　　（1）可以使用"绘制表格"工具在所需的位置绘制行或列。

　　　　（2）要在表格末尾快速添加一行，可单击最后一行的最后一个单元格，然后按 Tab 键。

　　　　（3）要在表格最后一列的右侧添加一列，可单击最后一列。单击"表格工具"→"布局"→"行和列"选项组→"在右侧插入"按钮。

2．单元格合并与拆分

● 合并表格单元格。

可以将同一行或同一列中的两个或多个单元格合并为一个单元格。例如，可以横向合并单元格，以创建横跨多列的表格标题。

（1）选择要合并的单元格。

（2）单击"表格工具"→"布局"→"合并"选项组→"合并单元格"按钮。

　　　　如果要将同一列中的若干单元格合并成纵跨若干行的纵向表格标题，可以在合并单元格后单击"布局"→"对其方式"选项组→"文字方向"按钮来更改标题文字的方向。

- 拆分单元格。

（1）在单元格中单击，或选择要拆分的多个单元格。

（2）单击"表格"工具栏→"布局"→"合并选项组"→"拆分单元格"按钮。

（3）选择要将选定的单元格拆分成的列数或行数。

- 拆分表格。

方法 1：

（1）要将一个表格分成两个表格，单击要成为第二个表格的首行的行。

（2）单击"表格"工具栏"布局"选项中的"拆分表格"。

方法 2：

选择要成为第二个表格的行或行中的部分连续单元格，不连续选择仅对选择区域的最后一行有效，然后按"Shift+Alt+↓"组合键，即可按要求拆分表格。

　　用这种方法拆分表格更加自由、方便，特别是把表格中间的某几个连续的行拆分出来作为一个独立的表格，或把表格中间的某些行拆分出来作为一个独立的表格。

3. 删除表格或清除其内容

可以删除整个表格，也可以清除单元格中的内容，而不删除单元格本身。

- 删除表格及其内容。

（1）单击表格。

（2）选择"表格→删除→表格"命令。

- 删除表格内容。

（1）选择要删除的项。

（2）按 Delete 键。

- 删除表格中的单元格、行或列。

（1）选择要删除的单元格、行或列。

（2）选择"表格→删除"命令，然后单击"单元格"、"行"或"列"命令。

- 移动或复制表格内容。

（1）选定要移动或复制的单元格、行或列。

（2）执行下列操作之一：

- 要移动选定内容，可将选定内容拖动至新位置。

- 要复制选定内容，可在按住 Ctrl 键的同时将选定内容拖动至新位置。

移动表格行的最简单方法：选定要移动的行的任意一个单元格，按下"Shift+Alt"组合键，然后按上下方向键，按↑键可使选择的行在表格内向上移动，按↓键可使其向下移动。用这种方法也可以非常方便地合并两个表格。

　　按"Shift+Alt+↑（或↓）"组合键，还可以调整文档中段落的顺序。方法是：将插入点置于要调整段落的任意位置，按"Shift+Alt+↑（或↓）"组合键即可。

3.5.3　表格格式化

1. 表格外观格式化

表格外观格式化有很多形式，比如为表格添加边框、添加底纹，以及套用表格样式等。

（1）为表格添加边框。在 Word 中操作表格时，选择表格工具栏中的"设计"选项卡，在"表格样式"选项组中单击"边框"下拉按钮，执行"边框和底纹"命令，在弹出的"边框和底纹"对话框中进行设置，同样也可以在"边框"下拉按钮中选择一种边框样式对边框进行设置，如图 3-45 所示。

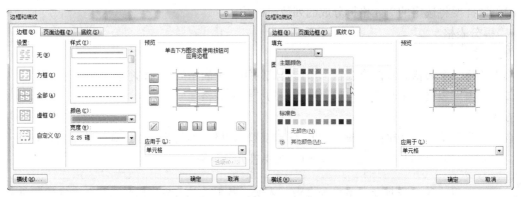

图 3-45　设置边框和底纹

（2）为表格添加底纹。选择要添加底纹的区域，单击"表格样式"选项组中的"底纹"下拉按钮，在其下拉列表中选择一种色块，如"橙色"色块。也可以在"边框和底纹"对话框中单击"底纹"标签，在"填充颜色"下拉列表中选择一种色块。

（3）套用表格样式。Word 2010 为用户提供了多种表格样式，选择"设计"选项卡，单击"表格样式"选项组中的下拉按钮，在"内置"区域选择一种表格样式，即可套用表格样式，如图 3-46 所示。

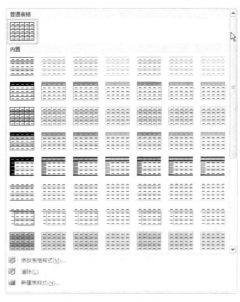

图 3-46　套用表格样式

2. 表格内容格式化

对表格内容进行格式化，除了设置表格的对齐方式、文字方向等，还可以对表格进行转换。

● 表格的转化。

将文本转换成表格时，使用逗号、制表符或其他分隔符标记新的列开始的位置。

（1）在要划分列的位置插入所需的分隔符。例如，在一行有两个字的列表中，在第一个字后插入逗号或制表符，从而创建一个两列的表格。

（2）选择要转换的文本。

（3）选择"插入"选项卡→"表格"→"文本转换成表格"命令。

（4）在"文字分隔位置"下单击所需的分隔符选项。

（5）选择其他所需选项。如果需要有关某个选项的帮助，可单击问号按钮，然后单击该选项。

将表格转换成文本的操作步骤与此类似，只是在第 3 步中选择"将表格转换为文本"即可。

3.5.4　表格数据处理

1. 表格计算

（1）在表格中进行计算。在表格中进行计算时，可用 A1、A2、B1、B2 的形式引用表格单元格，其中字母表示"列"，数字表示"行"。与 Excel 不同，Word 对"单元格"的引用始终是绝对引用，并且不显示美元符号。例如，在 Word 中引用 A1 单元格与在 Excel 中引用 $A$1 单元格相同，如图 3-47 所示。

● 引用单独的单元格。

在公式中引用单元格时，用逗号分隔单个单元格，而选定区域的首尾单元格之间用冒号分隔，计算单元格的平均值如图 3-48 所示。

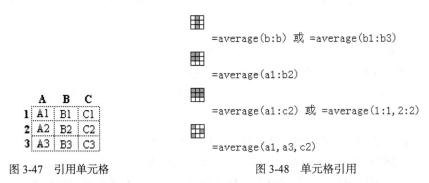

图 3-47　引用单元格　　　　　　　　　图 3-48　单元格引用

● 引用整行或整列。

用以下方法在公式中引用整行和整列。

使用只有字母或数字的区域进行表示，例如，1:1 表示表格的第一行。如果以后要添加其他的单元格，这种方法允许计算时自动包括一行中所有单元格。

使用包括特定单元格的区域。例如，a1:a3 表示只引用一列中的 3 行。使用这种方法可以只计算特定的单元格。如果将来要添加单元格而且要将这些单元格包含在计算公式中，则需要编辑计算公式。

（2）计算行或列中数值的总和。

① 单击要放置求和结果的单元格。表 3-4 所示学生成绩表第一行的总分"列"。

表 3-4　　　　　　　　　　　　　　　学生成绩表

学号	姓名	性别	数学	语文	政治	物理	总分	平均分
070002	王坤	男	75	85	88	95	343	84.75
070003	李丽	女	96	98	86	96	376	85.75
070001	张辉	男	95	80	85	90	350	87.5

② 选择"表格工具"→"布局"→"数据"选项组→"公式"命令。

③ 如果选定的单元格位于一列数值的底端，Word 将建议采用公式 =SUM（ABOVE）进行

计算。如果该公式正确，可单击"确定"按钮。如果选定的单元格位于一行数值的右端，Word将建议采用公式 =SUM（LEFT）进行计算。如果该公式正确，可单击"确定"按钮。

- 若单元格中显示的是大括号和代码（例如，{=SUM（LEFT）}）而不是实际的求和结果，则表明 Word 正在显示域代码。要显示域代码的计算结果，可按"Shift+F9"组合键。
- 若该行或列中含有空单元格，则 Word 将不对这一整行或整列进行累加。要对整行或整列求和，可在每个空单元格中输入零值。

（3）在表格中进行其他计算，如计算表 3-4 第一行的平均分。

① 单击要放置计算结果的单元格。

② 选择"表格工具"→"布局"→"数据"选项组→"公式"命令。

③ 若 Word 提议的公式非所需，可将其从"公式"框中删除。不要删除等号，如果删除了等号，要重新插入。

④ 在"粘贴函数"框中单击所需的公式。例如，求平均，单击"AVERAGE"。

⑤ 在公式的括号中输入单元格引用，可引用单元格的内容。如果需要计算单元格 d2 至 g2 中数值的平均值，应建立这样的公式：=AVERAGE（d2:g2）。

⑥ 在"编号格式"框中输入数字的格式。例如，要以带小数点的百分比显示数据，可单击"0.00%"。

- Word 是以域的形式将结果插入选定单元格的。如果所引用的单元格发生了更改，可选定该域，然后按 F9 键刷新，即可更新计算结果。
- Word 表的计算必须手动重新计算。可以考虑使用 Excel 来执行复杂的计算。

2. 表格的排序

可以将列表或表格中的文本、数字或数据按升序（A 到 Z、0 到 9，或最早到最晚的日期）进行排序；也可以按降序（Z 到 A、9 到 0，或最晚到最早的日期）进行排序。在表格中对文本进行排序时，可以选择对表格中单独的列或整个表格进行排序；也可在单独的表格列中用多于一个的单词或域进行排序。

对"学生成绩表"按平均分降序排列，操作步骤如下。

（1）选定要排序的表格。

（2）选择"表格工具"→"布局"→"数据"选项组→"排序"命令。

（3）打开"排序"对话框，选择所需的排序选项。如果需要关于某个选项的帮助，可单击问号，然后单击该选项。排序选项如图 3-49 所示。

图 3-49　"排序"对话框

3.6　Word 高级操作

3.6.1　样式与模板

1. 样式

（1）显示所有样式。要把样式应用到文档，先用鼠标选中文字，然后从"开始"→"样式"的下拉列表框选择样式。如果要把文字格式转化成 3 种主要的标题样式："标题 1"、"标题 2"、"标题 3"，也可以直接使用键盘快捷方式，它们分别是："Ctrl+ Alt+1"、"Ctrl+Alt+2"、"Ctrl+Alt+3"。

（2）去掉文本的一切修饰。假如用 Word 编辑了一段文本，并进行了多种字符排版格式，有宋体、楷体，有上标、下标等。如果对这段文本中字符排版格式不太满意，可以选中这段文本，然后按下"Ctrl+Shift+N"组合键，就可以去掉选中文本的一切修饰，以缺省的字体和大小显示文本。

（3）插入表格格式都发生改变。在对表格设置样式时，如果在表格样式下拉列表中选择样式，样式会应用到表格中所有单元格。

如果想要修改一个单元格的样式，可以选中单元格，在"样式"选项组中单击"边框"和"底纹"下拉按钮，为指定单元格设置样式。。

2. 模板

所谓共用模板，就是模板中的全部样式和设置能够应用在所有的新建 Word 文档中。在 Word 2010 中，最常用的共用模板就是 Normal.dotm。除此之外，用户可以根据实际需要设置自定义的共用模板。

设置模板的操作步骤如下。

（1）选中要设置为模板的文档，选择"文件"→"另存为"命令。

（2）打开"另存为"对话框，将文档保存在"E:\Users\office\AppData\Roaming\Microsoft\Templates"目录下，设置保存类型为"Word 模板"，如图 3-50 所示。

图 3-50　"另存为"对话框

（3）单击"确定"按钮，关闭文档，再次打开文档，单击"文件"→"新建"选项，在"可用模板"区域单击"我的模板"选项。

（4）打开"新建"对话框，在"个人模板"区域即可看到自定义的模板，如图 3-51 所示。

图 3-51 "新建"对话框

（5）单击"确定"按钮，即可应用选中的自定义模版。

3.6.2 拼写和语法检查

完成对文档的编写后，逐字逐句地检查文档内容会显得费力、费时，此时可以使用 Word 中的"拼写和语法"功能对文档内容进行检查。

单击"审阅"→"校对"选项组→"拼写和语法"按钮，打开"拼写和语法"对话框，对话框中会显示出系统认为的错误原因和错误词句，并在"建议"文本框中显示建议的词，对错误的词汇进行更改，单击"忽略一次"，可以忽略查询的错误建议，单击"下一句"，显示系统认为拼写和语法的下一处错误，单击"忽略全部"，可以忽略系统认为有语法错误的全部内容，如图 3-52 所示。

图 3-52 "拼写和语法"对话框

3.6.3 文档修订

为了便于联机审阅，Word 允许在文档中快速创建和查看修订和批注。为了保留文档的版式，Word 在文档的文本中显示一些标记元素，而其他元素则显示在出现边距上的批注框中如图 3-53 所示。

修订用于显示文档中所做的诸如删除、插入或其他编辑更改的位置的标记。启用修订功能时，作者或其他审阅者的每一次插入、删除或格式更改都会被标记出来。作者查看修订时，可以接受

或拒绝每处更改。打开或关闭"修订"模式，选择"审阅"→"修订"选项组→"修订"命令或
按"Ctrl+Shift+E"组合键。

批注是作者或审阅者为文档添加的注释。每一个批注
名称都是以 Word 用户名的缩写开头，后面加一个批注号，
批注不会影响到文档的格式，也不会被打印出来。

插入批注的操作步骤如下。

（1）选择要设置批注的文本或内容，或单击文本的
尾部。

图 3-53　修订和批注

（2）选择"审阅"选项卡→"批注"选项组→"新建批注"命令。

（3）此时所选的文字将以"红色"括号括起来，并以"红色"底纹突出显示，而在右页边距
位置显示批注框，在批注框中输入批注文字。

3.6.4　自动目录

目录是文档中标题的列表。可以通过目录来浏览文档中讨论了哪些主题。可使用 Word 中的
内置标题样式和大纲级别格式来创建目录。

编制目录最简单的方法是使用内置的大纲级别格式或标题样式。添加标题样式的方法如下。

（1）选中要设置标题样式的文本。

（2）单击"开始"→"样式"选项组→"其他" 下拉菜单，在下拉列表中选择"标题
1"、"标题 2"等标题，每级标题与大纲视图级别是一样的，如标题 1 在大纲视图中的级别
为 1 级。

如果已经使用了大纲级别或内置标题样式，可按下列步骤操作。

（1）单击要插入目录的位置（一般为文档首页）。

（2）单击"引用"选项卡→"目录"选项组→"目录"下拉菜单→"插入目录"。

（3）打开"目录"对话框，即可显示文档目录结构，系统默认只显示 3 级目录，如果长文档
目录级别超过 3 级，在"常规"列表中的"显示级别"文本框中手动设置要显示的级别，单击"确
定"按钮，即可在文档首页为单元格添加目录。

3.6.5　插入特定信息域

为了使通知的目标具有通用性，需要在特殊的位置上插入特定的信息域，如文本域、日期
域等。

1. 插入文本域

插入文本域的操作步骤如下。

（1）打开通知文档中，选中"××放假"，切换到"插入"选项卡，在"文本"选项组中单击
"文档部件"下拉按钮，在其下拉列表中选择"域"选项，如图 3-54 所示。

（2）打开"域"对话框，在对话框的"类别"文本框的下拉列表中选择"文档自动化"选项，
接着在"域名"列表框中选择"MarcoButton"选项，激活"宏名"区，接着在激活的"宏名"列
表中选中"DoFieldClick"宏名，然后在"显示文字"文本框中输入"单击此处输入通知类型"，
如图 3-55 所示。

（3）设置完成后，单击"确定"按钮，即可将设置的文本域插入到文档"××放假"区域，
即在此区域显示"单击此处输入通知类型"文字，如图 3-56 所示。

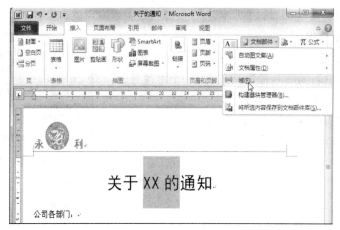

图 3-54　插入域

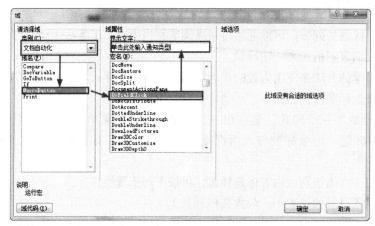

图 3-55　设置域

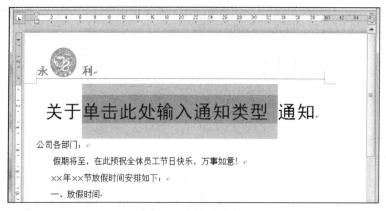

图 3-56　添加文本域

2．插入日期域

（1）在通知文档中，选中"××年××月××日"区域，单击"插入"选项卡下"文本"选项组中的"文档部件"下拉按钮，在其下拉列表中选择"域"选项，打开"域"对话框。

（2）在对话框的"类别"文本框下拉列表中选择"日期和时间"选项，接着在"域名"列表框中选中"DreateDate"选项，激活"域属性"区，然后在"域属性"区下的日期列表中选中"2012-8-18"

选项，如图 3-57 所示。

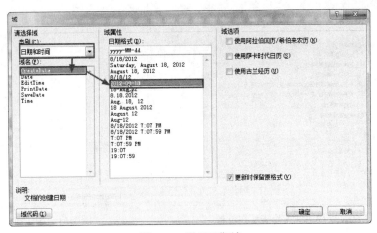

图 3-57　设置日期域

（3）设置完成后，单击"确定"按钮，将设置的日期域插入文档底部。

3.6.6　邮件合并

如果想要使用电子邮件的方式发送文档，如通知，先批量生成信函，然后统一发出即可。

1. 启用"信函"功能及导入收件人信息

（1）打开通知，切换到"邮件"选项卡，在"开始邮件合并"选项组中单击"开始邮件合并"下拉按钮，在其下拉列表中选择"信函"选项，如图 3-58 所示。

（2）接着在"开始邮件合并"选项组中单击"选择收件人"下拉按钮，在其下拉列表中选择"使用现有列表"选项，如图 3-59 所示。

图 3-58　设置信函

图 3-59　添加地址

（3）打开"选择数据源"对话框，在对话框的"查找范围"中选中要插入的收件人的数据源，如"分公司地址"，如图 3-60 所示。

（4）单击"打开"按钮，打开"选择表格"对话框，在对话框中选择要导入的工作表，如图 3-61 所示。

（5）单击"确定"按钮，返回文档中，可以看到之前不能使用的"编辑收件人列表"、"地址块"、"问候语"等选项按钮被激活，如果要编辑导入的数据源，可以单击"编辑收件人列表"按钮，打开"邮件合并收件人"对话框，如图 3-62 所示。

图 3-60　查找地址工作表所在位置

图 3-61　选定地址工作表

图 3-62　编辑、修改联系人信息

2. 插入可变域

在文档中将光标定位到文档头部，切换到"邮件"选项卡，在"编写和插入域"选项组中单击"插入合并域"下拉按钮，在其下拉列表中选择"永利薄板各分公司"域，即可在光标所在位置插入公司名称域，如图 3-63 所示。

3. 批量生成通知

（1）切换到"邮件"选项卡，在"完成"选项组中单击"完成并合并"下拉按钮，在其下拉列表中选择"编辑单个文档"选项，如图 3-64 所示。

（2）打开"合并到新文档"对话框，如果要合并全部记录，则选中"全部"单选按钮，如果要合并当前记录，则选中"当前记录"单选按钮，如果要指定合并记录，则可以选中最底部的单选按钮，并设置要合并的范围。选中"全部"单选项，直接单击"确定"按钮，即可生成"信函！"

文档，并将所有记录逐一显示在文档中，如图 3-65 所示。

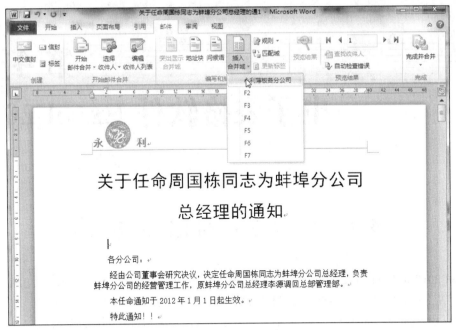

图 3-63 插入可变域

图 3-64 编辑文档

图 3-65 合并文档

4. 以"电子邮件"方式发送通知

（1）在文档中"邮件"选项卡下的"完成"选项组中单击"完成并合并"下拉按钮，在其下拉列表中选择"发送电子邮件"选项，如图 3-66 所示。

（2）打开"合并到电子邮件"对话框，在"邮件选项"栏下的"收件人"列表中选中"永利薄板各分公司"，在"主题行"文本框中输入邮件主题，如"人事任命"，如图 3-67 所示。

图 3-66 发送电子邮件

图 3-67 设置邮件主题

（3）设置完成后，单击"确定"按钮，即可启用 Outlook 2010，按照任命通知中的分公司邮件地址，逐一向对象发送制作的通知。

第4章
电子表格软件 Excel 2010

4.1 中文 Excel 2010 概述

Excel 2010 是 Microsoft Office 中的电子表格程序。可以使用 Excel 创建工作簿（电子表格集合）并设置工作簿格式，以便分析数据和做出更明智的业务决策。特别是，用户可以使用 Excel 跟踪数据，生成数据分析模型，编写公式以对数据进行计算，以多种方式透视数据，并以各种具有专业外观的图表来显示数据。

4.1.1 Excel 2010 的基本功能

Excel 2010 的基本功能如下。

* 表格编辑：编辑制作各类表格，利用公式对表格中的数据进行各种计算，对表格中的数据进行增、删、改、查找、替换和超链接，对表格进行格式化。
* 制作图表：根据表格中的数据制作出柱型图、饼图、折线图等各种类型的图形，直观地表现数据和说明数据之间的关系。
* 数据管理：对表格中的数据进行排序、筛选、分类汇总操作，利用表格中的数据创建数据透视表和数据透视图。
* 公式与函数：Excel 提供的公式与函数功能大大简化了 Excel 的数据统计工作。
* 科学分析：利用系统提供的多种类型的函数对表格中的数据进行回归分析、规划求解、方案与模拟运算等各种统计分析。
* 网络功能与发布工作簿：将 Excel 的工作簿保存为 Web 页，创建一个动态网页以供通过网络查看或交互使用工作簿数据。

4.1.2 Excel 2010 应用程序窗口

Excel 的启动、退出步骤同 Word 类似，新建文件、保存文件、打开文件等基本操作和 Word 也基本一样。

1. Excel 2010 的窗口组成元素

Excel 工作窗口组成元素如图 4-1 所示，主要包括快速访问工具栏、选项卡、选项组、功能区、名称框、命令按钮、编辑栏、工作区、状态栏等，用户可定义某些屏幕元素的显示或隐藏。

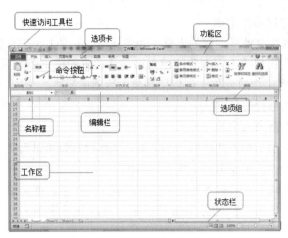

图 4-1　Excel 2010 窗口组成元素

● 功能区：Excel 2010 的功能区由选项卡、选项组和一些命令按钮组成，这里集合了 Excel 2010 绝大部分的功能，如图 4-2 所示。

图 4-2　Excel 2010 的功能区标签及选项组

● 选项卡：位于功能区的顶部。默认显示的选项卡有开始、插入、页面布局、公式、数据、审阅和视图，缺省的选项卡为"开始"选项卡，用户可以在想选择的选项卡上单击再选择该选项卡。

● 选项组：位于每个选项卡内部。例如，"开始" 选项卡中包括"剪贴板"、"字体"、"对齐方式"等选项组，相关的命令组合在一起来完成各种任务，如图 4-3 所示为"字体"选项组。

● 命令：命令的表现形式有下拉列表框、按钮下拉菜单或按钮，放置在选项组内。

● 快速访问工具栏，是用于放置用户经常使用的命令按钮，使用户快速启动经常使用的命令，如图 4-4 所示。快速访问工具栏中的命令可以根据用户的需要增加或删除。

图 4-3　"字体"选项组

图 4-4　快速访问工具栏

● 名称框：用于显示工作簿中当前活动单元格的单元引用。

● 编辑栏：用于显示工作簿中当前活动单元格中存储的数据。

● 工作区：用于编辑数据的单元格区域，Excel 中所有对数据的编辑操作都在此进行。

● 状态栏：位于 Excel 2010 主界面的最下方，用于显示软件的状态。其右侧包含了 3 个视图切换按钮和一个显示比例调节功能的滑块。

2. Excel 2010 工作区操作术语

- 单元格：由行列相交处所构成的方格称为单元格。它是 Excel 的基本存储单元。
- 当前活动单元格：粗线方框围着的单元格是活动单元格，用户只可以在活动单元格中输入数据。用鼠标单击任意一个单元格，可以使其成为活动单元格。
- 行标号：标记表格行的数字。
- 列标号：标记表格列的字符。
- 工作表标签：显示工作表的名称，单击某一工作表标签可进行工作表之间的切换。
- 活动工作表标签：正在编辑的工作表的名称。
- 填充柄：位于活动单元格右下角，鼠标在此成实心十字，拖动填充柄可快速填充单元格。
- 标签滚动按钮：单击不同的标签滚动按钮，可以左右滚动工作表标签来显示隐藏的工作表。
- 工作表标签分割线：移动分割线可以增加或减少工作表标签在屏幕上显示的数目。
- 窗口水平和垂直拆分线：移动拆分线可把窗口从水平或垂直方向划分为两个或 4 个窗口。

4.1.3　Excel 2010 的帮助系统

1. 帮助系统

在"文件"选项卡中选择"帮助"标签，打开支持页面，选择相关选项，即可查看帮助信息，如图 4-5 所示。

图 4-5　帮助系统

2. 使用"Microsoft Excel 帮助"

类似于 Word 的帮助系统，可以通过下列操作方法获得"帮助"。

- 单击 Excel 2010 主界面右上角的 ❷ 按钮，或按下 F1 键，打开"Excel 帮助"窗口。
- 在"键入要搜索的关键词"文本框中输入需要搜索的关键词，单击"搜索"按钮，即可显示出搜索结果。
- 单击"自定义快速访问工具栏"链接，在打开的窗口中即可看到具体内容，如图 4-6 所示。

图 4-6　Excel 的帮助

4.2　Excel 2010 的基本操作

4.2.1　建立工作簿

创建工作簿有 3 种方法：一是建立空白工作簿；二是用 Excel 本身所带的模板；三是根据现有工作簿新建。

1. 建立空白工作簿

创建空白工作簿有 3 种方法。

- 启动 Excel 后，立即创建一个新的空白工作簿。
- 单击快速访问工具栏上的"新建"按钮或按快捷键"Ctrl+N"，立即创建一个新的空白工作簿。
- 单击"文件"→"新建"标签，在右侧选中"空白工作簿"，单击"创建"按钮，立即创建一个新的空白工作簿。

注意　新创建的空白工作簿，其临时文件名格式为"工作簿 *n*"，n 可以是 1、2、3、…，如"工作簿 1"。

2. 根据现有工作簿建立新的工作簿

根据现有工作簿建立新的工作簿时，新工作簿的内容与选择的已有工作簿内容完全相同。这是创建与已有工作簿类似的新工作簿最快捷的方法。操作步骤如下。

（1）单击"文件"选项卡→"新建"标签，在右侧选中"根据现有内容新建"按钮。

（2）打开"根据现有工作簿新建"对话框，如图 4-7 所示。

（3）选择需要的工作簿文档，单击"新建"按钮即可。

3. 根据模板建立工作簿

根据模板建立工作簿的操作步骤如下。

（1）单击"文件"→"新建"标签，打开"新建工作簿"任务窗格。

（2）在"模板"栏中选择"Office.com 模板"→"日历"→"2010 年日历"→"2012 年简洁设计月历（农历）"，在右侧单击"下载"按钮，如图 4-8 所示。

图 4-7 "根据现有工作簿新建"对话框

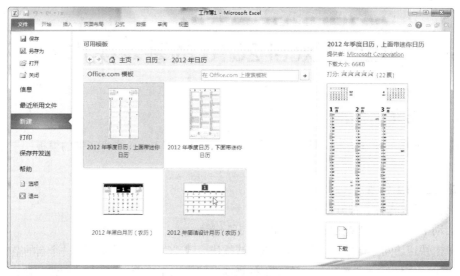

图 4-8 根据模板创建

（3）这样就可根据模板"日历"创建一个工作簿，如图 4-9 所示。

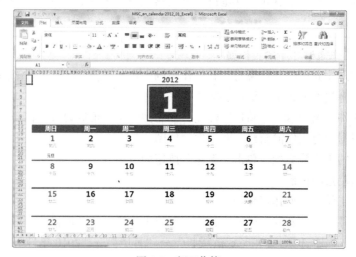

图 4-9 新工作簿

4.2.2　工作表的基本操作

1. 重命名工作表

对工作表的名称可以进行重新命名。操作步骤如下。

（1）选择要重新命名的工作表。

（2）右键单击要重命名的工作表标签，打开快捷菜单，单击"重命名"命令，如图 4-10 所示，原标签名被选定。

（3）输入新名称覆盖当前名称。

图 4-10　重命名工作表

2. 移动或复制工作表

在实际工作中，为了更好地共享和组织数据，需要对工作表进行移动或复制。移动或复制可在同一个工作簿内，也可在不同的工作簿之间。操作步骤如下。

（1）选择要移动或复制的工作表。

（2）右键单击要移动或复制的工作表标签，选择"移动或复制工作表"命令，打开"移动或复制工作表"对话框，如图 4-11 所示。

图 4-11　移动或复制工作表

（3）在"工作簿"框中选择要移动或复制到的目标工作簿名。

（4）在"下列选定工作表之前"框中选择把工作表移动或复制到的目标工作簿中的指定的工作表。

（5）如果要复制工作表，应选中"建立副本"复选框，否则为移动工作表，最后单击"确定"按钮。

另外，在同一工作簿内进行移动或复制工作表，可用鼠标拖动来实现，复制操作为：按住 Ctrl 键，用鼠标拖动源工作表，光标变成带加号的图标，鼠标拖动到目标工作表位置即可；移动操作为：直接拖动到目标工作表位置。

3. 插入工作表

插入工作表操作步骤如下。

（1）指定插入工作表的位置，即选择一个工作表，要插入的表在此工作表之前。

（2）右键单击出现快捷菜单，选择"插入"命令，在"插入"对话框中选择"工作表"，即可插入一个名为"Sheet n"的空白工作表。

　　　　从快捷菜单中，选择"删除"命令可删除选定的工作表。工作表被删除后，不可用"撤销"恢复。

4. 在工作表中滚动显示数据

当工作表的数据较多而一屏幕不能完全显示时，可以拖动垂直滚动条或水平滚动条来上下或左右显示单元格数据，也可以单击滚动条两边的箭头按钮来显示数据，然后用鼠标单击要选的单元格。单元格操作也可使用键盘快捷键，见表 4-1。

表 4-1   选择单元格的快捷键

键盘快捷键	单元格操作
箭头键（↑、↓、←、→）	向上、下、左或右移动一个单元格
Ctrl+箭头键	移动到当前数据区域的边缘
Home	移动到行首
Ctrl+Home	移动到工作表的开头
Ctrl+End	移动到工作表的最后一个单元格，该单元格位于数据所占用的最右列的最下行中
Page Down	向下移动一屏
Page Up	向上移动一屏
Alt+Page Down	向右移动一屏
Alt+Page Up	向左移动一屏
F6	切换到被拆分（"窗口"菜单上的"拆分"命令）的工作表中的下一个窗格
Shift+F6	切换到被拆分的工作表中的上一个窗格
Ctrl+Backspace	滚动以显示活动单元格
F5	显示"定位"对话框
Shift+F5	显示"查找"对话框
Shift+F4	重复上一次"查找"操作
Tab	在受保护的工作表上的非锁定单元格之间移动

5. 选择工作表

当输入或更改数据时，会影响所有被选中的工作表。这些更改可能会替换活动工作表和其他被选中的工作表上的数据。

选择工作表有以下操作方法。

● 选择单张工作表：单击工作表标签。如果看不到所需的标签，可单击标签滚动按钮来显示此标签，然后再单击它。

● 选择两张或多张相邻的工作表：先选中第一张工作表的标签，再按住 Shift 键，单击最后一张工作表的标签。

● 选择两张或多张不相邻的工作表：单击第一张工作表的标签，再按住 Ctrl 键，单击其他要选择的工作表标签。

● 工作簿中所有工作表：右键单击工作表标签，再单击快捷菜单上的"选定全部工作表"。

要取消对多张工作表的选取，操作方法如下。

单击工作簿中任意一个未选取的工作表标签。若未选取的工作表标签不可见，可用鼠标右键单击某个被选取的工作表的标签，再单击快捷菜单上的"取消成组工作表"命令。

4.2.3　单元格的基本操作

1. 清除单元格格式或内容

清除单元格，只是删除了单元格中的内容（公式和数据）、格式或批注，但是空白单元格仍然保留在工作表中。操作步骤如下。

（1）选定需要清除其格式或内容的单元格或区域。

（2）单击"开始"选项卡→"编辑"选项组→"清除"下拉按钮，弹出级联菜单，如图 4-12 所示，对级联菜单执行下列操作之一：

- 单击"全部清除"命令，可清除格式、内容、批注和数据有效性。
- 单击"清除格式"命令，可清除格式。
- 单击"清除内容"命令，可清除内容。也可按 Delete 键直接清
除内容；或右键单击选定单元格，选择快捷菜单中的"清除内容"。

图 4-12　清除选项

- 单击"清除批注"命令，可清除批注。
- 单击"清除超链接"命令，可清除超链接。

2. 删除单元格、行或列

删除单元格，是从工作表中移去选定的单元格以及数据，然后调整周围的单元格填补删除后的空缺。操作步骤如下。

（1）选定需要删除的单元格、行、列或区域。

（2）单击"开始"选项卡→"单元格"选项组→"删除"按钮，或从快捷菜单中选择"删除"命令，打开对话框，按需要进行选择并单击"确定"按钮。

> Excel 更新公式的方式是调整移动单元格的新位置的引用。如果公式中引用的单元格已被删除，该公式将显示错误值 #REF!

3. 插入空白单元格、行或列

插入新的空白单元格、行、列，操作步骤如下。

（1）选定要插入新的空白单元格、行或列，具体执行下列操作之一。

- 插入新的空白单元格：选定要插入新的空白单元格的单元格区域。注意选定的单元格数目应与要插入的单元格数目相等。
- 插入一行：单击需要插入的新行之下相邻行中的任意单元格。如要在第 6 行之上插入一行，则单击第 6 行中的任意单元格。
- 插入多行：选定需要插入的新行之下相邻的若干行。选定的行数应与要插入的行数相等。
- 插入一列：单击需要插入的新列右侧相邻列中的任意单元格。如要在 C 列左侧插入一列，应单击 C 列中的任意单元格。
- 插入多列：选定需要插入的新列右侧相邻的若干列。选定的列数应与要插入的列数相等。

（2）单击"开始"选项卡→"单元格"选项组→"插入"下拉按钮，单击"插入单元格"、"插入工作表行"、"插入工作表列"或"插入工作表"。如果单击"插入单元格"，则打开其对话框，如图 4-13 所示。也可从快捷菜单中选择"插入"命令，打开其对话框，选择插入整行、整列或要移动周围单元格的方向，最后单击"确定"按钮。

4. 行列转换

把行和列进行转换，就是把复制区域的顶行数据变成粘贴区域的最左列，而复制区域的最左

列变成粘贴区域的顶行。操作步骤如下。

（1）选定要转换的单元格区域。

（2）单击"开始"选项卡→"剪贴板"选项组→"复制"按钮，或在快捷菜单中选择"复制"命令。

（3）选定粘贴区域的左上角单元格。此例选择 A10 单元格。注意：粘贴区域必须在复制区域以外。

（4）单击"粘贴"按钮右侧的箭头，然后单击"转置"。结果如图 4-14 所示。

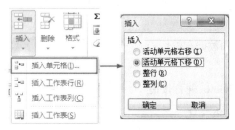

图 4-13　插入单元格　　　　　　　　　　　　图 4-14　转置粘贴

5. 使用数据表单编辑数据清单

（1）数据清单。数据清单，又称数据列表。它是工作表中一个数据连续的区域。它就像一张二维表，数据由若干行和若干列组成，行为记录，列为字段，每列有一个列标题，也称字段名称，每一列有相同类型的数据，如图 4-15 所示。

数据清单中不能有空行或空列；数据清单与其他数据间至少留有空行或空列。

（2）数据表单。数据表单（记录单）是一种对话框，利用它可以很方便地在区域或列表中一次输入或显示一行完整的信息或记录。

在使用数据表单向数据清单中添加记录时，数据清单每一列的顶部必须具有列标题。系统使用这些列标题来创建表单中的字段。

如果数据清单较宽，有多列数据而不能在一屏中显示，那么使用记录单比逐列键入数据要方便。

6. 移动行或列

移动行或列的操作步骤如下。

（1）选定需要移动的行或列。

（2）单击"开始"选项卡→"剪贴板"选项组→"剪切"按钮。

（3）选择要移动到的区域的行或列，或要移动到的区域的第一个单元格。

（4）选择快捷菜单中的"插入已剪切的单元格"命令，移动结果如图 4-16 所示。

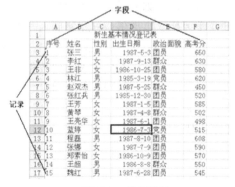

图 4-15　数据清单

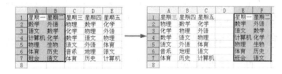

图 4-16　移动行或列

7．移动或复制单元格

移动或复制单元格的操作步骤如下。

（1）选定要移动或复制的单元格。

（2）执行下列操作之一。

● 移动单元格：单击"开始"选项卡→"剪贴板"选项组→"剪切"按钮，再选择粘贴区域的左上角单元格。

● 复制单元格：单击"开始"选项卡→"剪贴板"选项组→"复制"按钮，再选择粘贴区域的左上角单元格。

● 将选定单元格移动或复制到其他工作表：单击"剪切"按钮或"复制"按钮，再单击新工作表标签，然后选择粘贴区域的左上角单元格。

● 将单元格移动或复制到其他工作簿：单击"剪切"按钮或"复制"按钮，再切换到其他工作簿，然后选择粘贴区域的左上角单元格。

（3）单击"粘贴"按钮，也可单击"粘贴"按钮旁的箭头，再选择列表中的选项。

　　　在移动单元格时，系统将替换粘贴区域中的数据。

此外，还可以用鼠标拖动来进行移动或复制操作。

移动：先选定要移动的单元格或区域，然后用鼠标指向其边框线，鼠标变成"＋"字鼠标，拖动到目的位置即可。

复制：先选定要移动的单元格或区域，然后用鼠标指向其边框线，鼠标变成"＋"字鼠标，再按住 Ctrl 键并拖动到目的位置即可。

4.2.4　数据类型及数据输入

1．常见数据类型

单元格中的数据有类型之分，常用的数据类型分为：文本型、数值型、日期/时间型和逻辑型。

（1）文本型：由字母、汉字数字和符号组成。

（2）数值型：除了由数字（0～9）组成的字符外，还包括+、-、(、)、E、e、/、$、%以及小数点"."和千分位符","等字符。

（3）日期/时间型：输入日期/时间型时，要遵循 Excel 内置的一些格式。常见的日期时间格式为"yy/mm/dd"、"yy-mm-dd"、"hh:mm［:ss］　［AM/PM］"。

（4）逻辑型：包括 TRUE 和 FALSE。

2．数据输入

在工作表中选定了要输入数据的单元格，就可以在其中输入数据，操作方式为：单击要选定的单元格或双击要选定的单元格，直接输入。

（1）文本型数据输入。

● 字符文本：直接输入英文字母、汉字、数字和符号。如 ABC、姓名、a12。

● 数字文本：由数字组成的字符串。先输入单引号，再输入数字。如：'100081。

　　　单元格中输入文本的最大长度为 32767 个字符。单元格最多只能显示 1024 个字符，在编辑栏可全部显示。默认为左对齐。当文字长度超过单元格宽度时，如果相邻单元格无数据，则可显示出来，否则隐藏。

（2）数值型数据输入。

- 输入数值：直接输入数字，数字中可包含一个逗号。如 123，1，245，210.89。如果在数字中间出现任一字符或空格，则认为它是一个文本字符串，而不再是数值，如 123A45、234 567。
- 输入分数：带分数的输入是在整数和分数之间加一个空格，真分数的输入是先输入 0 和空格，再输入分数。如 4 3/5、0 3/5。
- 输入货币数值：先输入$ 或¥，再输入数字。如$123、¥345。
- 输入负数：先输入减号，再输入数字，或用圆括号（ ）把数括起来。如−234、（234）。
- 输入科学计数法表示的数：直接输入。如 3.46E+10。

 数值数据默认为右对齐。当数据太长，Excel 自动以科学计数法表示。如输入 123456789012，显示为 1.23457E+11。当单元格宽度变化时，科学计数法表示的有效位数也会变化，但单元格存储的值不变。数字精度为 15 位，当超过 15 位时，多余的数字转换为 0。

（3）日期/时间型数据输入。

- 日期数据输入：直接输入格式为"yyyy/mm/dd"或"yyyy-mm-dd"的数据，也可是 "yy/mm/dd"或"yy-mm-dd"的数据。也可输入"mm/dd"的数据。如 2005/08/05，07-04-21，8/20。 时间数据输入：直接输入格式为"hh:mm［:ss］ ［AM/PM］"的数据。如 9:35:45，9:21:30 PM。
- 日期和时间数据输入：日期和时间用空格分隔。如 2007-4-21 9:03:00。
- 快速输入当前日期：按"Ctrl+;"组合键。
- 快速输入当前时间：按"Ctrl+:"组合键。

 日期/时间型数据系统默认为右对齐。当输入了系统不能识别的日期或时间时，系统将认为输入的是文本字符串。单元格太窄，非文本数据将以"#"号显示。

注意分数和日期数据输入的区别。如分数 0 3/6，日期 3/6。

（4）逻辑型数据输入。

- 逻辑真值输入：直接输入"TRUE"。
- 逻辑假值输入：直接输入"FALSE"。

如图 4-17 所示表示在工作表中输入不同类型的数据。

图 4-17 不同类型数据的输入

4.2.5 工作表格式化

1. 设置工作表和数据格式

在单元格中输入数据时，系统一般会根据输入的内容自动确定它们的类型，字形、大小、对齐方式等数据格式。也可以根据需要进行重新设置。操作步骤如下。

（1）单击"开始"选项卡→"单元格"选项组→"格式"下拉按钮→"设置单元格格式"命令，打开"设置单元格格式"对话框。

（2）单击"数字"选项卡，在"分类"框中选择要设置的数字，在右边"类型"框中选择具体的表示形式。如选择"货币"，在"小数位数"框中输入"4"，在"货币符号（国家/地区）"下拉框中选择"￥"。

（3）单击"确定"按钮，完成格式的设置，如图 4-18 所示。

图 4-18　设置单元格格式

对话框中数字形式的分类共有 12 种，可以根据需要选择不同的格式，在"自定义"类别中包含所有的格式，用户可以自行设置。

2. 边框和底纹

（1）设置边框。操作步骤如下。

① 选定要设置边框的单元格区域。

② 单击"开始"选项卡→"单元格"选项组→"格式"下拉按钮→"设置单元格格式"命令，打开"设置单元格格式"对话框，打开其对话框。

③ 选择"边框"选项卡，进行"线条"、"颜色"、"边框"的选择，最后单击"确定"按钮。如图 4-19 所示。

图 4-19　设置边框

（2）设置底纹。操作步骤如下。

① 选定要设置底纹的单元格区域。

② 单击"开始"选项卡→"单元格"选项组→"格式"下拉按钮→"设置单元格格式"命令，打开"设置单元格格式"对话框，打开其对话框。

③ 选择"填充"选项卡，具体进行"颜色"、"图案"的选择，然后单击"确定"按钮，如图 4-20 所示。

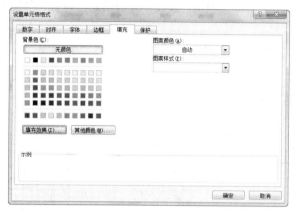

图 4-20　设置底纹

3. 条件格式

条件格式是指当指定条件为真时，系统自动应用于单元格的格式，如单元格底纹或字体颜色。例如，在单元格格式中突出显示单元格规则时，可以设置满足某一规则的单元格，将其突出显示出来，如大于或小于某一规则，下面介绍设置员工工资大于 3000 元的数据，并将其以红色标记出来

（1）设置条件格式。操作步骤如下。

① 选中要设置条件格式的单元格区域。

② 单击"开始"选项卡，在"样式"选项组中单击"条件格式"按钮。

③ 在下拉列表框中选择"突出显示单元格规则"选项，在右边的子菜单中选择"大于"。

④ 打开"大于"对话框，在"大于"对话框中"为大于以下值的单元格设置格式"文本框中输入作为特定值的数值，如 3000，在右侧下拉列表框中选择一种单元格样式，如"浅红填充色深红色文本"。

⑤ 单击"确定"按钮，即可自动查找到单元格区域中高于平均值的单元格，并将它们以红色标记出来，如图 4-21 所示。

图 4-21　条件格式

（2）更改或删除条件格式。执行下列一项或多项操作：

● 如果要更改格式，单击相应条件的"条件格式"按钮，打开"条件格式规则管理器"对话框，如图 4-22 所示，单击"编辑规则"按钮，即可进行更改。

● 要删除一个或多个条件，单击"管理规则"按钮，打开其对话框，如图 4-22 所示，然后选中要删除条件的复选框，单击"删除规则"按钮即可。

4.　行高和列宽的设置

创建工作表时，在默认情况下，所有单元格具有相同的宽度和高度，输入的字符串超过列宽时，超长的文字在左右有数据时被隐藏，数字数据则以"######"显示。可通过行高和列宽的调整来显示完整的数据。

（1）鼠标拖动。

● 将鼠标移到列标或行号两列或两行的分界线上，拖动分界线以调整列宽和行高。

● 鼠标双击分界线，列宽和行高会自动调整到最适当大小。

说明：用鼠标单击某一分界线，会显示有关的列宽度和行高度的信息。

（2）行高和列宽的精确调整。操作步骤如下。

① 单击"开始"选项卡→"单元格"选项组→"格式"下拉按钮，在下拉菜单中进行设置，如图 4-23 所示。

图 4-22　"条件格式规则管理器"对话框　　　　图 4-23　格式下拉菜单

② 执行下列操作之一：

● 选择"列宽"或"行高"，打开相应的对话框，输入需要设置的数据。

● 选择"自动调整行高"或"自动调整列宽"命令，选定列中最宽的数据为宽度，或选定行中最高的数据为高度自动调整。

● 选择"隐藏或取消隐藏"命令，可隐藏选定的列或行，也可将隐藏的列或行重新显示。

5.　单元格样式

样式是格式的集合。样式中的格式包括数字格式、字体格式、字体种类、大小、对齐方式、边框、图案等。当不同的单元格需要重复使用同一格式时，逐一设置很浪费时间。如果利用系统的"样式"功能，便可提高工作的效率。Excel 的样式功能同 Word 的样式功能类似。

（1）应用样式。操作步骤如下。

① 选择要设置格式的单元格。

② 单击"开始"选项卡→"样式"选项组→"单元格样式"下拉按钮。

③ 从其下拉列表框中选择具体样式，如图 4-24 所示。

说明：如果要应用普通数字样式，单击工具栏上的"千位分隔样式"按钮、"货币样式"按钮或"百分比样式"按钮。

（2）创建新样式。操作步骤如下。

① 选定一个单元格，它含有新样式中要包含的格式组合（给样式命名时可指定格式）。

② 单击"开始"选项卡→"样式"选项

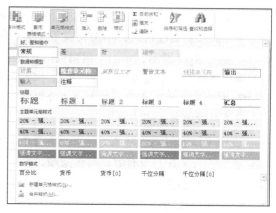

图 4-24　单元格样式

组→"单元格样式"下拉按钮，在下拉列表中选择"新建单元格样式"命令，打开"样式"对话框，如图 4-25 所示。

图 4-25　创建新样式

③ 在"样式名"框中键入新样式的名称。

④ 如果要定义样式并同时将它应用于选定的单元格，单击"确定"按钮。如果只定义样式而并不应用，可单击"添加"按钮，再单击"确定"按钮。

6. 文本和数据

在默认情况下，单元格中文本的字体是宋体、12 号字，并且靠左对齐，数字靠右对齐。可根据实际需要重新进行设置。

设置文本字体的操作步骤如下。

（1）选中要设置格式的单元格或文本。

（2）选择快捷菜单中的"设置单元格格式"命令，打开其对话框。

（3）执行下列一项或多项操作：

单击"开始"选项卡下"字体"选项组右下角的 □ 按钮，打开"设置单元格格式"对话框。对"字体"、"字形"、"字号"、"下划线"、"颜色"等进行设置，基本同 Word 操作。

● 打开"设置单元格格式"对话框，单击"对齐"选项卡，如图 4-26 所示，进行具体设置。

● 自动换行：对输入的文本根据单元格的列宽自动换行。

● 缩小字体填充：减小字符大小，使数据的宽度与列宽相同。如果更改列宽，则将自动调整字符大小。此选项不会更改所应用的字号。

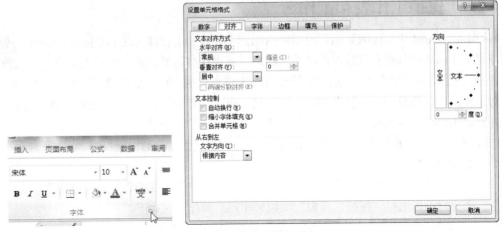

图 4-26 文本字体与对齐

● 合并单元格：将所选的两个或多个单元格合并为一个单元格。合并后的单元格引用为最初所选区域中位于左上角的单元格中的内容。和"水平对齐"中的"居中"按钮结合，一般用于标题的对齐显示，也可用工具栏上的"合并及居中"按钮完成此种设置。

● 文字方向：选择选项以指定阅读顺序和对齐方式。

● 方向：用来改变单元格中文本旋转的角度。

（4）单击"确定"按钮。

7. 套用表格样式

利用系统的"套用表格样式"功能，可以快速地对工作表进行格式化，使表格变得美观大方。系统预定义了 17 种表格的格式。操作步骤如下。

（1）选中要设置格式的单元格或区域。

（2）单击"开始"选项卡→"样式"选项组→"套用表格样式"下拉按钮，展开下拉列表，如图 4-27 所示。

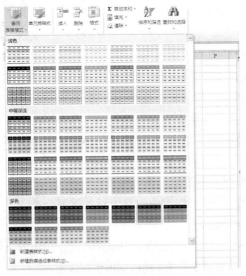

图 4-27 表格套用样式

（3）选择一种格式并单击即可应用。

4.2.6 保护工作表和工作簿

Microsoft Excel 中与隐藏数据和使用密码保护工作表和工作簿有关的功能并不是为数据安全机制或保护 Excel 中的机密信息而设计的。用户可使用这些功能隐藏可能干扰某些用户的数据或公式，从而使信息显示更为清晰。这些功能还有助于防止其他用户对数据进行不必要的更改。Excel 不会对工作簿中隐藏或锁定的数据进行加密。只要用户具有访问权限，并花费足够的时间，即可获取并修改工作簿中的所有数据。若要防止修改数据和保护机密信息，可将包含这些信息的所有 Excel 文件存储到只有授权用户才可访问的位置，并限制这些文件的访问权限。

1. 工作表保护

（1）设置允许用户进行的操作。为工作表设置允许用户进行的操作，可以有效保护工作表数据安全。需要时可以通过"保护工作表"功能来实现。操作步骤如下。

① 打开需要保护的工作表，单击"审阅"选项卡，在"更改"选项组中单击"保护工作表"按钮。

② 打开"保护工作表"对话框。在打开的"保护工作表"对话框中选中"保护工作表及锁定的单元格内容"复选框。在"取消工作表保护时使用的密码"文本框中输入一个密码。在"允许此工作表的所有用户进行"列表框中选中允许用户进行的菜单前的复选框，单击"确定"按钮，如图 4-28 所示。

③ 在弹出的"确认密码"对话框中重新输入一次密码。单击"确定"按钮，接着保存工作簿，即可完成设置，如图 4-29 所示。

图 4-28　保护工作表

图 4-29　确认密码

（2）隐藏含有重要数据的工作表。操作步骤如下。

① 除了可通过设置密码对工作表实行保护以外，还可利用隐藏行列的方法将整张工作表隐藏起来，以达到保护的目的。例如隐藏含有重要数据的工作表。

② 切换到要隐藏的工作表中，单击"开始"选项卡，在"单元格"选项组中单击"格式"下拉按钮。在下拉菜单中选中"隐藏和取消隐藏"命令，在子菜单中选中"隐藏工作表"命令，如图 4-30 所示，即可实现工作表的隐藏。

（3）保护公式不被更改。如果工作表中包含大量的重要公式，不希望这些公式被别人修改，可以对公式进行保护。操作步骤如下。

① 单击"视图"选项卡，在"宏"选项组中单击"宏"按钮的下拉菜单，在弹出的菜单中选择"录制宏"命令，打开"录制新宏"对话框，如图 4-31 所示。

② 输入宏名为"保护公式"，设置快捷键为"Ctrl+q"组合键。设置保存在"个人宏工作簿"，

接着单击"确定"按钮开始录制宏，如图 4-32 所示。按下"Ctrl+A"组合键，选中工作表中的所有单元格。切换到"开始"选项卡，在"单元格"选项组中单击"格式"下拉按钮，在下拉菜单中单击"锁定单元格"命令，取消锁定单元格。

图 4-30 隐藏工作表

图 4-31 录制新宏

④ 单击"开始"选项卡下"编辑"选项组中的"查找和选择"下拉按钮，在弹出的菜单中选择"公式"命令，选中工作表中所有的公式。

⑤ 切换到"审阅"选项卡，在"更改"选项组中单击"保护工作表"按钮，如图 4-33 所示。

图 4-32 格式下拉菜单

图 4-33 查找和选择下拉菜单

⑥ 打开"保护工作表"对话框，把"允许此工作表的所有用户进行"列表中的所有允许选项全部选中，如图 4-34 所示。

⑦ 单击"视图"选项卡，在"宏"选项组中单击"宏"按钮下拉菜单，在弹出的菜单中选择"停止录制"命令，完成宏的录制，如图 4-35 所示。

⑧ 按下"Ctrl+q"组合键，即可保护所有公式了。

2. 工作簿保护

（1）保护工作簿不能被修改。如果不希望其他用户对整个工作表的结构和窗口进行修改，可以进行保护。操作步骤如下。

图 4-34　保护工作表　　　　　　　　　　　　图 4-35　停止录制

① 单击"审阅"选项卡，在"更改"选项组中单击"保护工作簿"按钮，打开"保护结构和窗口"对话框。分别选中"结构"复选框和"窗口"复选框，如图 4-36 所示。

② 在"密码"文本框中输入一个密码。单击"确定"按钮，接着在打开的"确认密码"对话框中重新输入一遍密码，单击"确定"按钮。保存工作簿，即可完成设置，如图 4-37 所示。

图 4-36　"保护结构和窗口"对话框　　　　　　图 4-37　"确认密码"对话框

（2）加密工作簿。如果工作簿中内容比较重要，不希望其他用户打开，可以给该工作簿设置一个打开权限密码，这样不知道密码的用户就无法打开工作簿了。操作步骤如下。

① 打开需要设置打开权限密码的工作簿。单击"文件"选项卡，选中"另存为"标签，打开"另存为"对话框。单击"工具"下拉按钮，在弹出的菜单中选择"常规选项"命令，如图 4-38 所示。

② 打开"常规选项"对话框，在"常规选项"对话框中的"打开权限密码"文本框中输入一个密码，如图 4-39 所示。

③ 单击"确定"按钮，在打开的"确认密码"对话框中再次输入密码，单击"确定"按钮，返回到"另存为"对话框。

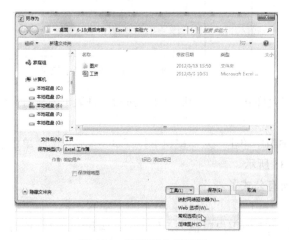

图 4-38　"另存为"对话框　　　　　　　　　图 4-39　"常规选项"对话框

④ 设置文件的保存位置和文件名，单击"保存"按钮保存文件。以后再打开这个工作簿时，就会弹出一个"密码"文本框，只有输入正确的密码才能打开工作簿。

4.3　公式与函数

Excel 中除了进行一般的表格处理工作外，它的数据计算功能也是其主要功能之一。公式就是进行计算和分析的等式，它可以对数据进行加、减、乘、除等运算，也可以对文本进行比较等。

函数是 Excel 的预定义的内置公式，可以进行数学、文本、逻辑的运算或查找工作表的数据，与直接公式进行比较，使用函数的速度更快，同时减小出错的概率。

4.3.1　Excel 公式

1．标准公式

单元格中只能输入常数和公式。公式以"="开头，后面是用运算符把常数、函数、单元格引用等连接起来的有意义的表达式。在单元格中输入公式后，按回车键即可确认输入，这时显示在单元格中的将是公式计算的结果。函数是公式的重要成分。

标准公式的形式为"=操作数和运算符"。

操作数为具体引用的单元格、区域名、区域、函数及常数。

运算符表示执行哪种运算，具体包括以下运算符。

● 算术运算符：( )、%、^、*、/、+、–。

● 文本字符运算符：&（它将两个或多个文本连接为一个文本）。

● 关系运算符：=、>、>=、<=、<、<>（按照系统内部的设置比较两个值，并返回逻辑值"TRUE"或"FALSE"）。

● 引用运算符：引用是对工作表的一个或多个单元格进行标识，以告诉公式在运算时应该引用的单元格。引用运算符包括：:（区域）、,（联合）、空格（交叉）。区域表示对包括两个引用在内的所有单元格进行引用；联合表示产生由两个引用合成的引用；交叉表示产生两个引用的交叉部分的引用。例如，A1:D4；B2:B6，E3:F5；B1:E4 C3:G5。

运算符的优先级：算术运算符 > 字符运算符 > 关系运算符。

2．创建及更正公式

（1）创建和编辑公式。操作方法：选定单元格，在其单元格中或其编辑栏中输入或修改公式。

例：如图 4-40 所示，根据"计算机基础成绩单"中平时成绩、期中成绩、期末成绩，计算出综合评定成绩。综合评定成绩为平时成绩占 10%，期中成绩占 30%，期末成绩占 60%。

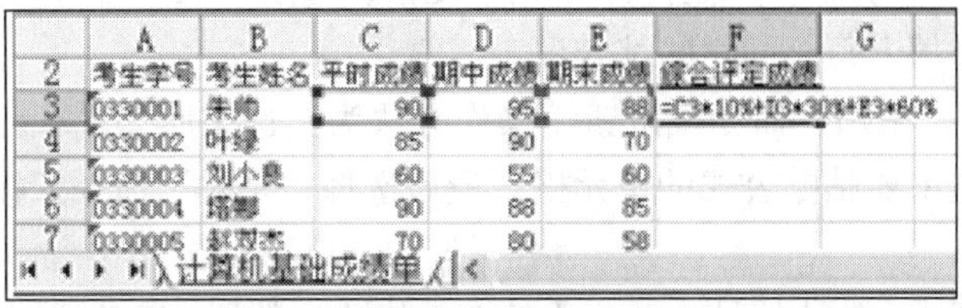

图 4-40　使用公式计算

操作方法：单击 F3 单元格，输入"=C3*10%+D3*30%+E3*60%"，然后按回车键或单击编辑栏中的"√"按钮。

如果需要对公式进行修改，可以双击 F3 单元格，直接修改即可。

（2）更正公式。Excel 有几种不同的工具，可以帮助查找和更正公式的问题。

● 监视窗口：选择"公式"→"公式审核"→"监视窗口"命令，显示"监视窗口"对话框，在该对话框中观察单元格及其中的公式，甚至可以在看不到单元格的情况下进行。参见"帮助"。

● 公式错误检查：就像语法检查一样，Excel 用一定的规则检查公式中出现的问题。这些规则不保证电子表格不出现问题，但是对找出普通的错误会大有帮助。

问题可以有两种方式检查出来：一种是像拼写检查一样；另一种是立即显示在所操作的工作表中。当找出问题时，会有一个三角显示在单元格的左上角，单击该单元格，在其旁边出现一个按钮⬦，单击此按钮，出现如图 4-41 所示的选项菜单。第一项是发生错误的原因，可根据需要选择编辑修改、忽略错误、错误检查等操作来解决问题。

常出现错误的值如下。

● #DIV/0！：被除数字为 0。

● #N/A：数值对函数或公式不可用。

● #NAME？：不能识别公式中的文本。

● #NULL！：使用了并不相交的两个区域的交叉引用。

● #NUM！：公式或函数中使用了无效数字值。

● #REF！：无效的单元格引用。

● #VALUE！：使用了错误的参数或操作数类型。

● #####：列不够宽，或者使用了负的日期或负的时间。

（3）复制公式。复制公式可以避免大量重复输入相同公式的操作，图 4-42 中其他同学的综合评定成绩利用公式的复制和粘贴来完成。方法有以下两种。

图 4-41　错误更正及选项

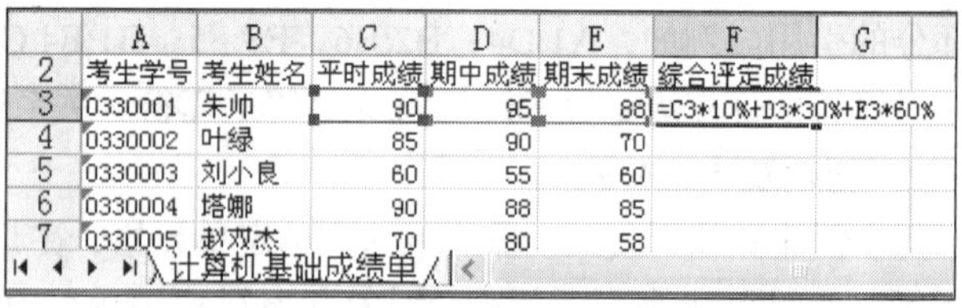

图 4-42　创建综合评定成绩的公式

● 利用填充柄。操作方法为：选定原公式单元格，如图 4-42 中的 F3，拖动其填充柄到最后一位同学，即可计算并填上每个同学的综合评定成绩。

● 利用"复制"、"粘贴"命令或按钮。操作方法为：选定原公式单元格，再选择"复制"命令或按钮，然后再选中要粘贴公式的单元格，最后选择"粘贴"命令或按钮，将公式粘贴到新的位置。

在粘贴公式的过程中，默认的是粘贴公式的全部格式和数据，但系统还允许进行选择性粘贴，即只粘贴原复制对象的部分。粘贴时，在快捷菜单中选择"选择性粘贴"命令或选择"编辑"→"选择性粘贴"命令，打开"选择性粘贴"对话框。在对话框中进行具体的选择，然后单击"确定"

按钮。

（4）相对引用、绝对引用和混合引用。

● 相对引用。在复制公式的操作中，公式中所引用的单元格会随着目的单元格的改变而自动调整。图 4-34 中把 F3 的公式复制到 F5，F5 单元格中公式就变为"=C5*10%+D5*30%+E5*60%"。原公式中的 C3、D3、E3 变成了 C5、D5、E5，行号发生了变化。可见，公式中引用的单元格的"地址"是"相对的"。系统默认的引用为相对引用。

● 绝对引用。在复制公式的操作中，公式中所引用的单元格不会随着目的单元格的改变而改变。在行号和列号前均加上"$"符号来表示绝对引用。在图 4-42 中，把 F3 的公式改为"=$C$5*10%+$D$5*30%+ $E$5*60%"，再拖动其填充柄到该列最后一个同学，结果是每个同学的综合评定成绩都相同，因为公式中单元格引用没变。

● 混合引用。混合引用具有绝对行和相对列，或是绝对列和相对行。用在行号或列号前加上"$"符号来表示，如$C3 或 C$3。$C3 表示复制公式时行不变列变，而 C$3 表示行变列不变。

● 三维引用。对跨越工作簿中两个或多个工作表的区域的引用。形式为"〔工作簿名！〕工作表名！单元格引用"。工作簿名用方括号括起，工作表名与单元格引用之间用感叹号分开。如〔销售.xls〕一月销售明细表！D5，它表示"销售"工作簿中的"一月销售明细表"中的 D5 单元格引用。如果是同一工作簿的不同工作表的区域的引用，可用"工作表名！单元格引用"来表示。如，=SUM（Sheet2:Sheet13！B5）将计算包含在 B5 单元格内所有值的和，单元格取值范围是同一工作簿中从工作表 Sheet 2 到工作表 Sheet 13。

4.3.2　Excel 中的函数

函数是 Excel 中预定义的内置公式。在实际工作中，使用函数对数据进行计算比设计公式更为便捷。Excel 中自带了很多函数，函数按类别可分为：文本和数据、日期与时间、数学和三角、逻辑、财务、统计、查找和引用、数据库、外部、工程、信息。

函数的一般形式为"函数名（参数 1，参数 2，…）"，参数是函数要处理的数据，它可以是常数、单元格、区域名、区域和函数。

1. 几个常用函数

● Sum：对数值求和。是数字数据的默认函数。

● Count：统计数据值的数量。Count 是除了数字型数据以外其他数据的默认函数。

● Average：求数值平均值。

● Max：求最大值。

● Min：求最小值。

● Product：求数值的乘积。

● And：如果其所有参数为 TRUE，则返回 TRUE；否则返回 FALSE。

● IF：指定要执行的逻辑检验。执行真假值判断，根据逻辑计算的真假值返回不同结果。

● Not：对其参数的逻辑值求反。

● Or：只要有一个参数为 TRUE，则返回 TRUE；否则返回 FALSE。

用户可以在公式中插入函数或者直接输入函数来进行数据处理。直接输入函数更为快捷，但必须记住该函数的用法。可通过帮助学习以上几个函数的用法。

例：利用 AVERAGE 函数计算如图 4-43 所示"计算机基础成绩单"中期末成绩的总平均值，并填在期末成绩列的最后数据之下。

图 4-43　计算机基础成绩单

操作步骤如下。

（1）选中要插入函数的单元格，此例为 E18。

（2）单击"公式"选项卡中"函数库"选项组中的"插入函数"按钮 f_x ，打开其对话框，如图 4-44 所示。

（3）从"选择函数"列表框中选择平均值函数 AVERAGE，单击"确定"按钮，打开"函数参数"对话框，如图 4-45 所示。

图 4-44　"插入函数"对话框

图 4-45　"函数参数"对话框

（4）在"函数参数"框中已经有默认单元格区域"E3:E17"，如果该区域无误，单击"确定"按钮。如果该区域不对，单击折叠按钮，"函数参数"对话框被折叠，可以拖动鼠标重新选择单元格区域，再单击折叠按钮，展开"函数参数"对话框，最后单击"确定"按钮。

2. 函数常嵌套使用

例：如图 4-46 所示，使用 IF 函数对员工进行岗位等级评定。

	A	B	C	D	E	F
1	员工姓名	答卷考核	操作考核	面试考核	平均成绩	考核星级
2	刘平	87	76	80	81	
3	杨静	65	76	66	69	
4	汪任	65	55	63	61	
5	张燕	68	70	75	71	
6	江河	50	65	71	62	

图 4-46　IF 函数示例原表

由计算规则可看出，考核星级是根据满足相应的条件来计算的，可用系统提供的 IF 函数来进行判断，其格式如下。

函数功能：如果指定条件的计算结果为 TRUE，IF 函数将返回某个值；如果该条件的计算结果为 FALSE，则返回另一个值。例如，如果 A1 大于 10，公式 =IF（A1>10, "大于 10", "不大于 10"）将返回"大于 10"；如果 A1 小于等于 10，则返回"不大于 10"。

函数语法：IF（logical_test，[value_if_true]，[value_if_false]）

参数解释：

- logical_test：必需。计算结果可能为 TRUE 或 FALSE 的任意值或表达式。
- value_if_true：可选。logical_test 参数的计算结果为 TRUE 时所要返回的值。
- value_if_false：可选。logical_test 参数的计算结果为 FALSE 时所要返回的值。

操作步骤如下。

（1）选中 F2 单元格，在公式编辑栏中输入公式：=IF（E2>=80，"☆☆☆☆"，IF（E2>=70，"☆☆☆"，IF（E2>=60，"☆☆"）））,按回车键即可根据员工的平均成绩对考核星级进行判断。

（2）将光标移到 F2 单元格的右下角，光标变成十字形状后，按住鼠标左键向下拖动进行公式填充，即可判断其他员工的考核星级，如图 4-47 所示。

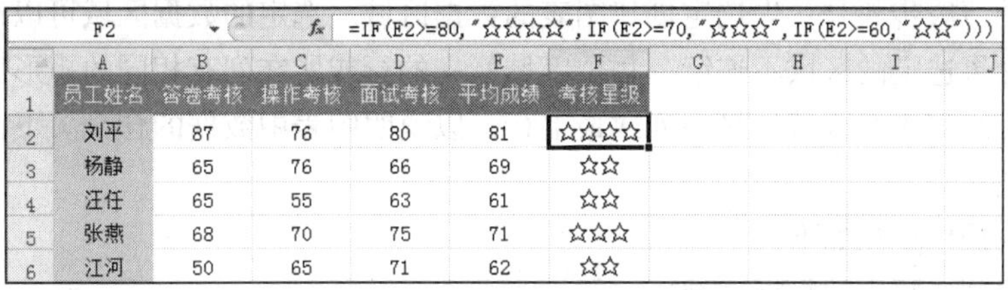

F2				*fx*	=IF(E2>=80,"☆☆☆☆",IF(E2>=70,"☆☆☆",IF(E2>=60,"☆☆")))				
	A	B	C	D	E	F	G	H	I
1	员工姓名	答卷考核	操作考核	面试考核	平均成绩	考核星级			
2	刘平	87	76	80	81	☆☆☆☆			
3	杨静	65	76	66	69	☆☆			
4	汪任	65	55	63	61	☆☆			
5	张燕	68	70	75	71	☆☆☆			
6	江河	50	65	71	62	☆☆			

图 4-47　IF 函数计算结果

4.4　图　　表

4.4.1　创建图表

Excel 中的图表有两种：一种是嵌入式图表，它和创建图表的数据源放置在同一张工作表中；另一种是独立图表，它是一张独立的图表工作表。

Excel 为用户建立直观的图表提供了大量的预定义模型，每一种图表类型又有若干种子类型。此外，用户还可以自己定制格式。

图表的组成如图 4-48 所示。

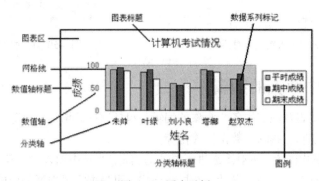

图 4-48　图表示例

- 图表区：整个图表及包含的所有对象。
- 图表标题：图表的标题。
- 数据系列标记：在图表中绘制的相关数据点，这些数据源自数据表的行或列。每个数据系列具有唯一的颜色或图案，并且在图表的图例中表示。可以在图表中绘制一个或多个数据系列。饼图只有一个数据系列。

- 坐标轴：绘图区边缘的直线，为图表提供计量和比较的参考模型。分类轴（X 轴）和数值轴（Y 轴）组成了图表的边界，并包含相对于绘制数据的比例尺，Z 轴用于三维图表的第三坐标轴。饼图没有坐标轴。
- 网格线：从坐标轴刻度线延伸开来并贯穿整个绘图区的可选线条系列。网格线使用户查看和比较图表的数据更为方便。
- 图例：用于标记不同数据系列的符号、图案和颜色，每一个数据系列的名字作为图例的标题，可以把图例移到图表中的任何位置。

创建图表的一般步骤是：先选定创建图表的数据区域。选定的数据区域可以连续，也可以不连续。注意，如果选定的区域不连续，每个区域所在的行或所在列有相同的矩形区域；如果选定的区域有文字，文字应在区域的最左列或最上行，以说明图表中数据的含义。下面以员工的销售成绩创建柱形图。

建立图表的操作步骤如下。

（1）选定要创建图表的数据区域。

（2）单击"插入"选项卡中"图表"选项组右下角的 按钮，打开"插入图表"对话框，在对话框中选择要创建图表类型，如图 4-49 所示。

（3）选择一种图标类型，如"三维簇状柱形图"，设置完成后，单击"确定"按钮即可，图 4-50 所示。

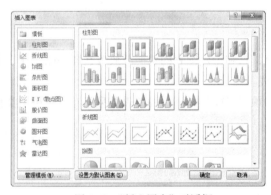

图 4-49 "插入图表"对话框

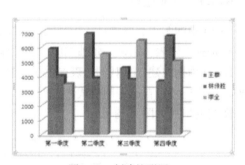

图 4-50 创建柱形图

4.4.2 图表中数据的编辑

编辑图表是指对图表及图表中各个对象的编辑，包括数据的增加、删除，图表类型的更改，图表的缩放、移动、复制、删除、数据格式化等。

一般情况下，先选中图表，再对图表进行具体的编辑。当选中图表时，窗口功能区会显示"图表工具"选项组，含有 3 个选项：设计、布局和格式。可根据需要选择相应的选项组命令按钮进行操作。

1. 编辑图表中的数据

（1）增加数据。要给图表增加数据系列，用鼠标右键单击图表中任意位置，在弹出的右键菜单中选择"选择数据"命令，打开"选择数据源"对话框，单击"添加"按钮即可。

打开"编辑数据系列"对话框，在对话框中设置需要添加的系列名称和系列值。

例：在图 4-41 中增加"赵靖"数据系列。

操作步骤如下。

① 鼠标右键单击图表中任意位置，在弹出的右键菜单中选择"选择数据"命令，打开"选择数据源"对话框。

② 在 "图例项（系列）"列表中单击"添加"按钮，打开"编辑数据系列"对话框。

③ 将光标定位在"系列名称"文本框中，在表格中选中"B4"单元格，接着将光标定位在"系列值"文本框中，在表格中选中"C4:F4"单元格区域。

④ 单击"确定"按钮，即可将 B4:F4 单元格区域中的数据添加到图表中，如图 4-51 所示。

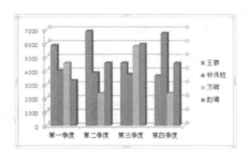

图 4-51　增加图表中的数据

（2）删除数据。删除图表中的指定数据系列，可先单击要删除的数据系列，再按 Del 键，或右键单击数据系列，从快捷菜单中选择"清除"命令。

（3）更改系列的名称。鼠标右键单击图表中任意位置，在弹出的右键菜单中选择"选择数据"命令，打开"选择数据源"对话框。在 "图例项（系列）"列表中选中需要更改的数据源，接着单击"编辑"按钮，打开"编辑数据系列"对话框。

在"系列名称"文本框中将原有数据删除，接着输入"销售一部王群"，单击"确定"按钮，返回到"选择数据源"对话框中，再次单击"确定"按钮即可完成修改，如图 4-52 所示。

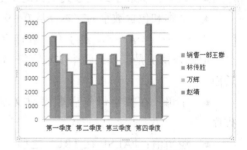

图 4-52　更改系列名称

2. 更改图表的类型

单击选中图表，单击"设计"标签，在"类型"选项组中单击"更改图表类型"按钮，打开"更改图表类型"对话框。

在对话框左侧选择一种合适的图表类型，接着在右侧窗格中选择一种合适的图表样式，单击"确定"按钮，即可看到更改后的结果，如图 4-53 所示。

3. 设置图表格式

设置图表的格式是指对图表中各个对象进行文字、颜色、外观等格式的设置。

（1）双击欲进行格式设置的图表对象，如双击图表区，打开"设置图表区格式"对话框。

（2）在"设置图表区格式"对话框中对图表对象格式进行设置，如图 4-54 所示。

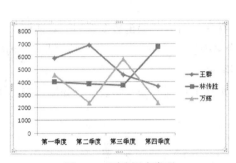

图 4-53　更改图表类型

图 4-54　设置图表格式

4.5　数　据　管　理

4.5.1　数据的排序与筛选

1．排序

Excel 的排序功能可以将表中列的数据按照升序或降序排列，排列的列名通常称为关键字。进行排序后，每个记录的数据不变，只是跟随关键字排序的结果记录顺序发生了变化。

默认的升序排序规则如下。

- 数字：从最小的负数到最大的正数。
- 文本和包含数字的文本：从 0～9（空格）! " # $ % & （ ）* ，. / :；? @ ［ \ ］ ^ _ ` { | } ～ + < = > A～Z。撇号（'）和连字符（-）会被忽略。

但例外情况是：如果两个文本字符串除了连字符不同外其余都相同，则带连字符的文本排在后面。

- 字母：在按字母先后顺序对文本项进行排序时，从左到右一个字符一个字符地进行排序。
- 逻辑值：FALSE 在 TRUE 之前。
- 错误值：所有错误值的优先级相同。
- 空格：空格始终排在最后。

降序排列的次序与升序相反。

（1）单列排序。操作步骤如下。

① 选择需要排序的数据列中任一单元格。

② 单击"数据"选项卡，在"排序和筛选"选项组中单击"升序排序"按钮 或"降序排序"按钮 。如图 4-55 所示为对"高考分"字段的升序排序。

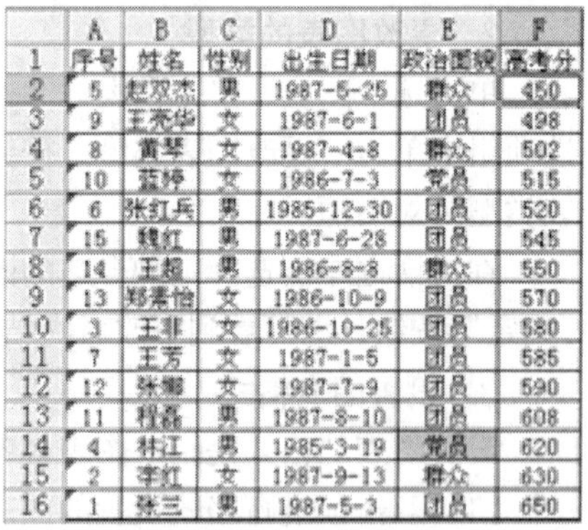

	A	B	C	D	E	F
1	序号	姓名	性别	出生日期	政治面貌	高考分
2	5	赵双杰	男	1987-5-25	群众	450
3	9	王秀华	女	1987-6-1	团员	498
4	8	黄琴	女	1987-4-8	群众	502
5	10	蓝婷	女	1986-7-3	党员	515
6	6	张红兵	男	1985-12-30	团员	520
7	15	魏红	男	1987-6-28	团员	545
8	14	王超	男	1987-8-8	群众	550
9	13	郑赛怡	女	1986-10-9	团员	570
10	3	王非	女	1986-10-25	团员	580
11	7	王芳	女	1987-1-5	团员	585
12	12	孙娜	女	1987-7-9	团员	590
13	11	程磊	男	1987-8-10	团员	608
14	4	林江	男	1985-3-19	党员	620
15	2	李红	女	1987-9-13	群众	630
16	1	张三	男	1987-5-3	团员	650

图 4-55　排序示例

千万不要选中部分区域，然后进行排序，这样会出现记录数据混乱。选择数据时，不是选中全部区域，就是选中一个单元格。

（2）多列排序。操作步骤如下。

① 在需要排序的区域中单击任一单元格。

② 单击"数据"选项卡中"排序和筛选"选项组中的"排序"命令，打开其对话框，如图 4-56 所示。

③ 选定"主要关键字"以及排序的次序后，可以设置"次要关键字"和"第三关键字"以及排序的次序。

多个关键字排序是当主要关键字的数值相同时，按照次要关键字的次序进行排列，次要关键字的数值相同时，按照第三关键字的次序排列。单击"选项"按钮，打开"排序选项"对话框，可设置区分大小写、按行排序、按笔划排序等复杂的排序，如图 4-57 所示。

图 4-56　"排序"对话框　　　　　图 4-57　打开"排序选项"对话框

④ 数据表的字段名不参加排序，应选中"有标题行"单选钮；如果没有字段名行，应选中"无标题行"单选钮，再单击"确定"按钮。

2. 筛选

利用数据筛选可以方便地查找符合条件的行数据，筛选有自动筛选和高级筛选两种。自动筛选包括按选定内容筛选，它适用于简单条件。高级筛选适用于复杂条件。一次只能对工作表中的一个区域应用筛选。与排序不同，筛选并不重排区域。筛选只是暂时隐藏不必显示的行。

（1）自动筛选。操作步骤如下。

① 单击要进行筛选的区域中的单元格。

② 单击"数据"选项卡→"排序和筛选"选项组→"筛选"按钮，数据区域中各字段名称行的右侧显示出下拉列表按钮。

③ 单击下拉列表按钮，可选择要查找的数据。如选择了"单价"下拉列表框中的"2000"，其余去掉勾选，筛选出所有单价是 2000 的记录，过程和结果如图 4-58 所示。

（2）高级筛选。操作步骤如下。

① 指定一个条件区域。即在数据区域以外的空白区域中输入要设置的条件，如图 4-59 所示的条件区域。

条件区域必须具有列标签，并且确保在条件值与区域之间至少留了一个空白行或列。同一行的多个数据为逻辑与，不同行的数据为逻辑或。

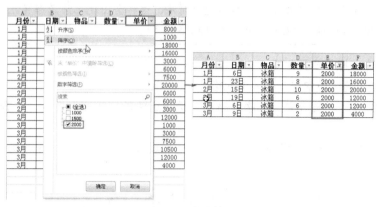

图 4-58　自动筛选

② 单击要进行筛选的区域中的单元格。

③ 单击"数据"选项卡→"排序和筛选"选项组→"高级"命令，打开其对话框。

④ 对筛选结果的位置进行选择。

● 若要通过隐藏不符合条件的数据行来筛选区域，选择"在原有区域显示筛选结果"。

● 若要通过将符合条件的数据行复制到工作表的其他位置来筛选区域，选择"将筛选结果复制到其他位置"，然后在"复制到"编辑框中单击鼠标左键，再单击要在该处粘贴行的区域的左上角。

⑤ 在"条件区域"编辑框中输入条件区域的引用。如果要在选择条件区域时暂时将"高级筛选"对话框移走，可单击其"折叠"按钮压缩对话框，用鼠标拖动选择条件区域。

⑥ 单击"确定"按钮，如图 4-59 所示。

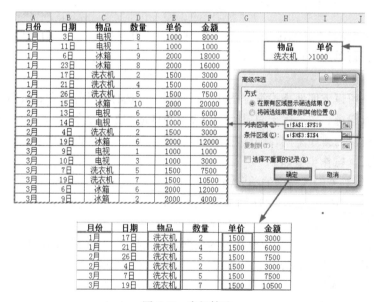

图 4-59　高级筛选

4.5.2　分类汇总

分类汇总指的是按某一字段汇总有关数据，比如按部门汇总工资，按班级汇总成绩等。分类汇总必须先分类，即按某一字段排序，把同类别的数据放在一起，然后再进行求和、求平均等汇总计算。

1. 简单汇总

简单汇总的操作步骤如下。设有虚拟的财务公司员工数据表如图 4-60 所示。

序号	姓 名	部 门	分公司	工作时间	工作时数	小时报酬	薪 水
1	殷 泳	培训部	西京	90/7/26	140	21	2940
2	朱小梅	培训部	西京	90/12/30	140	21	2940
3	王 元	培训部	西京	91/2/5	140	24	3360
4	赵玲玲	软件部	西京	90/4/5	160	25	4000
5	梅毅君	软件部	南京	89/8/15	160	39	6240
6	卢甜田	软件部	南京	82/1/12	160	44	7040
7	杨子健	销售部	南京	86/10/11	140	41	5740
9	周剑锋	销售部	南京	87/11/4	140	42	5880
10	廖 东	培训部	东京	85/5/7	140	21	2940
11	王 蕾	培训部	东京	84/2/17	140	28	3920
12	王一夫	培训部	东京	83/9/18	140	20	2800
13	许宏涛	软件部	东京	81/3/8	160	26	4160
14	石 垒	软件部	北京	89/12/13	160	32	5120
15	郑 莉	软件部	北京	87/11/25	160	30	4800
16	陈勇强	销售部	北京	90/2/1	140	28	3920
17	杨明明	销售部	北京	89/11/15	140	29	4060

图 4-60　虚拟的财务公司数据

（1）选择分类字段，并进行升序或降序排序。此例按“部门”升序排序。

（2）单击“数据”选项卡→“分级显示”选项组→“分类汇总”命令，打开“分类汇总”对话框，如图 4-61 所示。

（3）设置分类字段、汇总方式、选定汇总项、汇总结果的显示位置等。

- 在“分类字段”框中选定分类的字段。此例选择“部门”。
- 在“汇总方式”框中指定汇总函数，如求和、平均值、计数、最大值等，此例选择“求和”。
- 在“选定汇总项”框中选定汇总函数进行汇总的字段项，此例选择“薪水”字段。

（4）单击“确定”按钮，分类汇总表的结果如图 4-62 所示。

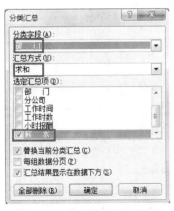

图 4-61　“分类汇总”对话框

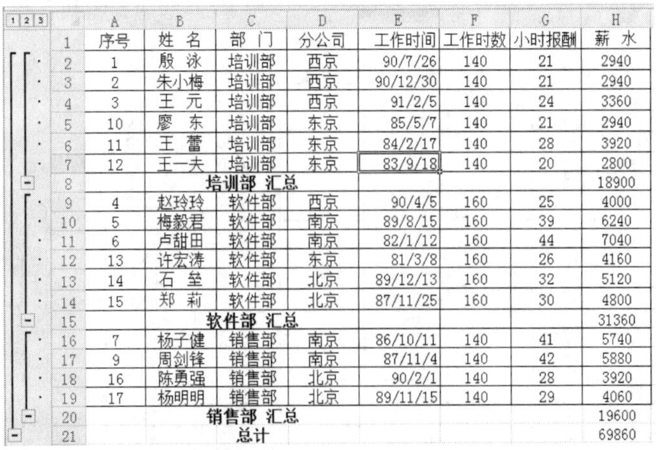

	A	B	C	D	E	F	G	H
1	序号	姓 名	部 门	分公司	工作时间	工作时数	小时报酬	薪 水
2	1	殷 泳	培训部	西京	90/7/26	140	21	2940
3	2	朱小梅	培训部	西京	90/12/30	140	21	2940
4	3	王 元	培训部	西京	91/2/5	140	24	3360
5	10	廖 东	培训部	东京	85/5/7	140	21	2940
6	11	王 蕾	培训部	东京	84/2/17	140	28	3920
7	12	王一夫	培训部	东京	83/9/18	140	20	2800
8			培训部 汇总					18900
9	4	赵玲玲	软件部	西京	90/4/5	160	25	4000
10	5	梅毅君	软件部	南京	89/8/15	160	39	6240
11	6	卢甜田	软件部	南京	82/1/12	160	44	7040
12	13	许宏涛	软件部	东京	81/3/8	160	26	4160
13	14	石 垒	软件部	北京	89/12/13	160	32	5120
14	15	郑 莉	软件部	北京	87/11/25	160	30	4800
15			软件部 汇总					31360
16	7	杨子健	销售部	南京	86/10/11	140	41	5740
17	9	周剑锋	销售部	南京	87/11/4	140	42	5880
18	16	陈勇强	销售部	北京	90/2/1	140	28	3920
19	17	杨明明	销售部	北京	89/11/15	140	29	4060
20			销售部 汇总					19600
21			总计					69860

图 4-62　分类汇总结果显示

2. 分级显示汇总数据

在分类汇总表的左侧可以看到分级显示的“123”3 个按钮标志。“1”代表总计，“2”代表分类合计，“3”代表明细数据。

- 单击按钮 "1"，将显示全部数据的汇总结果，不显示具体数据。
- 单击按钮 "2"，将显示总的汇总结果和分类汇总结果，不显示具体数据。
- 单击按钮 "3"，将显示全部汇总结果和明细数据。
- 单击 "+" 和 "-" 按钮，可以打开或折叠某些数据。

分级显示和隐藏数据也可以通过单击 "数据" 选项卡→ "分级显示"→ "显示明细数据/隐藏明细数据" 按钮实现，如图 4-63 所示。

3. 嵌套汇总

如果对汇总的数据还想进行不同的汇总，如求各部门薪水合计后，又想统计各部门的人数，可再次进行分类汇总。在如图 4-51 所示的对话框中选择 "计数" 汇总方式，选择 "姓名" 为汇总项，清除其余汇总项，并取消 "替换当前分类汇总" 复选框，即可叠加多种分类汇总。

图 4-63　分级显示选项组

4. 清除分类汇总

如果要删除已经存在的分类汇总，在图 4-61 中单击 "全部删除" 按钮即可。

4.5.3　数据透视表和数据透视图

数据透视表是一种交互的、交叉制表的 Excel 报表，用于对多种来源的数据进行汇总和分析。利用数据透视表可以进一步分析数据，得到更为复杂的结果。

设有 "销售数据表"，如图 4-64 所示。以此数据表为例创建数据透视表的操作步骤如下。

（1）单击需要建立数据透视表的数据清单中任意一个单元格。

（2）单击 "插入" 选项卡→ "表格" 选项组→ "数据透视表" 下拉按钮，在下拉菜单中选择 "数据透视表"。

（3）在弹出的 "创建数据透视表" 对话框中的 "请选择要分析的数据" 栏中选中 "选择一个表或区域" 单选项，在 "表/区域" 文本框中输入或使用鼠标选取引用位置，如 "s! $A$1:$F$19"。

（4）在 "选择放置数据透视表的位置" 栏中选中 "现有工作表" 单选项，在 "位置" 文本框中输入数据透视表的存放位置，如 "s! $A$23"，如图 4-65 所示。

	A	B	C	D	E	F
1	月份	日期	物品	数量	单价	金额
2	1月	3日	电视	8	1000	8000
3	1月	11日	电视	1	1000	1000
4	1月	6日	冰箱	9	2000	18000
5	1月	23日	冰箱	8	2000	16000
6	1月	17日	洗衣机	2	1500	3000
7	1月	21日	洗衣机	4	1500	6000
8	2月	26日	洗衣机	5	1500	7500
9	2月	15日	冰箱	10	2000	20000
10	2月	13日	电视	6	1000	6000
11	2月	14日	电视	6	1000	6000
12	2月	4日	洗衣机	2	1500	3000
13	2月	19日	冰箱	6	2000	12000
14	3月	9日	电视	1	1000	1000
15	3月	10日	电视	3	1000	3000
16	3月	7日	洗衣机	5	1500	7500
17	3月	19日	洗衣机	7	1500	10500
18	3月	6日	冰箱	6	2000	12000
19	3月	9日	冰箱	2	2000	4000

图 4-64　销售数据表

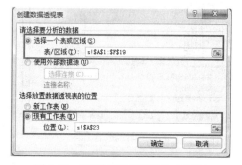

图 4-65　"创建数据透视表" 对话框

（5）单击 "确定" 按钮，一个空的数据透视表将添加到指定的位置，并显示数据透视表字段列表，以便我们可以开始添加字段、创建布局和自定义数据透视表，如图 4-66 所示。

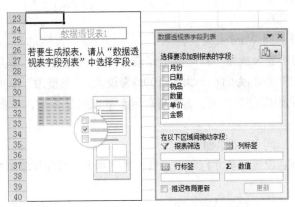

图 4-66　"数据透视表字段列表"对话框

数据透视表有如下组成部分。

● 页字段：页字段用于筛选整个数据透视表，是数据透视表中指定为页方向的源数据列表中的字段。

● 行字段：行字段是在数据透视表中指定为行方向的源数据列表中的字段。

● 列字段：列字段是在数据透视表中指定为列方向的源数据列表中的字段。

● 数据字段：数据字段提供要汇总的数据值。常用数字字段，可用求和函数、平均值等函数合并数据。

（6）选择相应的行、列标签和数值计算项后，即可得到数据透视的结果，如图 4-67 所示。

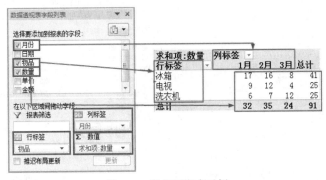

图 4-67　数据透视表示例

4.6　打印工作表

同 Word 操作一样，工作表创建好后，可以按要求进行页面设置或设置打印数据的区域，然后再预览或打印出来。当然，Excel 也具有默认的页面设置，因此可直接打印工作表。

4.6.1　页面设置

页面设置操作步骤如下。

（1）单击"页面布局"选项卡，在"页面设置"选项组中单击右下角的 按钮，打开"页面设置"对话框，如图 4-68 所示。

（2）设置"页面"选项卡。

● "方向"设置框：同 Word 页面设置。

● "缩放"框：用于放大或缩小打印的工作表，其中"缩放比例"框可在 10%～400%选择。100%为正常大小；小于 100%为缩小；大于 100%为放大。"调整为"框可把工作表拆分为指定页宽和指定页高打印，如指定 2 页宽，2 页高表示水平方向分 2 页，垂直方向分 2 页，共 4 页打印。

● "纸张大小"框：同 Word 页面设置。

● "打印质量"框：设置每英寸打印的点数，数字越大，打印质量越好。注意：打印机不同数字会不一样。

● "起始页码"框：设置打印首页页码，默认为"自动"，从第一页或接上一页开始打印。

（3）单击"页边距"选项卡，打开"页边距"对话框，设置打印数据距打印页四边的距离、页眉和页脚的距离以及打印数据是水平居中还是垂直居中方式，默认为靠上靠左对齐。

（4）单击"页眉/页脚"选项卡。

● "页眉"、"页脚"框：可从其下拉列表框中进行选择。

● "自定义页眉"、"自定义页脚"按钮：单击打开相应的对话框自行定义，在左、中、右框中输入指定页眉，用给出的按钮定义字体、插入页码、插入总页数、插入日期、插入时间、插入路径、插入文件名、插入标签名、插入图片、设置图片格式，然后单击"确定"按钮。

（5）单击"工作表"选项卡，如图 4-69 所示。

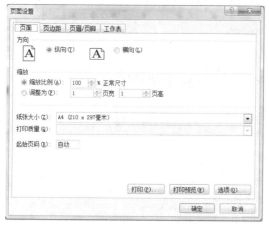

图 4-68　"页面设置"对话框

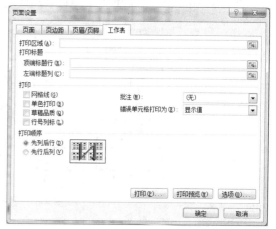

图 4-69　页面设置中的工作表选项

● "打印区域"框：可直接输入打印区域，也可通过折叠按钮到工作表中去选定打印区域。

● "顶端标题行"框：设置在每个打印页上边都能看见的标题。

● "左端标题列"框：设置在每个打印页左边都能看见的标题。

● "网格线"复选框：选中为打印带表格线的数据，默认为不打印表格线。

● "行号列标"复选框：选中为打印输出行号和列标，默认为不打印行号和列标。

● "单色打印"复选框：用于当设置了彩色格式而打印机为黑白色时选择，另外彩色打印机选此项可减少打印时间。

● "批注"复选框：设置是否打印批注及打印的位置。

● "草稿品质"复选框：选定为加快打印的速度，但会降低打印的质量。

● "先列后行"、"先行后列"单选钮：设置如果工作表较大，超出一页宽和一页高时，"先列后行"规定垂直方向先分页打印完，再水平方向分页打印；"先行后列"则相反。默认值为"先列后行"。

（6）通过"选项"按钮可进一步设置打印页的序号是从前向后还是从后向前，设置每张纸打印的页数。

（7）最后单击"确定"按钮。

4.6.2　设置打印区域和分页

打印区域是指不需要打印整个工作表时，打印一个或多个单元格区域。如果工作表包含打印区域，则只打印打印区域中的内容。

分页是人工设置分页符。

1. 设置打印区域

设置打印区域的操作步骤如下。

（1）用鼠标拖动选定待打印的工作表区域。此例选择"销售数据表"工作表的 A1:F19 数据区域。

（2）单击"页面布局"选项卡→"页面设置"选项组→"打印区域"按钮，在下拉菜单中选择"设置打印区域"，设置好打印区域，如图 4-70 所示，打印区域边框为虚线。

图 4-70　设置打印区域

 在保存文档时，会同时保存打印区域，再次打开时，设置的打印区域仍然有效。如果要取消打印区域，可单击"页面布局"选项卡，在"页面设置"选项组中单击"打印区域"按钮，在下拉菜单中选择"取消打印区域"。

2. 添加、删除分页符

通常情况下，Excel 会对工作表进行自动分页，如果需要也可以进行人工分页。

插入水平或垂直分页符操作：在要插入水平或垂直分页符的位置下边或右边选中一行或一列，

再单击"页面布局"→"分隔符"按钮,在下拉菜单中选择"插入分页符"命令,分页处出现虚线。

如果选定一个单元格,再单击"页面布局"→"分隔符"按钮,在下拉菜单中选择"插入分页符"命令,则会在该单元格的左上角位置同时出现水平和垂直两分页符,即两条分页虚线。

删除分页符操作:选择分页虚线的下一行或右一列的任何单元格,再单击"页面布局"→"分隔符"按钮,在下拉菜单中选择"删除分页符"命令。若要取消所有的手动分页符,可选择整个工作表,再单击"页面布局"→"分隔符"按钮,在下拉菜单中选择"重置所有分页符"命令。

3. 分页预览

单击"视图"选项卡→"工作簿视图"选项组→"分页预览"按钮,可以在分页预览视图中直接查看工作表分页的情况,如图 4-71 所示,以粗实线框显示的浅色区域则是打印区域,每个框中有水

	A	B	C	D	E	F
1	月份	日期	物品	数量	单价	金额
2	1月	3日	电视	8	1000	8000
3	1月	11日	电视	1	1000	1000
4	1月	6日	冰箱	9	2000	18000
5	1月	23日	冰箱	8	2000	16000
6	1月	17日	洗衣	2	1500	3000
7	1月	21日	洗衣	4	1500	6000
8	2月	26日	洗衣	5	1500	7500
9	2月	15日	冰箱	10	2000	20000
10	2月	13日	电视	6	1000	6000
11	2月	14日	电视	6	1000	6000
12	2月	4日	洗衣	2	1500	3000
13	2月	19日	冰箱	6	2000	12000
14	3月	9日	电视	1	1000	1000
15	3月	10日	电视	3	1000	3000
16	3月	7日	洗衣	5	1500	7500
17	3月	19日	洗衣	7	1500	10500
18	3月	6日	冰箱	6	2000	12000
19	3月	9日	冰箱	2	2000	4000

图 4-71 分页预览视图

印的页码显示,可以直接拖动粗线以改变打印区域的大小。在分页预览视图中同样可以设置、取消打印区域,插入、删除分页符。

4.6.3 打印预览和打印

同 Word 一样,Excel 可以进行打印预览,以模拟显示打印的设置结果,不满意可重新设置直至满意,再进行打印输出。

1. 打印预览

单击"文件"→"打印"标签,在右侧即可显示打印总页数和当前页码,如图 4-72 所示。

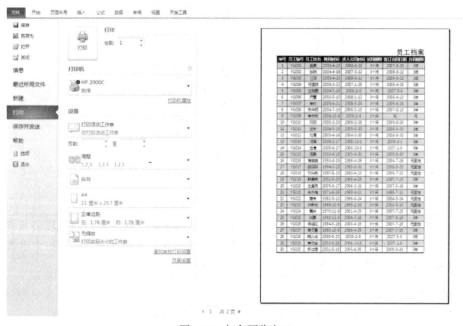

图 4-72 打印预览窗口

- "上一页"和"下一页"按钮：单击可查看"上一页"和"下一页"。
- "缩放"按钮：此按钮可使工作表在总体预览和放大状态间来回切换查看，不影响实际打印大小。
- "页边距"按钮：单击此按钮，可使预览窗口出现设置页边距的虚线框，表示页边距和页眉、页脚位置，用鼠标拖动虚线可改变它们的位置，比页面设置页边距更直观，再单击取消虚线框。
- "设置"按钮：打开"页面设置"对话框。
- "分页预览"按钮：打开"分页预览"视图窗口。

2. 打印工作表

单击"文件"→"打印"标签，在右侧的窗口中单击"打印"按钮，即可直接打印当前工作表。

第5章
演示文稿软件 PowerPoint 2010

5.1　PowerPoint 2010 概述

PowerPoint 2010 是一款功能强大的演示文稿制作软件，用它可以制作适应不同需求的幻灯片。PowerPoint 2010 是微软公司演示文稿图形处理应用的一个最新版本。作为最先进的演示文稿系统，在其制作的演示文稿中，幻灯片内容可以包括文字、图表、图像、动画、声音、视频等多种对象，还可以插入超链接。

幻灯片演示文稿有以下用途：课堂教学、学术论文报告、会议演讲、产品发布等。

用 PowerPoint 制成的幻灯片可以通过将计算机与大屏幕投影仪直接连接来演示，甚至也可以通过网络以会议形式进行交流。

使用幻灯片的目的在于用其内容（文字、图表、表格、声音动画等）传递演讲者所表达的信息。目前，幻灯片制作可以在 PowerPoint 环境中用其电子版——演示文稿实现，这样不仅能反映静态内容，而且还可以表达对象的动态内容，更方便地对幻灯片做修改。

组成一张幻灯片的主要功能要素如下。

- 文本：文字说明，文本可在占位符、文本框中输入。
- 对象：图片、图表、表格、组织结构图。
- 背景：幻灯片背景色彩。
- 配色方案：由幻灯片设计中使用的 8 种颜色组成，用于背景、文本和线条、阴影、标题文本、填充、强调和超链接的颜色设置。

每一张幻灯片可以有不同背景的配色方案，可以一致，也可以某一项或某几项一致。为了使制作出的电子文稿具有一致的外观，可以制作统一的母版。

5.1.1　PowerPoint 2010 的基本功能

PowerPoint 2010 在原版本的基础上，其功能有了更进一步的增强，主要体现在以下几点。

1. 更新的播放器

PowerPoint 播放器具有高保真输出功能，支持包括 PowerPoint 2010 图形、动画和媒体。新的播放器不需要安装。演示文稿文件用新增的"打包成 CD"功能打包后，在默认情况下将包含此播放器，也可以从 Web 上下载此播放器。另外，此播放器支持查看和打印。更新的播放器需要在 Windows 98 或更高版本平台上运行。

2. 打包成 CD

"打包成 CD"是 PowerPoint 2010 有效分发演示文稿的新增方式。将演示文稿制作成 CD，以便在运行 Windows 操作系统的计算机上查看。直接从 PowerPoint 中刻录 CD，需要 Windows XP 或更高版本。

"打包成 CD"允许打包演示文稿和所有支持文件（包括链接的文件），并可从 CD 中自动运行演示文稿。打包演示文稿时，将在 CD 中包括最新的 PowerPoint 播放器。因此，不需要在未安装 PowerPoint 的计算机上安装播放器。"打包成 CD"还允许选择将演示文稿打包到文件夹而非 CD 中，以便将演示文稿存档或发布到网络共享位置。

3. 改进的多媒体播放功能

使用 PowerPoint 2010 可通过全屏演示方式观看和播放影片。方法是：右键单击影片，在快捷菜单上单击"编辑影片对象"，再选中"缩放至全屏"复选框。当安装了 Windows Media Player 版本 8 或更高版本时，PowerPoint 2010 中改进的多媒体播放功能可支持其他媒体格式，包括 ASX、WMX、M3U、WVX、WAX 和 WMA。如果没有所需的媒体编码解码器，PowerPoint 2010 将尝试使用 Windows Media Player 技术进行下载。

4. 新增的幻灯片放映导航工具

新增的精致而典雅的"幻灯片放映"工具栏可在制作演示文稿时提供对幻灯片放映导航的便捷访问。此外，直观方便的选项还简化了常规幻灯片放映任务。"幻灯片放映"工具栏使用户能够在演示中方便地使用墨迹注释工具、笔和荧光笔选项以及"幻灯片放映"菜单，而此工具栏却不会妨碍观众。

5. 改进的幻灯片放映墨迹注释功能

利用 PowerPoint 2010 中的墨迹功能，可以在做演示的时候使用墨迹标记幻灯片或审阅幻灯片。用户不仅能保留在幻灯片放映演示文稿中留下的墨迹，而且当将墨迹标记保存到演示文稿中之后，还能打开和关闭幻灯片放映标记。某些方面的墨迹功能需要在 Tablet PC 上运行 PowerPoint 2010 才可使用。

6. 新增的智能标记支持

PowerPoint 2010 中新增了广受欢迎的智能标记支持功能。只需在"工具"菜单栏上选择"自动更正选项"，然后单击"智能标记"选项卡，即可在演示文稿中使用智能标记来标记文本。PowerPoint 2010 附带的智能标记识别器列表中包括日期、金融符号和人名。

7. 改进的位图导出功能

PowerPoint 2010 中的位图更大，导出时分辨率更高。

8. 文档工作区

使用"文档工作区"可简化通过 Word 2010、Excel 2010、PowerPoint 2010 或 Visio 2010 与其他人实时地共同创作、编辑和审阅文档的过程。文档工作区网站是 SharePoint Services 网站，可集中一个或多个文档。不管是通过直接处理文档工作区副本，还是通过处理自己的副本，人们都可以很容易地协同处理文档，他们可以使用已保存到文档工作区网站上副本的更改定期更新他们自己的副本。

通常，使用电子邮件将文档作为共享附件发送时，会创建文档工作区。作为共享附件的发件人，用户将成为该文档工作区的管理员，而所有的收件人都会成为文档工作区的成员，他们会被授予参与该网站相关讨论的权限。另一个创建"文档工作区"的常见方法是使用 Microsoft Office 2010 程序中的"共享工作区"任务窗格（"工具"菜单）。

在使用 Word、Excel、PowerPoint 或 Visio 打开"文档工作区"所基于文档的本地副本后，该

Office 程序将定期从"文档工作区"获取更新，并使其可供用户使用。如果对工作区副本的更改与用户对自己副本所做的更改有冲突，可以选择保留哪个副本。当完成编辑用户副本时，可将更改保存到文档工作区，在那里，其他成员可获取这些更改并将它们合并到他们的文档副本中。

9. 信息权限管理

现在，敏感信息仅可以通过限制对存储信息的网络或计算机的访问来进行控制。但是，一旦赋予了用户访问权限，就会对如何处理内容或将内容发送给谁没有任何限制。这种内容分发很容易使敏感信息扩散到从未打算让其接收该信息的人员。Microsoft Office 2010 提供了一种称为"信息权限管理"（IRM）的新功能，可以帮助防止敏感信息扩散到错误的人员的手中。

5.1.2 PowerPoint 2010 启动和退出

1. 启动 PowerPoint 2010

选择"开始"→"所有程序"→"Microsoft Office"→"Microsoft PowerPoint 2010"命令，即可启动 PowerPoint 2010。也可以双击一个演示文稿文件的图标，系统就会启动 PowerPoint 2010，同时打开双击的演示文稿。

2. 退出 PowerPoint 2010

单击窗口右上角的"关闭"按钮，或者单击"文件"→"退出"标签，即可退出 PowerPoint。此前如果对该演示文稿做了改动，PowerPoint 会提示保存改动。

5.1.3 PowerPoint 2010 窗口组成与操作

启动 PowerPoint 2010 后，它的窗口组成如图 5-1 所示。

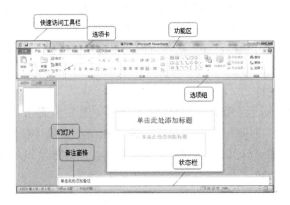

图 5-1　PowerPoint 2010 窗口组成

5.2　演示文稿的基本操作

5.2.1 建立演示文稿

PowerPoint 2010 从空白文稿出发建立演示文稿，可以根据自己的需要来制作一个独特的演示文稿。创建的过程如下。

（1）单击"文件"→"新建"标签，如图 5-2 所示。

图 5-2　"新建演示文稿"任务窗格

（2）在右边展开的列表中选择"空白演示文稿"选项，单击"创建"按钮，键入标题和任意内容。

（3）插入第二张幻灯片，选择"标题幻灯片"版式，键入标题和任意内容。

（4）重复前一步骤添加新幻灯片。

（5）完成后，单击"文件"→"保存"标签。

（6）指定保存位置并命名演示文稿后，单击"保存"按钮。

5.2.2　演示文稿的视图

视图是工作的环境，每种视图按自己不同的方式显示和加工文稿，在一种视图中对文稿进行的修改会自动反映在其他视图中。

PowerPoint 2010 中提供了普通视图、幻灯片浏览视图、备注页视图和阅读视图，但各视图间的集成更合理，使用也比以前的版本更方便。PowerPoint 能够以不同的视图方式来显示演示文稿的内容，使演示文稿易于浏览、便于编辑。

在视图选项标签下的"演示文稿视图"选项组中横排了 4 个视图按钮，利用它们可以在各视图间切换。

1．普通视图

在该视图中可以输入、查看每张幻灯片的主题，小标题以及备注，并且可以移动幻灯片图像和备注页方框，或改变它们的大小。

2．幻灯片浏览视图

在这个视图中可以同时显示多张幻灯片。也可以看到整个演示文稿，因此可以轻松地添加、删除、复制和移动幻灯片。还可以使用"幻灯片浏览"工具栏中的按钮来设置幻灯片的放映时间，选择幻灯片的动画切换方式。

3．备注页视图

在备注页视图中，可以输入演讲者的备注。其中，幻灯片缩图的下方带有备注页方框，可以通过单击该方框来输入备注文字。当然，用户也可以在普通视图中输入备注文字。

4．阅读视图

单击"视图"选项卡中的"演示文稿视图"选项组中的"阅读视图"命令，就可以进入阅读视图。

PowerPoint 2010 提供了母版功能，用户可以利用幻灯片母版进行幻灯片版式设置和打印功能。母版通常包括幻灯片母版、标题母版、讲义母版和备注母版 4 种形式。

5.3 编辑演示文稿

5.3.1 在幻灯片上添加对象

在 PowerPoint 中插入图形、图片和艺术字之后，根据实际需要，可以对插入的图形、图片和艺术字进行设置，制作出更出色漂亮的演示文稿，并可以提高工作效率。

1. 插入图形

在设计 PowerPoint 演示文稿时，用户可以自选图形，以增加幻灯片的效果。PowerPoint 内置了很多种类的图形，用户可以根据实际需要插入。

（1）打开文稿，切换到"插入"选项卡→"插图"选项组→"形状"下拉按钮，在其下拉列表中选择合适的形状即可，如图 5-3 所示。

（2）选中图形，在右键快捷菜单中选择"设置形状格式"选项，打开"设置形状格式"对话框，在对话框中可以对图形的填充颜色、线条颜色、线型、阴影等进行设置，如图 5-4 所示。

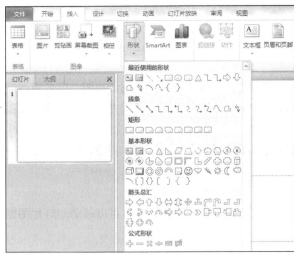

图 5-3　插入形状

图 5-4　"设置形状格式"对话框

2. 插入图片

在演示文稿中，图片是提升幻灯片视觉传达力的一个重要方面，可以使幻灯片更加美观，因此，幻灯片中图片的应用十分必要。

也可以选择自己的图片加入到幻灯片中。加入图片的方法如下。

（1）选择"插入"选项卡→"图像"选项组→"图片"命令，弹出"插入图片"对话框，如图 5-5 所示。

（2）选定需要的图片后，单击"插入"按钮即可。

图 5-5　"插入图片"对话框

3. 插入艺术字

利用 PowerPoint 2010 中的艺术字功能插入装饰文字，可以创建带阴影的、扭曲的、旋转的或拉升的艺术字，也可以按预定的文本创建艺术字。

插入艺术字的方法如下。

（1）单击"插入"选项卡→"文本"选项组→"艺术字"下拉按钮，如图 5-6 所示。

图 5-6　插入"艺术字"

（2）在下拉菜单中选择合适的艺术字类型，即会出现如图 5-7 所示的编辑艺术字。

图 5-7　编辑艺术字

（3）接着对其进行修改设置即可。

4. 插入表格

在演示文稿的设计制作中，插入表格可以直观形象地表现数据与内容，十分常用。

可通过"插入"菜单下的"表格"选项组插入表格，操作步骤如下。

（1）单击"插入"选项卡→"表格"选项组→"表格"按钮，在其下拉菜单中选择合适的行列数或单击"插入表格"选项。

（2）选择合适的行列数，例如 7 行 8 列，单击即可插入表格，如图 5-8 所示。

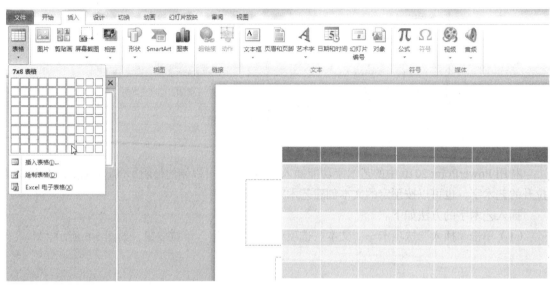

图 5-8　插入表格

5. 创建图表

在演示文稿的设计制作中，插入图表可以提升幻灯片的视觉表现力，十分常用。

可通过"插入"菜单下的"表格"选项组插入表格，操作步骤如下。

（1）单击"插入"选项卡→"插图"选项组→"图表"下拉按钮。

（2）在弹出的"插入图表"对话框中单击"雷达图"按钮，选择"带有数据标记的雷达图"。

（3）单击"确定"按钮，设置完成后，如图 5-9 所示。

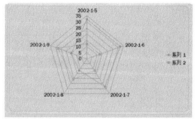

图 5-9　插入图表

5.3.2　文字的格式设置

在新建幻灯片时，如果选择了空白版式以外的任一种版式，那么在新幻灯片上都会有相应的提示，告诉您在什么位置输入什么样的文本。单击提示，就会在文本框中显示一个光标，即可输入文本了。

如果想在没有提示的位置输入文本，就需要在该处添加一个文本框。方法如下。

（1）单击"插入"选项卡→"文本"选项组→"文本框"按钮，在下拉菜单中选择文字排列方向。

（2）将鼠标移动到幻灯片要添加文本框的位置上，鼠标会变成一个下箭头。此时单击一下，就会添加一个默认大小的文本框，即可在文本框中输入文字了，在其中输入文字时，它的宽度会自动增加。

（3）如果在上一步中按下鼠标不放，鼠标会变成一个十字节，同时会有虚线框表示文本框的大小，拖动鼠标到文本框大小合适时放开即可。

如果文本框的位置或者形状不合适，可以按以下步骤调整。

（1）单击文本框的边框，此时文本框周围出现 8 个小圆点，称为选择句柄。

（2）移动鼠标到文本框上，当鼠标变成箭头时，按下并拖动鼠标，将文本框拖到合适的位置上，松开鼠标。

如果文本框的形状不合适，可以将鼠标移至文本框的选择句柄上，当鼠标变成双向箭头时，拖动鼠标到文本框形状合适时松开鼠标即可。

5.3.3　表格的格式设置

1．插入与删除行列

在幻灯片中插入表格输入内容后，用户对表格中的行与列不满意，可以进行删除与修改，以更好地保证幻灯片内容的完整。

● 通过"布局"选项卡中的"行和列"选项组插入或删除行或列。

（1）将鼠标光标置于幻灯片中需要删除行或列的表格，在"布局"选项卡"行和列"选项组中进行设置，如图 5-10 所示。

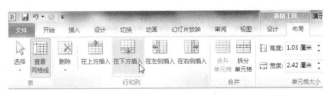

图 5-10　调整行和列

（2）例如，单击"在下方插入"按钮，设置完成后，如图 5-11 所示。

● 通过"属性"对话框快速插入与删除行和列。

（1）将鼠标光标置于幻灯片中需要删除行或列的表格，鼠标右键单击，在弹出的对话框中进行设置。

（2）例如，在"插入"选项下拉窗口中选择"在上方插入行"，设置完成后，效果如图 5-12 所示。

2．合并与拆分单元格

● 合并单元格。

品牌 名称	阿莲	淑女屋	三彩	久久拉	韩都衣舍	甜心女孩	半个柠檬
张媛	600	1960	640	0	0	0	0
风菲菲	440	1820	330	1360	0	300	0
滕晓童	0	0	1815	1352	720	0	0
朱云山	1722	1520	0	0	1880	1000	0
缪可儿	1000	0	1440	0	1700	0	1461

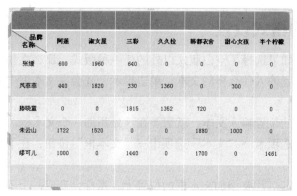

图 5-11　调整行和列示例

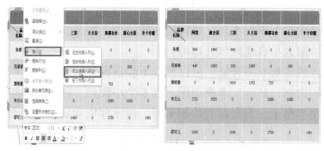

图 5-12　快捷菜单调整行和列

在表格中拆分单元格是比较简单的操作，操作方法如下。

（1）用鼠标选中需要合并的单元格，单击“布局”选项卡→“合并”选项组→“合并单元格”按钮，如图 5-13 所示。

（2）选中“合并单元格”选项后，表格选中的单元格即可被合并成一个单元格，如图 5-14 所示。

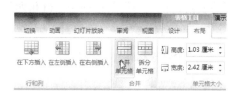

图 5-13　合并单元格

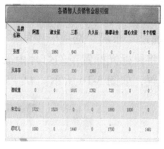

图 5-14　合并单元格效果

- 拆分单元格。

（1）将鼠标光标置于幻灯片中需要拆分的单元格，单击“布局”选项卡→“合并”选项组→“拆分单元格”按钮。

（2）弹出“拆分单元格”对话框，设置好拆分的行和列，表格选中的单元格即可被拆分为设置行列的单元格，拆分效果如图 5-15 所示。

图 5-15　拆分单元格

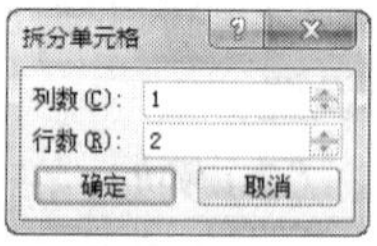

3. 设置表格外观样式

在演示文稿中，Microsoft Office 系统提供了多种表格样式以及自定义表格样式，便于用户进行选择，对插入的表格进行修饰。

- 套用自定义表格样式。

为表格套用快速样式，用户可以快速实现对幻灯片中插入的表格的修饰。

（1）在幻灯片中选择需要套用快速样式的表格，切换到"设计"选项卡，在"表格样式"选项组中单击 按钮。

（2）在其下拉列表中选择一种样式，如"中度样式 1-强调 4"，如图 5-16 所示。

（3）单击即可应用到表格中，设置完成效果如图 5-17 所示。

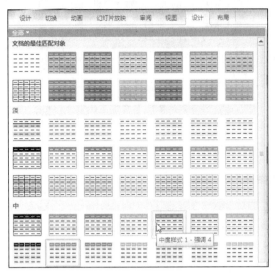

图 5-16 表格自动套用样式

图 5-17 表格自动套用样式效果

● 自定义表格样式。

如果用户对 Microsoft Office 系统自带的表格样式不满意，可以自定义表格样式。

（1）在幻灯片中选中表格，在"表格工具"→"设计"选项卡→"表格样式选项"选项组中进行设置。

（2）例如，在"表格样式选项"选项组中选择"标题行"、"第一列"、"汇总行"与"镶边列"，设置完成后，效果如图 5-18 所示。

图 5-18 自定义表格样式

5.3.4 图表的格式设置

1. 更改图表类型

在幻灯片中插入图表后，用户可能对各种图表的用途还不是十分了解，这时用户可以更改图表类型。操作方法如下。

（1）在幻灯片中选择需要更改类型的图表，单击"图表工具"→"设计"选项卡→"类型"选项组→"更改图表类型"按钮。

（2）在弹出的"更改图表类型"对话框中选择合适的图表类型，例如，选中"带平滑线和数据标记的散点图"。

（3）单击"确定"按钮，即可完成更改设置，如图 5-19 所示。

图 5-19　更改图表类型

2. 设置与美化图表

在演示文稿中，Microsoft Office 系统提供了多种图标的布局与样式，便于用户进行选择，对创建的图表进行修饰。

● 快速调整图表布局。

在幻灯片中插入图表后，用户可以通过设置图表布局来快速调整图表，使其更加美观和有效。

（1）在幻灯片中选择需要调整布局的图表。

（2）在"图表工具"→"设计"选项卡→"图表布局"选项组中单击下拉按钮。

（3）例如，在其下拉窗口中选择"布局 6"，单击即可应用到表格中，如图 5-20 所示。

● 快速设置图表样式。

在修饰图表的过程中，用户除了可以更改图表布局以外，还可以设置图表样式，操作同样很简单。

（1）在幻灯片中选中图表，在"图表工具"→"设计"选项卡→"图表样式选项"选项组中进行设置。

（2）例如，在"图表样式选项"选项组中单击下拉按钮，选择"样式 41"，设置过程如图 5-21 所示。

图 5-20　调整图表布局

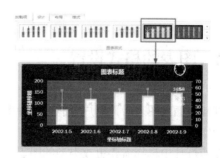

图 5-21　快速设置图表样式

5.3.5　添加音频和视频

在制作多媒体演示文稿时，适当插入音频和视频素材会达到很好的效果。

1. 添加音频

● 插入来自剪辑管理器的音频。

在演示文稿中插入音频的方法如下。

（1）单击"插入"选项卡→"媒体"选项组→"音频"下拉按钮，在其下拉列表中单击"剪贴画音频"选项。

（2）在打开的"剪贴画"窗口中选择合适的音频，单击即可，如图 5-22 所示。

图 5-22　插入剪贴画音频

● 插入来自文件的音频。

如果要插入来自文件的音频，单击"插入"选项卡→"媒体"选项组→"音频"下拉按钮，在其下拉列表中单击"文件中的音频"选项，在打开的"插入音频"对话框中选择合适的音频文件，单击"插入"按钮即可，如图 5-23 所示。

图 5-23　插入音频文件

● 录制音频并添加。

单击"插入"选项卡→"媒体"选项组→"音频"下拉按钮，在其下拉列表中单击"录制音频"选项，打开"录音"对话框，在"名称"文本框中可以输入所录的声音，单击"录制"按钮开始录制，单击"停止"按钮停止录制，单击"确定"按钮，即可将录制的音频添加到当前幻灯片中，如图 5-24 所示。

2. 添加视频

好的视频可以帮助用户在放映幻灯片时寓内容于乐。

图 5-24 添加录制音频

- 插入来自剪辑管理器的视频。

单击"插入"选项卡→"媒体"选项组→"视频"下拉按钮，在其下拉列表中单击"剪贴画视频"选项，在打开的剪贴画窗口中选择合适的视频，单击即可。

- 插入来自文件的视频。

单击"插入"选项卡→"媒体"选项组→"视频"下拉按钮，在其下拉列表中单击"文件中的视频"选项。在打开的"插入视频文件"对话框中选择合适的视频文件，单击"插入"按钮即可。

- 插入来自网站的视频。

单击"插入"选项卡→"媒体"选项组→"视频"下拉按钮，在其下拉列表中单击"来自网站的视频"选项。在打开的"从网站插入视频"对话框中选择合适的视频文件链接，单击"插入"按钮即可。

5.4 修饰演示文稿

5.4.1 母版

幻灯片母版是幻灯片层次结构中的顶层幻灯片，用于存储有关演示文稿的主题和幻灯片版式的信息，包括背景、颜色、字体、效果、占位符大小和位置。

1. 插入、删除、重命名幻灯片母版

在幻灯片中插入、删除与重命名幻灯片母版，可以通过以下步骤进行操作。

（1）单击"视图"选项卡→"幻灯片母版"选项组，切换到幻灯片母版视图，在"编辑母版"选项组中单击"插入幻灯片母版"命令，效果如图 5-25 所示。

图 5-25 插入幻灯片母版

（2）在"编辑母版"选项组中单击"重命名"命令，打开"重命名版式"对话框，在"版式名称"下的文本框中输入合适的母版名称，单击"重命名"按钮，如图 5-26 所示。

（3）在"编辑母版"选项组中单击"删除"命令，即可删除幻灯片母版。

图 5-26 重命名母版

注意　　　母版名称一般显示在演示文稿主界面左下方的第二个栏内，用户重命名版式之后，可以直接在其中查看母版版式名称。

2. 修改母版版式

用户在设计演示文稿的过程中，如果对系统自带的母版版式不满意，可以进行修改，如添加占位符。

（1）在 PowerPoint 2010 主界面中单击"视图"选项卡，在"母版版式"选项组中进行设置，如插入占位符。

（2）在其下拉菜单中选择"内容"，设置完成后，效果如图 5-27 所示。

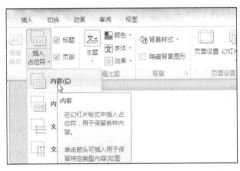

图 5-27　修改母版版式

3. 设置母版背景

在设计幻灯片母版的过程中，用户还可以设置幻灯片母版的背景。

（1）在幻灯片母版视图中，在"背景"选项组中单击"背景样式"下拉按钮，在其下拉菜单中选择"设置背景格式"命令。

（2）在弹出的"设置背景格式"对话框中选择"填充"下的"图片或纹理填充"，在"插入自："栏下单击"文件"按钮，如图 5-28 所示。

（3）在弹出的"插入图片"对话框中选择合适的图片，单击"插入"按钮。

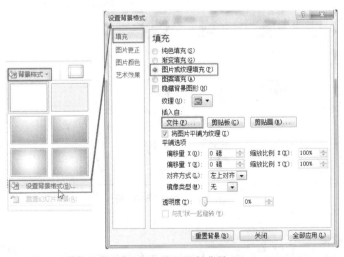

图 5-28　设置母版背景

（4）设置完成后，如果无法显示设置的背景图片，可以在"背景"选项组中选择"隐藏背景图形"选项。

5.4.2　使用模板

PowerPoint 模板是另存为.potx 文件的一张幻灯片或一组幻灯片的图案或蓝图，模板可以包含版式、主题颜色、背景样式等。PowerPoint 内置了不同类型的模板，也可以在 Office.com 和其他合作伙伴网站上获取应用于演示文稿的模板。

1．使用内置模板

（1）在打开的演示文稿中单击"文件"→"新建"标签，在右侧"可用的模板和主题"栏下单击"样本模板"。

（2）单击"样本模板"选项后，即可从弹出的样本模板中选择需要创建的模板，单击"创建"按钮，即可依据模板创建演示文稿，如图 5-29 所示。

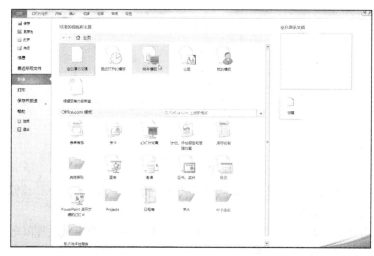

图 5-29　内置样本模板

2．使用网络模板

（1）单击"文件"→"新建"标签，在右侧"可用的模板和主题"栏下还可以看到"Office.com

模板"区域选项，在其中选择合适的模板，如"贺卡"，如图 5-30 所示。

图 5-30　网络模板

（2）从搜索到的结果中选择需要的模板，单击右侧的"下载"按钮，即可将该模板下载下来，效果如图 5-31 所示。

3. 使用自己保存的模板

除了使用 PowerPoint 内置模板和网络模板外，用户还可以使用自己保存的模板。

（1）单击"文件"→"新建"标签，在"可用的模板和主题"栏下单击"根据现有内容创建"选项。

（2）在"根据现有演示文稿新建"对话框中选择需要作为模板的演示文稿，单击"新建"按钮即可，如图 5-32 所示。

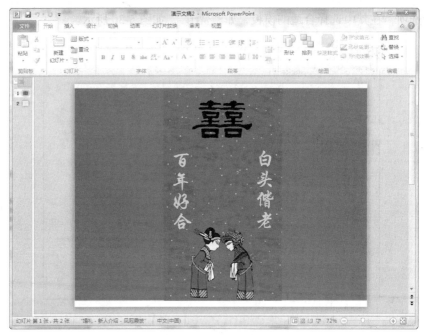

图 5-31　下载的网络模板

图 5-32　自建模板

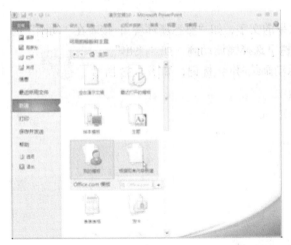

图 5-32　自建模板（续）

5.5　设置动画效果

5.5.1　动画方案

使用动画可以让观众将注意力集中到要点和控制信息流上，还可以提高观众对演示文稿的兴趣，在 PowerPoint 2010 中，可以创建包括进入、强调、退出以及路径等不同类型的动画效果。

1. 创建进入动画

（1）打开演示文稿，选中要设置进入动画效果的文字或图片等。

（2）切换到"动画"→"动画"选项组中，单击 按钮，在弹出的下拉列表 "进入"栏下选择进入动画，如"浮入"。

（3）添加动画效果后，文字对象前面将显示动画编号 1 标记，如图 5-33 所示。

2. 创建强调动画

（1）打开演示文稿，选中要设置强调动画效果的文字，如"开始了解您的新工作分配"，接着在"动画"选项组中单击 按钮，在弹出的下拉列表"强调"栏下选择强调动画，如"彩色脉冲"。

（2）添加动画效果后，文字对象前面将显示动画编号 2 标记，如图 5-34 所示。

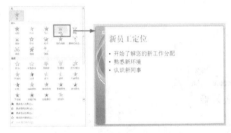

图 5-33　创建进入动画　　　　　　　图 5-34　创建强调动画

3. 创建退出动画

（1）打开演示文稿，选中要设置退出动画效果的文字，如"熟悉新环境"，接着在"动画"选项组中单击 ┆ 按钮，在弹出的下拉列表"退出"栏下选择强调动画，如"飞出"。

（2）添加动画效果后，文字对象前面将显示动画编号 3 标记，如图 5-35 所示。

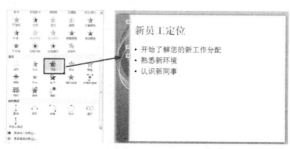

图 5-35　创建退出动画

按照相同的方法，可创建路径动作动画。如果想要为不同对象设置相同的动画，可以按 Shift 键选中对象，接着按以上方法设置动画即可。

5.5.2　添加高级动画

动画效果是 PowerPoint 功能中的重要部分，使用动画效果可以制作出栩栩如生的幻灯片。具体操作步骤如下。

（1）选中需要添加动画效果的对象，单击"动画"选项标签。

（2）在"高级动画"选项组中单击"添加动画"按钮，在下拉列表中选择某一动画按钮即可。

（3）如果菜单中的动画效果不能满足要求，可以单击下方的"更多**效果"命令，打开"更多**效果"对话框进行选择，如图 5-36 所示为"更多进入效果"。

图 5-36　更改进入效果

（4）在该对话框中选择合适的动画按钮即可。

5.5.3　设置幻灯片间的切换效果

放映幻灯片时，在上一张播放完毕后若直接进入下一张，将显得僵硬、死板，因此有必要设置幻灯片切换效果。具体操作步骤如下。

（1）单击要设置切换效果的幻灯片的空白处，将其选中。

（2）单击"切换"→"切换到此幻灯片"选项组列表框右下角的 按钮。

（3）在弹出的菜单中会显示出所有可用的切换效果，根据需要选择一种合适的切换效果即可，如"蜂巢"，如图 5-37 所示。

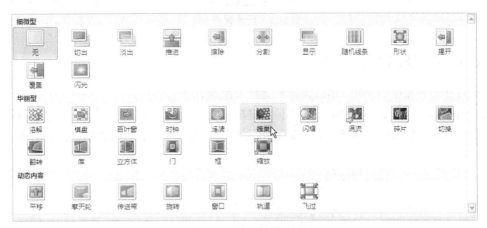

图 5-37　幻灯片切换效果

5.6　演示文稿的放映

5.6.1　放映演示文稿

单击"幻灯片放映"选项卡→"开始放映幻灯片"选项组→"从头开始"或"从当前幻灯片开始"按钮。如果没有进行过相应的设置，这两种方式将从演示文稿中的第一张幻灯片起，放映到最后一张为止。

单击视图按钮中的 按钮，切换到幻灯片放映视图，此时将从当前幻灯片开始放映到演示文稿中的最后一张幻灯片。

　无需启动 PowerPoint，直接用鼠标右键单击演示文稿文件名，从弹出的菜单中选择"显示"命令，即可开始放映演示文稿。

5.6.2　设置放映方式

打开制作完成的演示文稿，切换到"幻灯片放映"选项卡→"设置"选项组→"设置幻灯片放映"按钮，打开"设置放映方式"对话框，在该对话框里可以对幻灯片的放映类型、放映选项、换片方式等进行设置，如图 5-38 所示。

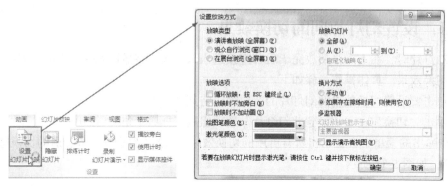

图 5-38　设置放映方式

5.6.3　控制幻灯片放映

在幻灯片放映过程中，可以通过鼠标和键盘来控制播放。

（1）用鼠标控制播放。在放映过程中，右键单击屏幕会弹出一个快捷菜单，单击其中的命令可以控制放映的过程，单击"帮助"命令则显示关于幻灯片放映的各种按键的操作说明，如图 5-39 所示。

图 5-39　鼠标控制放映

（2）用键盘控制放映。常用的控制放映的按键如下。

- →键、↓键、空格键、Enter 键、PageUp 键：前进一张幻灯片。
- ←键、↑键、Backspace 键、PageDown 键：回退一张幻灯片。
- 输入数字然后按 Enter 键：跳到指定的幻灯片。
- Esc 键：退出放映。

5.6.4　放映幻灯片时使用绘图笔

在演示文稿放映过程中，单击鼠标右键，弹出演示快捷菜单。从中获取一些很有用的操作，例如，直接跳到指定的幻灯片等。

使用绘图笔时，单击其快捷菜单中的"指针选项"的级联菜单中的"墨迹颜色"，选定一种颜色，将鼠标指针变为一支笔，在播放过程中使用绘图笔在幻灯片上书写或绘画，以强调幻灯片上的某些内容和重点。清除绘图笔时，只需单击其快捷菜单中的"指针选项"的级联菜单中的"箭头"选项命令即可。

使用"会议记录"记下幻灯片播放过程中的细节和即席反应，并将它们添加到备注页中等。在线会议的与会者也可以使用绘图笔在幻灯片上书写或绘画。所有与会者都可以看见备注。

5.7　演示文稿的打包与打印

5.7.1　演示文稿的打包

在演示文稿的设计制作放映准备完成后，用户可以将演示文稿打包成 CD，便于携带。

（1）在幻灯片主界面中单击"文件"→"保存并发送"标签。

（2）在右侧弹出的窗口的"文件类型"栏下选择"将演示文稿打包成 CD"，在最右侧的窗口中单击"打包成 CD"。

（3）在弹出的"打包成 CD"对话框中单击"复制成 CD"即可，如图 5-40 所示。

图 5-40　打包成 CD

5.7.2　演示文稿的打印

在 PowerPoint 2010 中文版中，有许多内容可以打印，例如幻灯片、演讲者备注等。

在打印之前，首先要进行页面设置。单击"设计"选项卡→"页面设置"选项组→"页面设置"按钮，弹出"页面设置"对话框，如图 5-41 所示。可以在该对话框中设置打印纸张的大小，幻灯片编号的起始值以及幻灯片、讲义等的纸张方向。

图 5-41　"页面设置"对话框

　　页面设置完毕后，单击"文件"→"打印"标签，即可进入打印预览状态，可以根据需要对幻灯片进行打印设置，如图 5-42 所示。

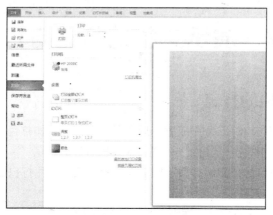

图 5-42　打印幻灯片

第6章
多媒体技术基础

6.1 多媒体技术概述

多媒体包括文本、图形、静态图像、声音、动画、视频剪辑等基本要素。计算机多媒体技术的出现，使计算机具有综合处理文字、图形、图像、视频、声音等多种媒体的能力，为信息的处理、集成、传播提供了丰富的手段，改变了人类获取、处理以及使用信息的方式，也改变了人类的学习方式。多媒体技术的应用已经渗透到工程、科研、生产与社会生活的各个方面，为科学进步与人类生活带来了巨大的变革。本节主要介绍多媒体技术的基础知识与计算机中对各种媒体信息的处理方法，使读者对多媒体技术有一个初步概括的认识。

6.1.1 多媒体技术的基本概念

在多媒体技术中，媒体（Medium）是一个重要的概念。那么什么是媒体呢？媒体一词源于拉丁文"Medius"，是中介、中间的意思，可以说，人与人之间沟通与交流观念、思想或意见的中介物便可称为媒体，通常所说的媒体有两重含义：一是指人们用来承载信息的载体，例如书籍、磁盘、光盘等；二是指人们用于传播和表示各种信息的手段，如文字、声音、图形、图像、动画和视频等。多媒体技术中的媒体是指后者。目前计算机中常用的媒体元素主要有文本、声音、图形、图像、动画和视频等。

1. 文本

文本（text）是以文字和各种专用符号表达信息的媒体形式，它是现实生活中使用最多的一种信息存储和传递方式，也是人与计算机交互的主要媒体。相对于图像、声音等其他媒体，这种媒体形式对存储空间、信道传输能力的要求是最小的。

2. 声音

声音（audio）是人们进行交流的最直接、最方便的形式，也是计算机领域最常用的媒体形式之一。一般人耳听见的声音信号是一种连续的模拟信号，通过空气传播，在计算机中处理时，要将其转换为数字信号，并以文件的形式保存，常见的声音文件格式有 WAV、MIDI、MP3 等。

3. 图形

图形（graphics）是指通过绘图软件绘制的、由各种点、线、面、体等几何图元组成的画面，例如 Windows 中的剪贴画、Office 中的自选图形、AutoCAD 中绘制的工程图等都是图形。在计算机中，存放图形一般采用矢量图的形式，在对图形进行移动、旋转、缩放等处理时不会失真，而且占用的存储空间小。矢量图形广泛应用于广告设计、统计图、工程制图等许多方面。

4. 图像

图像（image）也叫位图，是使用特定的输入设备如数码相机捕捉的真实画面。

在计算机中，图形与图像是一组既有联系又有区别的概念，它们的不同主要表现在产生、处理、存储方式等方面。图像一般保存为位图，是由扫描仪、数码相机等输入设备捕捉的真实画面产生的映像，参差感强，画面内容丰富。图像采用点阵来表示画面，图像中的每个点称为像素，图像文件中存储的信息就是每个像素的亮度、颜色等信息。图像的真实感强，但放大时会失真，占用的存储空间也很大。例如，一幅能在标准的 VGA（分辨率为 640×480）显示器上全屏显示的真彩色 24 位图像所占的存储空间接近 1000KB，所以位图图像存放时要进行压缩，常见的图像文件格式有 BMP、JPG、GIF 等。

5. 动画

动画（animation）是一种活动的影像，利用人的视觉暂留特性，按一定的速率播放一系列连续运动变化的图形，来达到动态的效果。动画的播放速度一般为 25 帧/秒，常用的动画文件有 FLV、MPG、AVI 等。

6. 视频

视频（video）也是一种活动的影像，它利用人的视觉暂留特性，将若干有联系的静态图像画面按一定的速率连续播放产生，常见的视频有电影、电视节目等。通常视频还配有同步的声音，所以视频信息对存储容量的要求较高，一般采用图像压缩技术对其进行压缩后才存储，视频一般采用 AVI、MPEG、ASF 等格式存放。

动画与视频都是一种活动的影像，按一定的速率播放一系列内容上有联系的画面，它们的差别主要在于动画中的每一帧画面都是通过人工制造出来的图形，而视频中的每个画面一般是生活中发生的事件的记录。

多媒体（Multimedia）就是多种媒体的结合，多媒体技术是指在计算机中能将多种媒体同时进行存储、处理、交换及输入/输出等综合技术的总称。多媒体技术不是各种信息媒体的简单复合，它是一种把文本、图形、图像、动画、声音和视频等各种形式的媒体结合在一起，并通过计算机进行综合处理和控制，能支持完成一系列交互式操作的信息技术。事实上，正是由于计算机技术和数字信息处理技术的实质性进展，才使人类在今天拥有了处理多媒体信息的能力，才使得"多媒体"成为一种现实。现在，"多媒体"一词不仅指多种媒体信息本身，通常还包括处理和应用多媒体信息的相应技术。因此，在计算机技术里，"多媒体"常被当作"多媒体技术"的同义词。

需要强调以下几点。

（1）多媒体以计算机为中心，因为多媒体技术是建立在计算机技术基础上的。

（2）多媒体是各种媒体的有机组合，意味着媒体与媒体之间存在内在的逻辑联系，并不是说任何几种媒体组合在一起就可以称为多媒体，要称只能称为"混合媒体"。

（3）多媒体的交互性是多媒体技术的特色之一，没有交互性就不存在"多媒体"。

6.1.2　多媒体信息处理的关键技术

多媒体信息的处理与应用涉及计算机技术、信息技术等许多领域，需要许多相关技术的支持，直到今天，人们仍然在研究和探索多媒体技术。一些关键技术的突破和解决将给多媒体技术带来更加广阔的应用前景。

1．多媒体数据压缩与解压缩技术

多媒体数据压缩与解压缩技术是多媒体技术中最为关键的核心技术。

多媒体技术处理的信息，特别是声音信息、图形信息、视频信息等数字化后的数据量非常庞大，例如，一幅具有 800×600 分辨率的彩色数字视频图像的数据量大约为 1.4MB/帧，如果每秒播放 25 帧图像，将需要 35MB 的硬盘空间。对于音频信号，若取样频率采用 44.1kHz，每个采样点量化为 16 位二进制数，10 分钟的录音产生的文件将占用 50MB 的硬盘空间。这样庞大的信息量给这些数据的存储、传输与处理带来了极大的压力。另一方面，多媒体中的图、文、声、像等信息有着极大地相关性，存在着大量的冗余信息。如何能将这些冗余的信息去掉，只保留相互独立的信息，从而缩减存储空间，加快信息的处理与传输速率，就是多媒体数据压缩技术需要解决的问题。当把存放在计算机中经过压缩的声音、视频等信息输出时，为了方便人们的接收，又必须还原数据，这就是多媒体数据解压缩技术需要解决的问题。

多媒体数据压缩与解压缩技术可以是无损的，也可以是有损的，但要以不影响人的视听感受为主要原则。数据压缩技术的出现，不仅可以有效地减少数据存放空间，还可以减少传输占用的时间，减轻信道的压力，对多媒体信息网络具有非常重要的意义。

2．多媒体存储技术

要对多媒体信息进行处理，首先就要将这些信息存储起来。前面说过，多媒体信息数字化后的数据量非常庞大，需要极大的空间来存放，因此，如何满足多媒体数据对存储空间的要求成为多媒体技术急需解决的关键问题。要处理多媒体信息，就必须首先建立大容量的存储设备，建立完善的存储体系。

目前，计算机系统通常采用多级存储（高速缓存 Cache、主存、外存）构成存储体系。多媒体计算机系统的大容量存储设备一般都采用 CD-ROM 或者 CD-WORM（Compact Disk-Write Once Read Many）技术。网络环境下，多媒体系统的视频服务器的大容量存储设备一般都采用 RAID（Redundant Arrays of Inexpensive Disks）技术，亦即磁盘阵列技术。

3．多媒体数据库技术

多媒体信息数据量巨大，种类格式繁多，各类媒体间既有差别，又互相关联，这些都给多媒体信息的管理带来了挑战，传统的数据库已经不能适应多媒体数据的管理需求。多媒体数据库需要解决多媒体数据的特有问题，如信息提取和海量存储等问题。

随着多媒体计算机技术的发展、面向对象技术的成熟以及人工智能技术的发展，多媒体数据库、面向对象数据库以及智能化多媒体数据库的发展越来越迅速，它们将进一步取代传统的数据库，是能够对多媒体数据进行有效管理的新技术。

4．多媒体网络与通信技术

多媒体数据的分布性、结构性以及计算机支持的协同工作等应用领域都要求在计算机网络上传送声音、图像数据，在传输的过程中就要保证传输的速度和质量。多媒体通信是通信技术和多媒体技术结合的产物，它兼有计算机的交互性、多媒体的复合性、通信的分布性以及电视的真实性等优点。多媒体网络系统就是将多个多媒体计算机连接起来，实现共享多媒体数据和多媒体通信的计算机网络系统。多媒体网络必须有较高的数据传输速率与较大的信道宽带，以确保高速、实时地传输大容量的文本、音频和视频信号。

5．多媒体信息检索技术

多媒体信息检索是指根据用户的要求，对图形、图像、文本、声音、动画等多媒体信息进行识别和获取所需信息的过程。媒体信息检索系统既能对以文本信息为代表的离散媒体进行检索，也能对以图像、声音为代表的连续媒体的内容进行检索。

多媒体技术和 Internet 的发展促成了超大型多媒体信息库的产生，仅凭关键词很难实现对多媒体信息的有效描述和检索。因此，需要有一种针对多媒体的有效检索方式，来帮助人们高效、快速、准确地找到所需要的多媒体信息。

6. 虚拟现实技术

虚拟现实（Virtual Reality，VR）是多媒体技术的最高境界，也是当今计算机科学中的尖端课题之一。虚拟现实技术综合利用了计算机图形学、仿真技术、人工智能技术、计算机网络技术和传感器技术等多种技术模拟人的视觉、听觉、触觉等感觉器官功能，使人置身于计算机生成的虚拟境界中，并能够通过语言、手势等自然的方式与之进行实时交互，仿佛在真实世界中一样。使用者不仅能够通过虚拟现实系统感受到在客观物理世界中所经历的"身临其境"的逼真性，而且能够突破空间、时间以及其他客观限制，感受到真实世界中无法亲身经历的体验。

6.1.3　多媒体技术的应用

近年来，多媒体技术得到了迅速的发展，应用领域也不断扩大，这是社会需求与科学技术发展相结合的结果。多媒体技术为人类提供了多种表达信息的方式，已经被广泛应用于管理、教育、培训、公共服务、广告、文艺、出版、家庭娱乐等领域。

多媒体技术的典型应用包括以下几个方面。

1. 教育与培训

多媒体系统的形象化和交互性可为学习者提供全新的学习方式，使接受教育和培训的人能够主动地、有创造性地学习，具有更高的效率。传统的教育和培训通常是听教师讲课或者学生自学，两者各有其不足之处。而多媒体的交互教学改变了传统的教学模式，不仅教材丰富生动，教育形式灵活，而且有真实感，能激发学生的学习积极性。

2. 电子出版物

光盘将大容量的存储媒体和多媒体技术相结合，使出版业突破了传统出版物的种种限制，进入了新的时代。光盘出版物能够通过文字、声音、图形、图像、动画和视频等多种方式更加生动地表述信息，同时使出版物的容量增大而体积大大缩小。

3. 娱乐应用

精彩的电脑游戏和流行的 VCD、DVD 等都是多媒体技术在家电娱乐领域中的应用。

4. 视频会议

视频会议是多媒体技术的重大贡献之一，它使人们能够不受空间距离的约束而进行有效的沟通，其效果和方便程度比传统的电话会议优越得多。

5. 咨询与演示

在销售、导游或宣传活动中，利用多媒体技术编制的软件或节目能够图文并茂地展示产品、旅游景点和其他宣传内容，一方面可以加深顾客对相关信息的印象，另一方面操作者可以方便地根据现场情况灵活地删添有关内容；同时，顾客可以与多媒体系统交互，获取感兴趣的信息。

6. 音像创作与艺术创作

多媒体系统具有视频绘图、数字视频特技、计算机作曲等功能。利用多媒体系统创作音像，不仅可以节约大量人力物力，极大地提高效率，而且为艺术家提供了更好的表现空间和更大的艺术创作自由度。

6.2　多媒体计算机系统的组成

多媒体计算机就是可以同时处理声音、图形、图像等多媒体信息的计算机，即具有多媒体处理功能的计算机。一般所说的多媒体计算机都是指多媒体个人计算机（Multimedia Personal Computer，MPC），它是在个人计算机（Personal Computer，PC）上配置软硬件，构成多媒体计算机系统。

1. 多媒体计算机系统的构成

多媒体计算机系统由硬件系统、软件平台、开发系统和应用系统 4 部分构成。

（1）多媒体计算机的硬件系统处于最底层，是整个系统的物质基础，包括多媒体计算机主机系统及各种多媒体外围设备及其接口部件。

（2）多媒体软件平台是多媒体软件系统的核心，其主要任务是提供基本的多媒体软件开发的环境，能完成对多媒体设备的驱动与控制，即多媒体操作系统。典型的多媒体操作系统如 Commodore 公司为专用 Amiga 系统研制的多任务 Amiga 操作系统，Intel 和 IBM 公司为 DVI 系统开发的 AVSS 和 AVK 操作系统等。在个人计算机上运行的多媒体软件平台应用最广泛的是大家熟悉的 Windows 系列操作系统。

（3）多媒体开发系统是多媒体系统的重要组成部分，是开发多媒体应用系统的软件工具的总称，包括多媒体数据准备工具和多媒体制作工具。多媒体数据准备工具由各种采集和创作多媒体信息的软件工具组成，用于多媒体素材的收集、整理与制作，例如声音录制编辑软件、图形图像处理软件、扫描软件、视频采集软件、动画制作软件等。多媒体制作工具是为多媒体开发人员提供组织、编排多媒体数据和连接形成多媒体应用软件的工具，如 Authorware、Director、Dreamweaver 等。多媒体制作工具不仅要能够对文本、声音、图像、视频等多种媒体信息进行控制和管理，而且还要具有将各种媒体信息编入程序的能力，具有时间控制、调试以及动态文件输入输出等能力。

（4）多媒体应用系统是由多媒体开发人员利用多媒体开发系统制作的、面向各种应用的软件系统，用于解决实际问题。多媒体应用系统的功能和表现是多媒体技术的直接体现，用户可以通过简单的操作，直接进入和使用该应用系统，实现其功能。

2. 多媒体计算机的硬件系统

多媒体计算机的硬件系统是在一般个人计算机硬件设备的基础上，附加了处理多媒体信息的硬件设备。一般附加的多媒体硬件设备主要有适配卡与外围设备两类。

适配卡是根据多媒体音频或视频获取与编辑的需要而附加在计算机主板上的接口卡。多媒体适配卡的种类与型号很多，常见附加的多媒体适配卡有声卡、视频卡、图形图像加速卡、传真卡、电视卡、语音卡等。其中，声卡主要用于处理音频信息，可以把话筒、电子乐器等输入的声音信息进行相关的模数（A/D）转换及压缩等处理，然后存储到计算机中，也可以把经过计算机中数字化的声音信息通过还原及数模（D/A）转换后用音箱等播放出来；视频卡主要用于处理视频信息，包括视频采集卡、视频转换卡、视频播放卡等，视频采集卡的功能是从摄像机等视频信息源中捕捉模拟视频信息并转存到计算机的外存中，视频转换卡是将计算机中的视频信号与模拟电视信号互相转换，视频播放卡有时也称为解压缩卡，用于将压缩视频文件解压处理并播放。

多媒体外围设备是以外围设备的形式连接到计算机上、用来进行多媒体数据信息输入与输出的设备。常见的多媒体输入设备有光盘与光盘驱动器、麦克风、扫描仪、数码相机、摄像机、触摸屏和电子乐器等，常见的多媒体输出设备有刻录光驱、打印机、传真机、立体声耳机、音响等。

为了更好地促进多媒体技术的发展，1990 年 11 月，由美国微软公司、日本 NEC 公司、荷兰飞利浦公司等 14 家厂商共同制定了统一的 MPC 标准，目前已经推出了 MPC-4 标准，见表 6-1。

表 6-1　　　　　　　　　　　多媒体计算机 MPC 标准

	MPC-1	MPC-2	MPC-3	MPC-4
CPU	80386 SX/16	80486 SX/25	Pentium 75	Pentium 133
内在容量	2MB	4MB	8MB	16MB
硬盘容量	80MB	160MB	850MB	16GB
CD-ROM 速度	1x	2x	4x	10x
声卡	8 位	16 位	16 位	16 位
图像	256 色	65535 色	16 位真彩	32 位真彩
分辨率	640×480	640×480	800×600	1280×1024
软驱	1.44MB	1.44MB	1.44MB	1.44MB
操作系统	Windows 3.x	Windows 3.x	Windows 95	Windows 95

6.3　数据压缩与编码

6.3.1　数据压缩技术概述

在多媒体系统中，文本、声音、图形、图像、动画和视频等各种多媒体信息，特别是声音、动画和视频信息的数据量非常庞大，要处理、传输、存储这些信息，不仅需要计算机具有很大的存储容量，而且要有很高的传输速度，前面讲过，要在计算机上连续显示分辨率为 1280 像素×1024 像素的 24 位真彩色质量的电视图像，按每秒 30 帧计算，如果直接存储，要显示 1 分钟的视频信息，大概需要 6.6 GB 的空间，传输速率应在 112MB/s，一张容量为 650GB 的光盘存放不了播放 1 分钟的视频信息。可见多媒体信息的数据量超出了计算机的存储与实时传输能力。为了减少存储空间和降低数据传输速率，就必须对多媒体的有关信息进行压缩。

数据压缩的过程实际就是编码的过程，在音频信号、图形图像信号、视频信号数字化的过程中，在不损失或少损失信息的情况下，应尽量减小数据量，以减少存储空间和降低数据传输速率。

1. 数据压缩的可能性

视频由一帧一帧的图像组成，而图像的各像素之间，无论是在行方向还是在列方向，都存在着一定的相关性，这种相关性就使数据压缩成为可能。多媒体信息的相关性表现为空间冗余与时间冗余。

（1）空间冗余。一般情况下，图像的大部分画面变化缓慢，尤其是背景部分几乎不变。以静态的位图图像为例，静态图像的一帧画面是由若干像素组成的，而画面中相同的像素重复较多的话，就可以用较少的编码信息来表示原有图像。这种冗余称为空间冗余。

（2）时间冗余。动态的视频图像反应的是在时间上连续变化的过程，相邻的帧之间存在着很大的相关性，从一幅画面到另一幅画面，连续两幅图画的前景与背景可以没有多大变化，也就是说，两帧画面在很大程度上是相似的，而这些相似的信息就可以被压缩。

此外，人的视觉和听觉对某些信号（如颜色、声音）具有不那么敏感的生理特性，考虑到人的生理特性，也可以将一些视觉和听觉不易分辨的数据过滤掉；从而在允许保真度的情况下压缩待存储的图像或声音数据，节省存储空间，加快传输速率。

除了上面提到的数据冗余外，多媒体数据还存在结构冗余、知识冗余等其他冗余，数据压缩的目标是去除各种冗余。

2. 压缩编码方法分类

数据压缩编码的方法很多，从不同的角度有不同的分类结果。

根据压缩前后有无质量损失，可分为有损压缩编码和无损压缩编码。无损压缩是指数据在压缩或解压过程中不会损失原信息的内容，解压产生的数据是对原有对象的完整复制，没有失真。无损压缩是一种可逆压缩，常用于数据文件的压缩，如 ZIP 文件。有损压缩是靠丢失大量的冗余信息来降低数字图像或声音所占的空间。有损压缩是不可逆压缩，回放时也不能完全恢复原有的图像或声音。如静态图像的 JPEG 压缩和动态图像的 MPEG 压缩等。有损压缩丢失的是对用户来说并不重要的、不敏感的、可以忽略的数据。

无论是有损压缩还是无损压缩，其作用都是将一个文件的数据容量减小，又基本保持原来文件的信息内容。而解压缩是压缩的反过程，是将信息还原或基本还原。

也可以按照压缩的原理，把数据压缩编码分为预测编码、变换编码、量化与向量编码、信息熵编码、统计编码、模型编码等。其中比较常用的编码方法有预测编码、变换编码和统计编码等。

3. 压缩编码方法的评价

一般衡量一个压缩算法的优劣应从以下几个方面考虑：

- 压缩比要高；
- 压缩与解压缩运算速度要快，算法要简单；
- 硬件实现容易；
- 解压缩质量要好。

没有哪一种压缩算法绝对好，一般压缩比高的算法，其具体的运算过程相对就复杂，即需要更长的时间进行转化编码操作。

6.3.2　数据压缩与编码

1. 声音信号的压缩与编码

音频信号的无损压缩编码压缩方法主要有哈夫曼编码、算术编码、行程编码、Lempel zev 编码等，例如哈夫曼编码的基本思想是对那些出现频率较高的数据用较少的位数来表示，即其对应的编码长度越短；而出现频率较低的数据用较多的位数来表示，其对应的编码长度越长，这样从总的效果来看节省了存储空间。

音频信号的有损压缩编码一般分为波形编码、参数编码与混合编码，其中波形编码的基本思想是在满足采样原理的前提下，采样量化，并使编码以后的数据量尽可能小，译码以后的输出信号尽可能地逼近原来的输入音频信号，如脉冲编码调制 PCM、子带编码等；参数编码主要是针对话筒信号，抽取话音信号的特征参数，然后进行编码，译码时激励相应振动器通过喇叭发音，如线性预测编码 LPC 等；混合编码是指同时使用两种或两种以上的编码方法进行编码的过程。由于每种编码都有自己的优缺点，使用两种或两种以上的编码方法进行编码可以取长补短，达到高效压缩数据的目的，这就是混合编码。无论是在音频信号的数据压缩中，还是在图像信号的数据压缩中，混合编码均广泛采用，如 MPEG 就是一种混合编码。

2. 图像信号的压缩与编码

数据压缩算法的目的都是为了减少信息的冗余，所以用于音频和用于图像的数据压缩算法有许多相同之处。用于图像的无损压缩编码压缩方法也主要有哈夫曼编码、算术编码、行程编码、Lempel zev 编码等，其中哈夫曼编码、算术编码、行程编码等都属于统计编码，是根据信息数据出现频率的分布特征进行编码的。

图像信号的有损压缩编码有预测编码、变换编码、基于重要性的编码与混合编码等。其中预测编码是根据离散信号之间存在着一定的相关性，利用前面的一个或多个信号对下一信号进行预测，然后对实际值和预测值的差（预测误差）进行编码。例如，JPEG、MPRG 就属于预测编码。变换编码是先对信号进行某种函数变换，从信号的一种表示空间变换到另一种表示空间，然后在变换后的域上对变换后的信号进行编码。

3. 数字化图像压缩国际标准

图像数据的压缩技术是多媒体技术的重要组成部分，国际电话电报咨询委员会（CCITT）和国际标准化组织（ISO）联合制定了数字化图像压缩国际标准，主要有 3 个标准：用于计算机静止图像压缩的 JPEG、用于活动图像压缩的 MPEG 数字压缩技术和用于电视会议系统的 H.261 压缩编码。

6.4　数字版权管理

数字版权管理（Digital Rights Management，DRM）指的是出版者用来控制被保护对象使用权的一些技术，这些技术保护的是数字化内容（例如软件、音乐、电影）以及硬件，处理数字化产品的某个实例的使用限制，本术语容易和版权保护混淆。版权保护指的是应用在电子设备上的数字化媒体内容上的技术，DRM 保护技术使用以后可以控制和限制这些数字化媒体内容的使用权。

数字版权管理主要采用的技术为数字水印、版权保护、数字签名和数据加密。

数字版权管理（Digital Rights Management，DRM）是随着电子音频视频节目在互联网上的广泛传播而发展起来的一种新技术。其目的是保护数字媒体的版权，从技术上防止数字媒体的非法复制，或者在一定程度上使复制很困难，最终用户必须得到授权后才能使用数字媒体。数据加密和防拷贝是 DRM 的核心技术，一个 DRM 系统首先需要建立数字媒体授权中心（Rights Issuer，RI），编码已压缩的数字媒体，然后利用密钥对内容进行加密保护，加密的数字媒体头部存放着 KeyID 和节目授权中心的统一资源定位器（Uniform Resource Locator，URL）地址。用户在点播时，根据节目头部的 KeyID 和 URL 信息，通过数字媒体授权中心的验证授权后送出相关的密钥解密，数字媒体方可使用。需要保护的数字媒体是被加密的，即使被用户下载保存并散播给他人，没有得到数字媒体授权中心的验证授权也无法使用，从而严密地保护了数字媒体的版权。

数字版权管理是针对网络环境下的数字媒体版权保护而提出的一种新技术，一般具有以下 6 大功能。

（1）数字媒体加密。打包加密原始数字媒体，以便于进行安全可靠的网络传输。

（2）阻止非法内容注册。防止非法数字媒体获得合法注册从而进入网络流通领域。

（3）用户环境检测。检测用户主机硬件信息等行为环境，从而进入用户合法性认证。

（4）用户行为监控。对用户的操作行为进行实时跟踪监控，防止非法操作。

（5）认证机制。对合法用户的鉴别并授权对数字媒体的行为权限。

（6）付费机制和存储管理。包括数字媒体本身及打包文件、元数据（密钥、许可证）和其他数据信息（例如数字水印和指纹信息）的存储管理。

DRM 技术无疑可以为数字媒体的版权提供足够的安全保障。但是它要求将用户的解密密钥同本地计算机硬件相结合，很显然，对用户而言，这种方式的不足之处是非常明显的，因为用户只能在特定地点和特定计算机上才能得到所订购的服务。随着计算机网络的不断发展，网络的模式和拓扑结构也发生着变化，传统基于 C/S 模式的 DRM 技术在面临不同的网络模式时，需要给出不同的解决方案来实现合理的移植，这也是 DRM 技术有待进一步研究和探索的课题。

6.5　图像处理

图形、图像是人类视觉所感受的一种形象化信息，具有直观、形象、生动、易于理解等特点，是多媒体应用系统中最常用的媒体形式，图形、图像可以表达文字、声音等其他媒体无法表达的含义。图形、图像信息要数字化后才能在计算机中处理。

6.5.1　图像的基本属性

描述一幅图像需要使用图像的属性，图像的属性包括分辨率、颜色深度、显示深度等。要进行图像的处理与设计，首先应了解色彩的基础知识，在计算机系统中已实现了一套完整的表示和处理色彩的技术。

1. 色彩的基础知识

（1）色彩的三要素。从人的视觉系统看，任何一种颜色都可以用色调、亮度和饱和度这 3 个物理量来描述，它们被称为色彩的三要素。色调也称为色相，指物体反射或透过物体传播的颜色，表示色彩的颜色种类，即通常所说的红、橙、黄、绿、青、蓝、紫等。亮度也称为明度，指的是颜色的相对明暗程度，在计算机中，通常用从 0%（黑色，最暗）到 100%（白色，最亮）的百分比表示。饱和度也称为纯度，是指色彩的浓淡程度。对同一色调的色彩，饱和度越大，则颜色越鲜艳，也即颜色越纯；反之，饱和度越小，则颜色越灰暗，也即色彩的纯度越低。

通常把色调和饱和度统称为色度，表示颜色的种类与深浅程度；而亮度则表示了颜色的明亮程度。

（2）三原色。又称为三基色，计算机系统中的三原色分别是为红（Red，简称 R）、绿（Green，简称 G）、蓝（Blue，简称 B）三色。对于任何一种三原色以外的颜色，都可按一定的比例混合三原色调配出来。

2. 分辨率

通常，分辨率分为屏幕分辨率与图像分辨率两种。

（1）屏幕分辨率。也称为显示分辨率，是指在某一特定显示方式下显示器屏幕上的最大显示区域，即显示器水平与垂直方向的像素个数，例如 1280 × 1024 的分辨率表示屏幕最多可以显示 1024 行像素，每行有 1280 个像素。显示分辨率也可以指单位长度内显示的像素数，通常以点/英寸（dpi，dot per inch）表示。

（2）图像分辨率。是指数字化图像的大小，是该图像的水平与垂直方向的像素个数，以点/

英寸（dpi，dot per inch）表示。例如 600×400 的图像分辨率表示该图像有 400 行像素，每行由 600 个像素组成。图像分辨率是衡量图像清晰程度的一个重要指标，图像分辨率越高，表示图像越清晰，但是包含的数据也越多，图像文件也越大。

3. 颜色深度

颜色深度也称图像深度、图像灰度，是图像文件中表示一个像素颜色所需要的二进制位数。颜色深度决定了图像中可以出现的颜色的最大个数。目前，颜色深度有 1、4、8、16、24、32 几种。若颜色深度为 1，则表示图像中各个像素的颜色只有 1 位，可以表示 2 种颜色（黑色与白色）。若颜色深度为 8，则表示图像中各个像素的颜色为 8 位，在一副图像中可以有 $2^8 = 256$ 种不同的颜色。当颜色深度为 24 时，表示图像中各个像素的颜色为 24 位，可以有 2^{24} 种不同的颜色，它是用 3 个 8 位分别来表示 R、G、B 颜色，这种图像就叫真彩色图像。

4. 显示深度

显示深度表示显示器上记录每个点所用的二进制数字位数，即显示器可以显示的色彩数，若显示器的显示深度小于数字图像的深度，就会使数字图像颜色的显示失真。

6.5.2　图像的分类

数字图像的种类有两种：一种是位图（也叫点阵图）；另一种是矢量图。

1. 位图

位图（Bit-Mapped Image）是由无数颜色不同、深浅不同的像素点组成的图案。像素是组成图像的最小单位，许许多多的像素拼合构成了一幅完整的图像。位图图像适合于表现比较细致、层次和色彩比较丰富、包含大量细节的图像，位图文件中记录的是组成位图图像的每个像素的颜色和亮度等信息，处理位图图像时，编辑的也是各个像素的信息，与图像的复杂程度无关，一般位图文件都较大，并且将它进行放大、缩小和旋转等变换时会产生失真。

2. 矢量图

矢量图（Vector-Based Image）通常也称为图形，是指用点、线、面等基本的图元绘制的各种图形，这些图元是一些几何图形，例如点、线、矩形、圆、弧线等。这些几何图形在存储时，保存的是其形状和填充属性等，并且是以一组描述点、线、面的大小、形状及其位置、维数等的指令形式存在，计算机通过读取这些指令，将其转换为屏幕上所显示的形状和颜色。由于矢量图是采用数学描述方式的图形，所以它生成的图形文件相对较小，而且图形颜色的多少与文件的大小基本无关，将它进行放大、缩小和旋转等变换时不会产生失真。但是，图形是以指令的形式存在的，在计算机上显示一幅图形时，首先要解释这些指令，然后将它们转变成屏幕上显示的形状和颜色，在显示时，需要对矢量图形进行解释。因此矢量图的缺点处理起来比较复杂，需要花费程序员和计算机大量的时间，而且色彩相对比较单调。

6.5.3　数字图像的获取

图形、图像数据的获取即图形、图像的输入处理，是指对所要处理的画面的每一个像素进行采样，并且按颜色和灰度进行量化，就可以得到图形、图像的数字化结果。图形、图像数据一般可以通过以下几种方法获取。

1. 从屏幕中抓取图像

在 Windows 系列操作系统中，无论运行何种应用软件，都可以使用抓图热键获取屏幕图像：按 PrintScreen 键，可以将当前屏幕的整体画面保存到剪贴板；按"Alt+PrintScreen"组合键，可以将当前窗口的画面保存到剪贴板，然后可以通过"粘贴"命令将图片粘贴到需要的位置。

另外，也可以使用 HyperSnap 等抓图软件，灵活地截取界面上的任何需要部分作为图像保存与使用。

2. 使用扫描仪扫入图像

扫描仪可以将照片、书籍上的文字或图片扫描下来，通过模数转换转化成位图，以图片文件的形式保存在计算机里。

3. 使用数字照相机拍摄图像

数字照相机用数字图像存储照片，可以将所拍的照片以图像文件的形式存储并输入到计算机中加以处理。

4. 使用摄像机捕捉图像

通过帧捕捉卡，可以利用摄像机实现单帧捕捉，并保存为数字图像。

5. 利用绘图软件创建图像

利用 Photoshop、Corel DRAW 等绘图软件可以直接绘制各种图形，并加以编辑，填充颜色，输入文字，从而生成小型、简单的图形画面。

6. 从图像素材库获取

随着计算机的广泛普及，目前存储在光盘与互联网上的数字图像越来越多，内容也比较丰富，可以利用这些图像素材库中的内容素材进行编辑创作。

6.5.4 图像文件的格式

在图像处理中，可用于图像文件存储的存储格式有多种，较为常见的有以下几种文件格式。

1. BMP 格式

BMP 格式是 Windows 操作系统中标准的图像文件格式，使用非常广泛，许多图形图像处理软件以及应用软件都支持这种格式的文件，它是一种通用的图形图像存储格式。BMP 格式是一种与硬件设备无关的图像文件格式，它采用位图存储格式，除了图像深度可选以外，不采用其他任何压缩，所以要占用较大的存储空间。

2. JPG/JPEG 格式

JPG（或称 JPEG）是由联合图像专家组开发制定的一种图像文件格式，是一种具有压缩格式的位图文件。JPEG 格式文件允许用不同的压缩比对文件进行压缩，用有损压缩的方式去除冗余的图像与颜色信息，可以达到很高的压缩比，文件占用空间较小，适用于要处理大量图像的场合，是 Internet 上支持的主要图像文件格式之一。JPEG 的应用非常广泛，大多数图像处理软件均支持该格式。

3. GIF 格式

GIF（Graphics Interchange Format）是 CompuServe 公司在 1987 年开发的图像文件格式。GIF 格式采用压缩存储技术，压缩比较高，文件容量小，便于存储与传输，适合于在不同的平台上进行图像文件的传播与互换。GIF 图像格式采用了渐显方式，被广泛采用于网络通信中，也是 Internet 上支持的图像文件格式之一。

4. TIFF 格式

TIFF 格式是由 Aldus 公司（已经合并到 Adobe 公司）和微软公司合作开发的一种工业标准的图像存储格式，支持所有图像类型。它将文件分成压缩和非压缩两大类，是目前最复杂的一种图像格式。

上面所述的只是最常用的几种通用图像文件格式，其他常用的还有如 PNG 格式、PCD 格式、WMF 格式等。此外，各种图形图像处理软件大都有自己的专用格式，如 AutoCAD 的 DXF 格式、Corel DRAW 的 CDR 格式、Photoshop 的 PSD 格式等。

5. PSD 格式

这是著名的 Adobe 公司的图像处理软件 Photoshop 的专用格式 Photoshop Document（PSD）。PSD 其实是 Photoshop 进行平面设计的一张"草稿图"，它里面包含有各种图层、通道、遮罩等多种设计的样稿，以便于下次打开文件时可以修改上一次的设计。在 Photoshop 所支持的各种图像格式中，PSD 的存取速度比其他格式快很多，功能也很强大。由于 Photoshop 越来越被广泛地应用，所以我们有理由相信，这种格式也会逐步流行起来。

6. PNG 格式

PNG（Portable Network Graphics）是一种新兴的网络图像格式。在 1994 年年底，由于 Unysis 公司宣布 GIF 拥有专利的压缩方法，要求开发 GIF 软件的作者须缴交一定费用，由此促使免费的 PNG 图像格式的诞生。PNG 一开始便结合 GIF 及 JPG 两家之长，打算一举取代这两种格式。1996 年 10 月 1 日，由 PNG 向国际网络联盟提出并得到推荐认可标准，并且大部分绘图软件和浏览器开始支持 PNG 图像浏览。

PNG 是目前保证最不失真的格式，它汲取了 GIF 和 JPG 二者的优点，存储形式丰富，兼有 GIF 和 JPG 的色彩模式；它的另一个特点是能把图像文件压缩到极限，以利于网络传输，但又能保留所有与图像品质有关的信息，因为 PNG 是采用无损压缩方式来减少文件的大小，这一点与牺牲图像品质以换取高压缩率的 JPG 有所不同；第 3 个特点是显示速度很快，只需下载 1/64 的图像信息，就可以显示出低分辨率的预览图像；第 4 个特点是 PNG 同样支持透明图像的制作，透明图像在制作网页图像时很有用，我们可以把图像背景设为透明，用网页本身的颜色信息来代替设为透明的色彩，这样可让图像和网页背景很和谐地融合在一起。

PNG 的缺点是不支持动画应用效果，如果在这方面能有所加强，简直就可以完全替代 GIF 和 JPEG 了。Macromedia 公司的 Fireworks 软件的默认格式就是 PNG。目前，越来越多的软件开始支持这一格式，而且在网络上也越来越流行。

7. SWF 格式

利用 Flash 我们可以制作出一种后缀名为 SWF（Shockwave Format）的动画，这种格式的动画图像能够用比较小的体积来表现丰富的多媒体形式。在图像的传输方面，不必等到文件全部下载才能观看，而是可以边下载边看，因此特别适合网络传输，特别是在传输速率不佳的情况下，也能取得较好的效果。事实也证明了这一点，SWF 如今已被大量应用于 Web 网页进行多媒体演示与交互性设计。此外，SWF 动画是基于矢量技术制作的，因此不管将画面放大多少倍，画面不会因此而有任何损害。综上所述，SWF 格式作品以其高清晰度的画质和小巧的体积受到了越来越多网页设计者的青睐，也逐渐成为网页动画和网页图片设计制作的主流，目前已成为网上动画的事实标准。

8. SVG 格式

SVG 可以算是目前最火热的图像文件格式了，它的英文全称为 Scalable Vector Graphics，意为可缩放的矢量图形。它是基于 XML（Extensible Markup Language），由 World Wide Web Consortium（W3C）联盟进行开发的。严格来说应该是一种开放标准的矢量图形语言，可让用户设计激动人心的、高分辨率的 Web 图形页面。用户可以直接用代码来描绘图像，可以用任何文字处理工具打开 SVG 图像，通过改变部分代码来使图像具有互交功能，并可以随时插入到 HTML

中通过浏览器来观看。

　　它提供了目前网络流行格式 GIF 和 JPEG 无法具备的优势：可以任意放大图形显示，但绝不会以牺牲图像质量为代价；文字在 SVG 图像中保留可编辑和可搜寻的状态；平均来讲，SVG 文件比 JPEG 和 GIF 格式的文件要小很多，因而下载也很快。可以相信，SVG 的开发将会为 Web 提供新的图像标准。

9. WMF 格式

　　WMF（Windows Meta File）格式是比较特殊的图元文件格式，是位图和矢量图的一种混合体，在平面设计领域的应用十分广泛。在 Windows 系统中许多剪贴画（Cliparts）就是以该格式存储的。在流行的多媒体课件创作工具中，如 PowerPoint 及方正奥思等都支持这种格式的静图文件格式。

10. EPS 格式

　　EPS（Encapsulated Post Script）格式支持多个平台，是专门为存储矢量图而设计的，能描述 32 位图形，分为 Photoshop EPS 格式和标准 EPS 格式。在平面设计领域，几乎所有的图像、排版软件都支持 EPS 格式。

　　其他还有非主流图像格式，如 PCX 格式、DXF 格式、EMF 格式、LIC（FLI/FLC）格式、TGA 格式等，这里不再详细介绍。

6.5.5　图像处理软件介绍

　　图像编辑是图像处理的基础，可以对图像作各种变换，如放大、缩小、旋转、倾斜、镜像、透视等。也可进行复制、去除斑点、修补、修饰图像的残损等。这在婚纱摄影、人像处理制作中有非常大的用处，可以去除人像上不满意的部分，进行美化加工，得到让人非常满意的效果。图像合成则是将几幅图像通过图层操作、工具应用等处理，合成完整的、传达明确意义的图像，这是美术设计的必经之路。这些操作都要通过图像软件进行。

　　图像软件也称为看图软件，目前国内外已经开发出了很多图形、图像的处理软件。通过这些软件，可以创建、收集、处理多媒体素材，制作出丰富多样的图形和图像，供人们工作、学习和娱乐。其中最为流行的图形、图像处理软件有 Adobe System 公司的 Photoshop 软件，Macromedia 公司推出的用于网页制作的 Fireworks MX，Corel 公司的 Corel Draw 软件，还有 ACDSee、Pictomio、Picasa 等。

1. Photoshop 简介

　　Photoshop 是美国 Adobe 公司出品的强大的图像处理软件，是目前国际上公认的最好的通用平面美术设计软件，它的功能完善，具有完美的图像处理功能和多种美术处理技巧，使用方便，所以几乎所有的广告、出版、软件公司都将 Photoshop 作为首选的平面设计工具，为许多的专业人士所青睐。Photoshop 的工作界面如图 6-1 所示。Photoshop 从 1988 年开发出第一个版本，到目前已经发展到 Photoshop CS5 版本，其功能包括图像编辑、图像合成、校色调色及特效制作等。

　　Photoshop 提供的绘图工具让外来图像与创意很好地融合，使合成天衣无缝的图像成为可能。校色调色是 Photoshop 中深具威力的功能之一，可方便快捷地对图像的颜色进行明暗、色编的调整和校正，也可在不同颜色间进行切换，以满足图像在不同领域如网页设计、印刷、多媒体等方面的应用。特效制作在 Photoshop 中主要由滤镜、通道及工具综合应用完成。包括图像的特效创意和特效字的制作，如油画、浮雕、石膏画、素描等常用的传统美术技巧都可借由 Photoshop 特效完成。

图 6-1　Photoshop CS5 主界面

2. ACDSee 简介

ACDSee 是非常流行的看图工具之一。它提供了良好的操作界面、简单人性化的操作方式、优质的快速图形解码方式，支持丰富的图形格式，具有强大的图形文件管理功能等。ACDSee 主界面如图 6-2 所示。

图 6-2　ACDSee 主界面

ACDSee 是目前使用最为广泛的看图工具软件，通过 ACDSee 用户可以快速地浏览图片，它能打开包括 ICO、PNG、XBM 在内的 20 余种图像格式，并且能够高品质地快速显示。ACDSee 可以很方便地将图片放大或缩小浏览，调整视窗大小与图片大小配合，提供全屏幕的图像浏览方式，并且支援 GIF 动态图像，可以将图像转换成 BMP、JPG 和 PCX 文件，将图像设定为桌面、制作屏幕保护程序等。ACDSee 本身也提供了许多简单的图像编辑的功能，如将图像复制到剪贴板，旋转或修剪影像等。此外，ACDSee 提供了简单的文件管理功能，可以进行文件的复制、移动和重命名等，为文件添加简单的说明，制作文件清单等。

6.5.6 Photoshop 软件操作与应用案例

Photoshop 软件的功能非常强大，可以进行很多方面的操作，下面具体介绍一些常用的操作，方便大家掌握和理解。

1. Photoshop 图层样式的应用

通过 Photoshop 的图层样式可以制作很多精美的图像，下面以制作五彩水晶字体为例进行详细讲解。

（1）新建页面，尺寸按照自己的要求（不要太小），背景填黑色。

（2）输入文字，如图 6-3 所示。

（3）双击字体层，弹出"图层样式"窗口，先设置为渐变样式，如图 6-4 所示。

图 6-3 输入文字

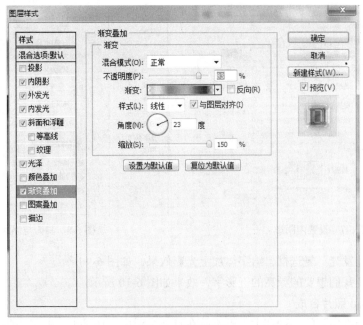

图 6-4 渐变样式

（4）选中"光泽"复选框，可添加光泽，如图 6-5 所示。

（5）再选中"内发光"复选框，制作内发光效果，如图6-6所示。

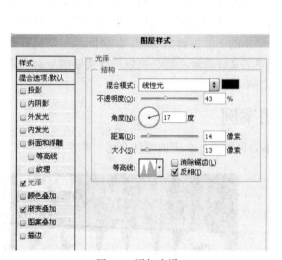

图6-5　添加光泽

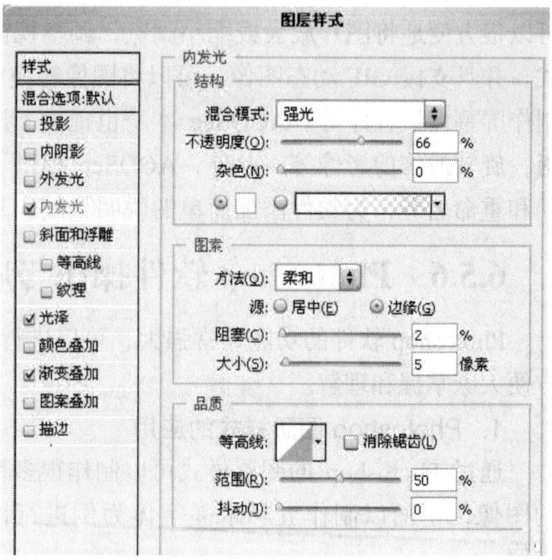

图6-6　内发光效果

（6）选中"内阴影"复选框，设置内阴影效果，如图6-7所示。

（7）选中"斜面和浮雕"复选框，给字体添加一点光感，如图6-8所示。

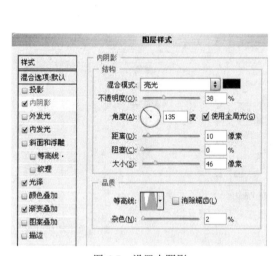

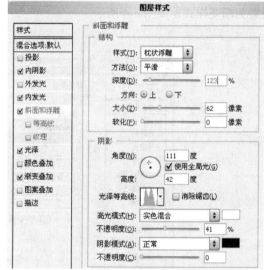

图6-7　设置内阴影

图6-8　斜面与浮雕

（8）选中"外发光"复选框，给字体加上光影效果，如图6-9所示。

（9）最终得到我们想要的漂亮的五彩字，效果如图6-10所示。

2．Photoshop 照片合成

照片合成是经常用到的一种技术，不论是在日常生活中，还是电影电视的制作，都少不了合成。下面以把天空云彩和山峰的照片合成为例进行介绍，具体介绍其操作方法。

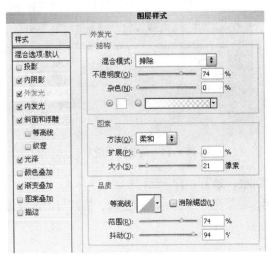

图 6-9　外发光　　　　　　　　　　　图 6-10　最终效果

（1）新建文档（1024 像素 × 768 像素），用渐变填充，拖入大山图片素材，按"Ctrl+T"组合键进行变形，适当拉高变窄，如图 6-11 所示。

（2）删除多余的部分，只保留山的主体，如图 6-12 所示。

图 6-11　变形效果　　　　　　　　　　图 6-12　删除多余部分

（3）按"Ctrl+B"组合键，调整色彩平衡，使其看上去有青草满地的感觉，如图 6-13 所示。

（4）用多边形套索工具勾出山峰的形状，按"Ctrl+Shift+I"组合键，反选后删除多余的部分，如图 6-14 所示。

图 6-13　填充草地　　　　　　　　　　图 6-14　勾出山峰形状

（5）拖入岩石素材，调整好大小，必须全部覆盖到山下半部的形状，如图 6-15 所示。

（6）按"Ctrl＋U"组合键，调整色相/饱和度，降低饱和度，如图 6-16 所示。

图 6-15　拖入岩石

图 6-16　调整饱和度

（7）按住 Ctrl 键，鼠标单击山的图层，反选，删除，如图 6-17 所示。

（8）为岩石图层添加图层蒙版，选择 63 号画笔，前景色为黑色，涂抹边缘，使其与山过渡过自然，如图 6-18 所示。

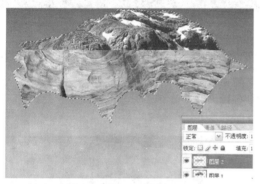

图 6-17　删除图层

图 6-18　添加自然过渡

（9）新建图层，前景色设为深褐色，在岩石和山交界处绘制，改为"正片叠底"模式，如图 6-19 所示。

（10）回到岩石图层，选择加深和减淡工具，处理出岩石的高光和暗光部分（想要凸出就减淡，凹进去就加深），如图 6-20 所示。

图 6-19　正片叠底

图 6-20　加深和减淡颜色

（11）新建图层，载入青草笔刷（笔刷需要在网上下载），前景色设为不同的颜色，绘制出一些青草，改为"正片叠底"模式，如图 6-21 所示。

（12）新建图层，添加树木（树木素材可以在网上下载），树木底部的土地加深形成阴影，使其衔接自然，如图 6-22 所示。

图 6-21　绘制青草

图 6-22　绘制树木

（13）新建图层，载入树枝笔刷，选择一种形状绘制树根。简要介绍一下树根的绘制方法：设定前景色为深绿色，用笔刷绘制出形状，删除多余的部分，同样用加深减淡工具处理，如图 6-23 所示。

（14）完成后复制一些树根，调整大小和角度，放至不同的位置，合并所有的树根图层，如图 6-24 所示。

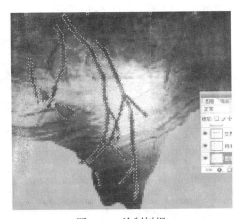

图 6-23　绘制树根

图 6-24　树根绘制完成

（15）复制树根图层，下方的树根图层的明度调整为 0，也就是纯黑色，如图 6-25 所示。

（16）利用"高斯模糊"工具，按 V 键，向右移动一些距离，形成树根的投影效果，如图 6-26 所示。

图 6-25　调整树根色彩

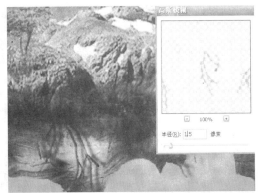

图 6-26　树根投影效果

（17）按住 Ctrl 键，鼠标单击大山图层，反选，删除多余的树根投影，如图 6-27 所示。

（18）新建图层，使用套索工具任意绘制一个形状，填充深褐色，用减淡工具涂抹出高光效果，如图 6-28 所示。

图 6-27　完善树根投影

图 6-28　绘制图形

（19）复制此图层，调整好大小和位置，合并这些小石块图层，如图 6-29 所示。

（20）复制小石块图层，对下方的小石块图层进行动感模糊处理，如图 6-30 所示。

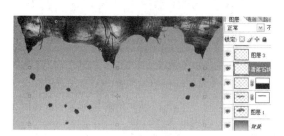

图 6-29　复制图层

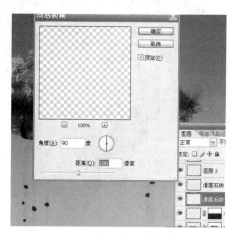

图 6-30　模糊小石块

（21）用橡皮擦擦去下方的模糊阴影，让人感觉是从上方坠落的，如图 6-31 所示。

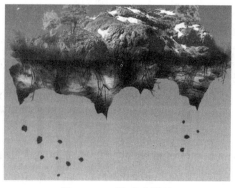

图 6-31　石块坠落效果

（22）最后加入云彩，调整整个图层的色相和饱和度即可，最终效果如图 6-32 所示。

图 6-32　最终效果

6.6　数　字　音　频

声音是人们用来传递信息最方便、最熟悉的方式，它可以携带精细、准确的大量信息。数字音频是指用一系列数字表示的音频信号，是对声音波形的表示，是将模拟声音信号转换为有限个数字表示的离散序列。

6.6.1　音频信息的数字化处理

1. 音频信号

人们之所以能听见各种声音，是因为不同频率的声波通过空气产生的振动对人耳刺激的结果，所以，声音是一种连续的模拟信号，振幅反应声音的音量，频率反应声音的音调，是在时间与幅度上都连续变化的量。音频信号具有两个基本的参数：频率和幅度。

信号的频率是指信号每秒钟变化的次数，一个声音每秒钟可以产生成百上千个波峰，声音每秒钟所产生的波峰数目就是音频信号的频率。声音的频率体现了声音音调的高低，单位是赫兹（Hz），例如一个声波信号每秒钟产生 5000 个波峰，则它的频率就可以表示为 5000 Hz。音频信号的幅度是指从信号的基线到当前波峰的距离。幅度决定了声音信号的强弱程度，幅度越大，声音越强。对于音频信号，强度用分贝（dB）表示，分贝的幅度就是音量。

2. 声音的特性

（1）声音的波动性。任何物体的振动通过空气的传播都会形成连续或间断的波动，这种波动引起人耳膜的振动，转变为人的听觉。所以，声音是一种连续或间断的波动。

（2）声音的要素。音调、音强和音色称为声音的三要素。其中，音调与声音的频率有关，频率高则音调高，频率低则音调低。音调高时声音尖锐，俗称高音；音调低时声音沉闷，俗称低音。音强取决于声波的幅度，声波的幅度高时音强强，声波的幅度低时音强弱。音色则由叠加在声音基波上的谐波决定，一个声波上的谐波越丰富，则音色越好。

（3）声音的连续谱。声音信号一般为非周期信号，包含有一定频带的所有频率分量，其频谱就是连续谱。声音的连续谱成分使声音听起来饱满、生动。

（4）声音的方向性。声音的传播是以弹性波的形式进行的，传播具有方向性，人通过到达左右两耳声波的时间差及声音强度差异来辨别声音的方向性。声音的方向性是产生声音立体声效果与空间效果的基础。

3. 音频的数字化

音频是连续变化的模拟信号，而计算机只能处理数字信号，要使计算机能处理音频信号，就必须通过 A/D 转换将模拟音频信号转换为"0"、"1"表示的数字信号，这就是音频的数字化。音频信息的数字化需要经过采样、量化和编码 3 个基本过程。

（1）采样。采样的对象是通过话筒等装置转换后的得到的模拟电信号。采样是指每隔一定时间间隔在模拟声音波形上取一个幅度值（电压值）。采样频率越高，用采样数据表示的声音就越接近于原始波形，数字化音频的质量也就越高，当然，数字化后的声音文件也就越大。

（2）量化。量化是把采样得到的模拟电压值用所属区域对应的数字来表示。用来量化样本值的数字的二进制位数称为量化位数。量化位数越多，所得到的量化值就越接近原始波形的取样值。

（3）编码。编码是把量化后的数据用二进制数据表示。编码后的数字音频数据是以文件的形式保存在计算机中的。

决定数字音频质量的主要因素是采样频率、量化位数和声道数。采样频率越大，数字音频的质量越好；量化位数越多，数字音频的质量越好；声道数有单声道和双声道之分。双声道又称为立体声，在硬件中要占两条线路，音质、音色好，但立体声数字化后所占空间比单声道多一倍。

在声音质量要求不高时，降低采样频率、量化位数或利用单声道来录制声音，可以减少声音文件的容量。

4. 数字音频质量与文件大小

总体来说，对音频质量要求越高，则为了保存这一段声音的相应文件就越大，也就是文件的存储空间就越大。采样频率（Sample Rate，用 fs 表示）、样本大小（Bit Per Sample，用 BPS 表示，即每个声音样本的比特数）和声道数，这 3 个参数决定了音频质量及其文件大小。常见的音频质量与数据率见表 6-2。

表 6-2　　　　音频质量与数据率

质量	采样频率（kHz）	样本精度（bit/s）	单/立体声	数据率（KB/s）	频率范围
电话	8	8	单声道	8	200～3400
AM	11.025	8	单声道	11	20～15000
FM	22.05	16	立体声	88.2	50～7000
CD	44.1	16	立体声	176.4	20～2000
DAT	48	16	立体声	192	20～2000

采样频率就是每秒钟采集多少个声音样本。它反映了多媒体计算机抽取声音样本的快慢。在多媒体中，CD 质量的音频最常用的 3 种采样频率是：44.1kHz、22.05kHz、11.025kHz。

样本大小又称量化位数，反映多媒体计算机度量声音波形幅度的精度。其比特数越多，度量精度越高，声音的质量就越高，而需要的存储空间也相应增大。

众所周知，立体声文件比单声道的音质要强很多，而其文件大小也为单声道的两倍。随着科学技术的发展，声音转换成数字信号之后，计算机很容易处理，如压缩（Compress）、偏移（Pan）、环绕音响效果（Surround Sound）等。

5. 数字音频的压缩

音频数字化后需要占用很大的空间。解决音频信号的压缩问题是十分必要的。然而压缩对音质效果又可能有负作用。为兼顾这两方面，CCITT（ 国际电话电报咨询委员会 ）推荐 PCM 脉冲编码调制。它用离散脉冲表示连续信号，是一种模拟波形的数字表示法。此外，一种更有效的压缩算法，即 ADPCM（自适应差分脉冲编码调制），已被作为 G.721 标准向全世界推荐使用。这是一种组合使用自适应量化和自适应预测的波形编码技术。采样经过自适应差分脉冲编码调制后，其数据或文件所需的存储空间可以减少一半。

6.6.2 音频文件的格式

主要有如下两类音频文件格式。

无损格式，如 WAV、PCM、TTA、FLAC、AU、APE、TAK、WavPack（WV）。

有损格式，如 MP3、Windows Media Audio（WMA）、Ogg Vorbis（OGG）、AAC。

有损文件格式是基于声学心理学的模型，除去人类很难或根本听不到的声音，例如：一个音量很高的声音后面紧跟着一个音量很低的声音。MP3 就属于这一类文件。

无损的音频格式（例如 TTA）压缩比大约是 2∶1，解压时不会产生数据/质量上的损失，解压产生的数据与未压缩的数据完全相同。如需要保证音乐的原始质量，应当选择无损音频编解码器。例如，用免费的 TTA 无损音频编解码器，可以在一张 DVD-R 碟上存储相当于 20 张 CD 的音乐。

有损压缩应用很多，但在专业领域使用不多。有损压缩具有很大的压缩比，提供相对不错的声音质量。

1. WAV 格式

WAV 被称为"无损的音乐"，是微软公司开发的一种声音文件格式，是 Windows 系统所使用的标准数字音频文件格式。WAV 格式来源于对模拟声波的采样，通过使用不同采样频率对声音信息进行采样，得到离散的波形信号；再通过量化处理，将得到的一系列离散采样值用相应精度（8 位或 16 位）编排成二进制码，就形成了 WAV 文件。在适当的硬件和计算机控制下，使用 WAV 文件能够重现各种声音，无论是不规则的噪音还是 CD 音质的音乐，也无论是单声道还是立体声，都可以做到。WAV 文件直接记录了声音的二进制采样数据，通常文件较大，常用来存储自然界的真实声音和解说词。

2. MIDI 格式

MIDI（Musical Instrument Digital Interface，乐器数字化接口）是一种技术规范，是为把音乐设备连接到计算机所需的电缆和端口定义的一种标准，以及控制计算机和 MIDI 设备之间进行信息交换的一套规则。因此，MIDI 文件不是乐曲声音本身，而是一些描述乐曲演奏过程中的指令，包括对音符、定时和多达 16 个通道的乐器定义，同时还涉及键、通道号、持续时间、音量和力度等。在 MIDI 文件中，只包含产生某种声音的指令，计算机将这些指令发送给声卡，声卡就能按照指令将声音合成出来。相对于 WAV 文件，MIDI 文件比较紧凑，文件也小得多。

3. MP3 格式

MP3 是当前使用最广泛的数字化声音格式。MP3 全称是 MPEG Audio Layer 3，是 MPEG 视频信息标准中音频部分的规定，是采用 MPEG Layer 3 标准对 WAVE 音频文件进行有损压缩而形成的一种数字音频格式文件。相同长度的音乐文件，用 MP3 格式来储存，一般只有 WAV 文件的 1/10，而音质仅次于 WAV 格式的声音文件。由于其文件尺寸小、音质好，已经成为当前主流的数字化声音保存格式。

4．WMA 格式

WMA 的全称是 Windows Media Audio，是微软公司制定的音乐文件格式。WMA 类似于 MP3，也是一种有损压缩格式，损失了声音中人耳极不敏感的甚高音、甚低音部分。与 MP3 相比，具有 MP3 相当的音质，但生成的文件大小只有相应 MP3 文件的一半；采用了更先进的压缩算法，其压缩率一般可以达到 1:18，在给定速率的情况下可以获得更好的质量。

5．CD 格式

CD 代表小型镭射盘，是一个用于所有 CD 媒体格式的一般术语。现在市场上有的 CD 格式包括声频 CD、CD-ROM、CD-ROM XA、照片 CD、CD-I 和视频 CD 等。在这些多样的 CD 格式中，最为人们熟悉的一个或许是声频 CD，它是一个用于存储声音信号轨道如音乐和歌的标准 CD 格式。

6．APE 格式

APE 是目前流行的数字音乐文件格式之一。与 MP3 这类有损压缩方式不同，APE 是一种无损压缩技术，也就是说，当用户将从音频 CD 上读取的音频数据文件压缩成 APE 格式后，还可以再将 APE 格式的文件还原，而还原后的音频文件与压缩前的一模一样，没有任何损失。APE 的文件大小大约为 CD 的一半，但是随着宽带的普及，APE 格式受到了许多音乐爱好者的喜爱，特别是对于希望通过网络传输音频 CD 的朋友来说，APE 可以帮助他们节约大量的资源。

7．RealAudio 格式

RealAudio（即时播音系统）是 Progressive Networks 公司所开发的软体系统。是一种新型流式音频（Streaming Audio）文件格式。它包含在 RealMedia 中，主要用于在低速的广域网上实时传输音频信息。有了 RealAudio 这套系统，一般使用者只要自备多媒体个人电脑、14.4kbps 数据机（它最低只占用 14.4kbps 的网络频宽）和 PPP 拨接账号，就可以线上点播转播站或是聆听站台所提供的即时播音。

8．VQF 格式

VQF 格式是由 YAMAHA 和 NTT 共同开发的一种音频压缩技术，它的压缩率能够达到 1:18，因此相同情况下压缩后 VQF 的文件体积比 MP3 小 30%～50%，更利于网上传播，同时音质极佳，接近 CD 音质（16 位 44.1kHz 立体声）。但 VQF 未公开技术标准，至今未能流行开来。

6.6.3　音频软件简介

数字音频可以从 CD、VCD 等光盘上获得，也可以从 Internet 上获得，也可以自己动手从 Windows 自带的录制机录制或用专业的数字声音处理软件获得。例如音频处理软件 Cool Edit Pro 就能从光盘中抓取乐曲中的片段，录制来自麦克风、声卡自身等播放的音频，甚至可以在多轨窗口中插入并播放 MIDI 乐曲，再录制成波形文件。

比较好的软件有 Cool Edit Pro、Gold Wave、Cakewalk、Sound Forge、Soud Edit、Adobe Audition 等。这些音频编辑软件的功能包括录音、存储声编辑声音（如剪切、复制、粘贴）、加入特殊效果、合成声音等。

Cool Edit Pro 软件是美国 Syntrillium 公司于 1997 年出产的一款集录音、混音、编辑于一体的多轨录音和音频处理软件，它功能强大、效果出色，不仅适合专业人员，也适合普通音乐者。Cool Edit Pro 的工作窗口如图 6-33 所示。Cool Edit Pro 可以在普通声卡上同时处理多达 128 轨的音频信号，具有极其丰富的音频处理效果，它还能进行实时不限长度的音频预听和多轨音频的混缩合成。只要拥有一台配备了声卡的计算机，它就可以在 Windows 平台下高质量地完成录音、编辑、合成等任务。

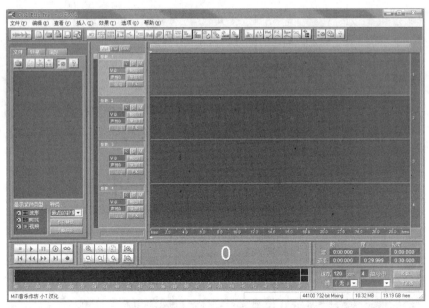

图 6-33　Cool Edit Pro 的工作窗口

1．Cool Edit Pro 的功能

使用 Cool Edit Pro 可以录制音频文件；轻松地在音频文件中进行剪切、粘贴、合并、重叠声音等操作；提供多种特效，如放大、降低噪音、压缩、扩展、回声、延迟、失真、调整音调等，最多可支持 128 个音轨。

另外，它还可以在多种文件格式之间进行转换。

2．Cool Edit Pro 操作界面

Cool Edit Pro 的工作界面分为单轨波形界面和多轨波形界面，分别如图 6-34 和图 6-35 所示，主要由标题栏、菜单栏、工具条、状态栏、编辑区等组成。

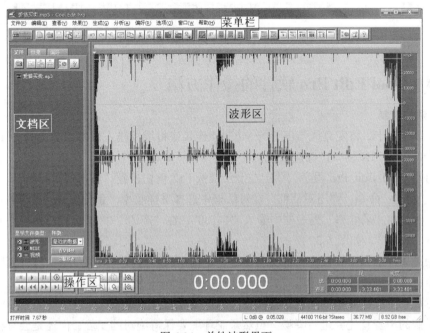

图 6-34　单轨波形界面

图 6-35　多轨波形界面

3. Cool Edit Pro 菜单栏和工具栏

Cool Edit Pro 的菜单栏和工具栏因为界面不同而不同，如图 6-36 所示。

图 6-36　不同轨道下的菜单栏和工具栏

6.6.4　Cool Edit Pro 软件的操作方法

1. 音频的录制

（1）安装好声卡，将麦克风与声卡的 MIC IN 连接或将线性输入设备如录音机、CD 唱机等输出端与声卡的 LINE IN 接口正确连接。

（2）启动 Cool Edit Pro 程序，单击左上角或按 F12 键切换到"波形编辑界面"，执行菜单栏"文件"→"新建"命令，弹出对话框。在对话框中选择采样频率、量化位数、声道数后单击"确定"按钮。比如在"采样率"列表框中输入"44100"，在"声道"中选择"立体声"，在"采样精度"中选择"16 位"，如图 6-37 所示。

（3）噪声采样。录下一段空白的噪音文件，不需很长，选择"效果"→"噪音消除"→"降噪器"命令，选择噪音采样，单击"关闭"按钮，如图 6-38 所示。

（4）然后单击操作区中的红色录音按钮，通过麦克风开始录音，录制完毕。

（5）录制的声音首先要进行降噪，虽然录制环境要保持绝对的安静，但还是会有很多杂音。

单击"效果"→"噪音消除"→"降噪器"，上面已经进行了环境的噪音采样，此时只需要单击"确定"按钮即可，降噪器就会自动消除录制声音中的环境噪音。

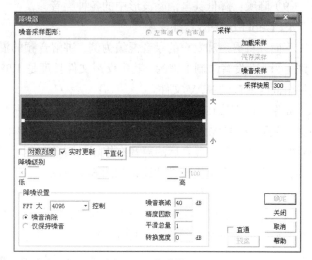

图 6-37　新建波形　　　　　　　　　　　图 6-38　降噪器

（6）最后执行"文件"→"保存"命令，可选择相应的类型保存声音文件。

2. 音频的基本编辑

在 Cool Edit Pro 中，不管进行什么操作，都要首先选择需要处理的区域，如果不选，Cool Edit Pro 则认为要对整个音频文件进行操作。

（1）删除。选好要操作的选区，执行"编辑"→"删除所选区域"命令，或直接按 Del 键，就可删除当前被选择的音频片段，这时后面的波形自动前移。

（2）剪切。执行"编辑"→"剪切"命令，将当前被选择的片段从音频中移去并放置到内部剪贴板上。

（3）拷贝。执行"编辑"→"复制"命令，将选区复制到内部剪贴板上。

（4）粘贴。执行"编辑"→"粘贴"命令，将内部剪贴板上的数据插入到当前插入点位置。

（5）粘贴到新文件。执行"编辑"→"复制"命令，可插入剪贴板中的波形数据并创建一个新文件。

（6）复制到新文件。执行"编辑"→"粘贴为新的"命令，创建一个新文件，插入选择的波形数据。

（7）混合粘贴。执行"编辑"→"混合粘贴"命令，可以在当前插入点混合剪贴板中音频数据或其他音频文件数据。

3. 音频特殊效果编辑

在效果菜单中包含丰富的音效处理效果，它是 Cool Edit Pro 的核心部分，主要有以下几种。

（1）反相：将波形沿中心线上半部分和下半部分调换。

（2）倒置：将选择的波形开头和结尾反向。

（3）静音：将选中的波形做静音处理。

（4）Direct X（效果插件）中都支持 Direct 的效果插件。

（5）变速/变调：用来改变音频的时值和音调。

（6）波形振幅：有动态处理、渐变、空间回旋等扩展选项。

（7）常用效果器：包括合唱、延时、回声等扩展选项。

（8）滤波器：可以产生加重低音、突出高音的效果。

（9）降噪：降低甚至消除波形中的各种噪音。

4. Cool Edit Pro 音频混编

下面以将男声和女声的录音混编为例，讲解音频的混编技巧。这是同一句话"thank for this"，分别由男、女发音录制下来的，其中女声文件长度是 1.082 秒，男声文件长度是 1.520 秒，想混合成一个同时朗读的 WAV 文件。

如果我们直接在第一音轨上（TRACK 1）单击鼠标右键，在弹出的菜单上选择"插入"→"音频文件"插入女声 WAV 文件，然后在第二音轨上同样单击鼠标右键插入男声 WAV 文件到 Cool Edit Pro 中，就会发现，混合后的声音有拖尾的现象，而且男声发音在最后的部分是不同步的，慢了半拍，女声说完了男声还在朗读，如图 6-39 所示。

正确的操作步骤如下。

（1）选择"文件"菜单→"打开"命令，将打开"打开波形文件"对话框，如图 6-40 所示，选择要插入的音频文件，单击"打开"按钮，即可导入音频。

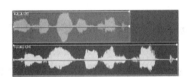

图 6-39　男声和女声不同步　　　　图 6-40　"打开波形文件"对话框

（2）导入音频后，拖动鼠标选中男声发音的波形，然后单击左下角的放大按钮  放大波形，仔细观察男声发音的细节，我们可以看到前面的一段并不是真正地在发声，可以说是在"运气"阶段，而真正的发音区在 0.10 秒的位置，也就是"thank"发音的首音的位置，同时观察女声发音的起点，可以看到女声的发音点是文件的开始位置，也就是说，女声发音是一上来就开始发声了，这样男声文件开始"运气"的那段区域是无用的，我们可以删除这部分以减少声音文件的长度。

（3）用鼠标选择这部分声音文件，然后按键盘上的 Del 键删除无用区域，单击左上角的多音轨编辑按钮，我们会发现声音文件的开始部分是删掉了，可是还留下了空白区域，还是没有同步，就需要进一步操作。

（4）先选择"文件"菜单→"关闭"命令，关闭男声文件，Cool Edit Pro 会警告声音文件的状态已经改变，提醒是否保存，选择"是"，保存声音文件，在接下来的对话框里又会出现一个警告，提醒 Cool Edit Pro 正在使用这个文件，是否确定要关闭，不用理会 Cool Edit Pro 的警告，关闭这个修改后的声音文件并且退出对话框，Cool Edit Pro 会回到单轨编辑模式。

（5）重新单击左上角的多音轨模式按钮进入到多轨状态，在第二音轨（TRACK 2）上单击鼠标右键，在弹出的菜单上选择"插入"→"音频文件"，插入修改后的男声文件。

（6）现在开始的发音位置虽然是一致了，可是中间还是相差"For"的发音点不同，男声的中间位置的拖音比较长，我们可以压缩这部分，把男、女声"For"的开始发声位置调整到一致，在后面的部分相差不是很多，基本上在人耳的听觉极限以外，这样开始的部分已经是同步的了，后面的部分相差又不多，可以基本上达到完美的效果，如图 6-41 和图 6-42 所示。

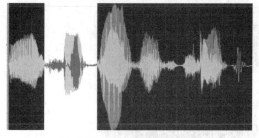
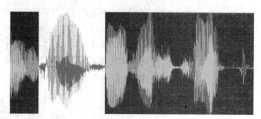

图 6-41　女声文件的中间部分　　　　　图 6-42　男声文件的中间部分

（7）我们需要把图中白色的被选择部分改变成长度一致才行，其中女声文件可以看到长度是 0.236 秒，男声文件是 0.380 秒，接下来我们只要把男声文件删去 0.144 秒就可以了，用放大工具仔细地观察男声文件的声音波形，如图 6-43 所示。

（8）相隔不远的位置就小心地删除波形近似的一段，注意中间区域删除的部分不能太长，像后面发声时拖的尾音就可以干脆地删除，并且要计算删除部分的时间长度，最好的效果是被删除部分正好是 0.144 秒，而且声音连贯、自然，听不出断续的情况，这个步骤需要多试几次才行。同理，因为在"For"发音的后面，不同的部分相差不是很多了，也可以用这种方法删除波形近似的部分，修改后返回到多音轨编辑状态观看结果，如图 6-44 所示。

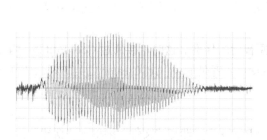
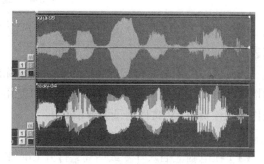

图 6-43　放大后的男声文件　　　　　图 6-44　最终处理的效果

（9）可以看到经过处理后，已经基本上对应了，按播放键 试听一下最后的效果，然后选择"编辑"→"混缩到文件"→"全部波形"菜单命令，把这两路声音信号混合成一个正常的双声道 WAV 文件。

5．自制音乐伴奏 CD

Cool Edit Pro 将音乐 CD 转换为没有原唱的伴奏音乐，满足不同人的不同需求。

（1）首先需要通过第三方软件将音乐 CD 中的音轨转换为单独的 WAV 文件形式保存在硬盘中，接着运行 Cool Edit Pro，单击"文件"→"打开"命令，载入刚才得到的 WAV 文件，这里以"Sleep Away"歌曲为例。

（2）此时将看见如图 6-45 所示的界面，其中窗口中间为 WAV 文件的波形显示，下部则可以查看到当前文件的播放点、歌曲长度等信息。

（3）拖动鼠标选中歌曲播放的起始点和结束点，然后按下"Ctrl+C"组合键将这部分音乐文件保存下来，然后单击"文件"菜单→"新建"命令，重新创建一个文件，再按"Ctrl+V"组合键把复制的部分音乐粘贴进去，这样就能够把一些歌曲前面部分的空白以及结束时候的无声区域剔除出去。

图 6-45　载入后的音频

（4）选择"效果"→"波形振幅"→"声道重混缩"命令，在弹出的窗口中选取右边"预置"列表里的"Vocal Cut"选项，如图 6-46 所示。

（5）经过处理之后得到的新的波形就是消除原音后的伴奏。这时直接通过 Cool Edit Pro 内置的播放器欣赏一下效果如何，满意之后可以使用 Nero 或者是 Easy Cd Creator 之类的刻录软件把制作好的伴奏 WAV 文件刻录为音乐 CD。

6. 录制自己唱的 MP3 专辑

（1）在电脑上插入耳麦或话筒，打开 Cool Edit Pro 软件，选择"文件"菜单→"新建"命令，打开如图 6-47 所示的对话框。在此选择采样率、声道和采样精度，这些值我们一般都用默认的。

图 6-46　"声道重混缩"对话框

图 6-47　"新建波形"对话框

（2）单击"确定"按钮后，单击左下角的录音按钮 ，可以先录一段试试，录完后，单击左下角的播放按钮 ，我们就可以听刚才的录音了，如图 6-48 所示的两块波形图表示左右声道的具体声音。Cool Edit Pro 的录音基本上没有任何杂音，而且持续录音时间长。

（3）伴奏调试。调试完 Cool Edit Pro 和话筒后，选择一首歌，消掉原唱（前面已经介绍过消除原唱的方法），开始播放。再回到 Cool Edit Pro，将话筒凑到音箱旁边，让它接收到声音。录制一会儿后，播放试试，如果声音大小不合适再调一调，直到自己满意。

（4）合成调试。调试好声音大小后，在 Cool Edit Pro 录音的同时，就可以试着唱几句了。一般来说，话筒在嘴巴和音箱之间的距离比例应该是 8 : 2，唱十几秒后，用 Cool Edit Pro 试听，感受一下伴奏音乐和人声的协调程度。如果伴奏声音过大，可以将你的距离向话筒再移近一些；反之就再远离一点话筒。做这些调整时，最好不要动话筒的位置。

（5）正式录音。调试完成，现在就可以正式录音了。首先需要的是"清场"。凡是能发出声响的都暂时关闭。选择 Cool Edit Pro 菜单中"文件"→"全部关闭"命令，将之前的测试声音全部清除，如图 6-49 所示。

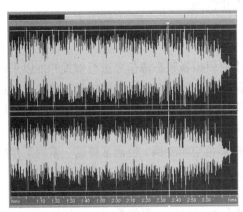

图 6-48　录制的声音

图 6-49　选择菜单命令

（6）然后选择"文件"→"新建"命令，在打开的对话框中单击"确定"按钮，再打开要录制歌曲的伴奏，最后调整好话筒与音箱和嘴巴之间的位置。这时就可以单击 Cool Edit Pro 的录音按钮开始录音了。

（7）一曲终了后，先停止伴奏，再停止 Cool Edit Pro。用 Cool Edit Pro 直接播放，感受一下效果。

（8）后期制作。首先，在 Cool Edit Pro 中间的波形图中删除前面和后面各一截的空白部分。删除方法是用鼠标左键直接拖动选取，选中后按 Del 键即可，如图 6-50 所示。

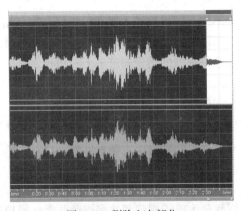

图 6-50　删除空白部分

（9）删除完空白音，还可以用 Cool Edit Pro 的多种功能做出一些专业的效果，例如混响、重音等。

（10）最后，选择 Cool Edit Pro 的"文件"→"另存为"命令，选择保存的路径，直接将这首歌保存为 MP3 格式。单击"保存"按钮后，会出现一个提示框，直接单击"确定"按钮，就可以看到保存的进度表，这样 MP3 专辑就录制结束了。

6.7　数　字　视　频

视频信号与其他的媒体形式相比较，具有确切、直观和生动的特点，随着视频处理技术的不断发展与计算机处理能力的不断进步，视频技术和产品成为多媒体计算机不可缺少的重要组成部分，并广泛应用于商业展示、教育技术、家庭娱乐等各个方面。

6.7.1　视频信息的数字化

视频影像的数字化是指在一段时间内以一定的速度对模拟视频影像信号进行捕捉并加以采样后形成数字化数据的处理过程。通常的视频影像信号都是模拟的，在进入多媒体计算机前必须进行数字化处理，即 A/D 转换和彩色空间变换等。视频影像信号数字化是对视频影像信号进行采样捕获，其采样深度可以是 8 位、16 位或 24 位等。数字视频影像信号从帧存储区内到编码之前还要由窗口控制器进行比例裁剪，再经过 D/A 变换和模拟彩色空间变换，但通常将这一系列工作统称为编码。采样深度是经采样后每帧所包含的颜色位，然后将采样后所得到的数据保存起来，以便对它进行编辑、处理和播放。

视频影像信号的采集就是将模拟视频影像信号经硬件数字化后，再将数字化数据加以存储。在使用时，将数字化数据从存储介质中读出，并还原成图像信号加以输出。对视频影像信号进行数字化采样后，则可以对数字视频影像进行编辑。比如复制、删除、特技变换和改变视频格式等。

1．视频信号

视频是其内容随时间变化的一组动态图像，即一组内容上有联系的运动着的图像，所以视频又叫活动图像或运动图像。它是一种信息量最丰富、直观、生动、具体的承载信息的载体。

视频与图像是两个既有联系又有区别的概念。静止的图片称为图像，运动的图像称为视频。也就是说，视频信号实际上是由许许多多幅单一的图像画面构成的。每一幅画面称为帧，每一帧画面都是一幅图像。

图像与视频的输入设备也不同：图像的输入要靠扫描仪、数字相机或摄像机等设备，视频的输入只能用摄像机、录像机、影碟机以及电视接收机等可以处理连续图像信号的设备。虽然利用摄像机也可以输入静止图像，但是图像的质量却赶不上扫描仪。

视频信号具有下述特点。

（1）内容随时间的变化而变化。

（2）一般情况下，视频信息还同时播放音频数据，即视频信息伴随有与画面同步的声音。

视频信号数字化以后，有着再现性好、便于编辑处理、适合于网络应用等模拟信号无可比拟的优点。

2．视频信息的数字化

按照处理方式的不同，视频分为模拟视频和数字视频两类。模拟视频是一种传输图像与声音都随时间连续变化的电信号。传统的视频信号（例如摄像机输出的信号、电视机的信号等）的记录、存储和传输都采用模拟的方式，视频图像和声音是以模拟信号的形式被处理的。要使计算机能对视频进行处理，就必须先将模拟视频信号转换为数字视频信号。与音频信号数字化类似，视频的数字化过程也包括采样、量化和编码 3 个基本过程。

（1）采样。视频信号的采样只在一定的时间内以一定的速度连续地对视频信号进行采集与捕捉，即将连续的模拟视频信号分离定格为一幅幅的单帧图像画面。

（2）量化。采样是把模拟信号变成时间上连续的信号，而量化则是进行幅度上的离散化处理。视频信息是活动的图像，量化是对每一帧的图像进行的。

在多媒体系统中，视频信号的采样与量化是通过视频卡对输入的画面进行采集与捕捉，并在相应软件的支持下实现的。画面的采集分为单画面采集和多幅动态画面的连续采集。通常，视频信息还伴有同步的声音信息，所以视频信息采集的同时必须还要采集同步播放的音频数据，并要将视频和音频有机地结合起来，形成一个统一体。

（3）编码与压缩。采样、量化后的信号要转换成数字信号才能传输，就是编码的过程。经过数字化后的视频信号如果不加以压缩，数据量是非常大的。例如，要在计算机上连续显示分辨率为 1280 像素×1024 像素的 24 位真彩色质量的电视图像，按每秒 30 帧计算，显示 1min，则需要空间：

$$1280（列）×1024（行）×24（位）×30（帧）×60（s）≈6.6GB$$

一张 650MB 的光盘只能存放 6s 左右的电视图像，所以视频图像数字化后必须要采用有效的途径对其进行压缩处理，从时间、空间两方面去除冗余的信息，减小数据量。

视频编码技术主要有 MPEG 与 H.261 标准。MPEG 标准是面向运动图像压缩的一个系列标准，包括 MPEG 视频、MPEG 音频和 MPEG 系统（视频、音频和同步）3 个部分。H.261 标准化方案即 "64kbps 视声服务用视像编码方式"，又称为 P×64 kbps 视频编码标准，是国际电话电报咨询委员会（CCITT）制定的一个针对电视电话和电视会议的图像编码标准。

6.7.2　视频文件的生成

在多媒体计算机系统中，视频处理一般是借助于一些相关的硬件和软件，在计算机上对输入的视频信号进行接收、采集、传输、压缩、存储、编辑、显示、回放等多种处理。而数字视频素材可以通过视频采集卡将模拟数字信号转换为数字视频信号，也可以从光盘及网络上直接获取数字视频素材。

1. 使用视频采集卡获取数字视频素材

视频采集系统需要包括视频信号源设备、视频采集设备、大容量存储设备以及配置有相应视频处理软件的高性能计算机系统。提供模拟视频的信号源设备有录像机、电视机、影碟机等；对模拟视频信号的采集、量化和编码由视频采集卡来完成；最后由计算机接收和记录编码后的数字视频数据。在这一过程中起主要作用的是视频采集卡，是它把模拟信号转换成数字数据。

大多数视频采集卡都具有压缩的功能，在采集视频信号时，先将视频信号压缩，再通过接口把压缩的视频数据传送到主机上。视频采集卡可采用帧内压缩的算法把数字化的视频存储成 AVI 文件，高性能的视频采集卡还能直接把采集到的数字视频数据实时压缩成 MPEG 格式的文件。

2. 从光盘及网络上直接获取数字视频素材

VCD、DVD 是重要的视频素材来源，利用视频转换工具软件可获取这些视频并将其转换为所需的文件格式进行存储和编辑，有些视频播放器也具有视频获取存储功能。例如，超级解霸可以从此类格式的视频文件中截取视频片断并将其转换为 AVI 或 MPG 格式。

此外，也可以从 Internet 上下载所需的视频文件，从数码摄像机拍摄的 DV（Digital Video，数字视频）中通过特定的软件提取相关的视频素材等。

6.7.3 视频文件的格式

数字视频文件格式可分为两类：普通视频文件格式和网络流媒体视频文件格式。

1. 普通视频文件格式

（1）AVI 格式。AVI（Audio Video Interleaved）是微软公司开发的数字音频与视频文件格式，它允许视频和音频交错在一起同步播放，支持 256 色彩色，数据量巨大。AVI 文件主要用在多媒体光盘上保存电影、影视等各种影像信息。

（2）MPG/MPEG 格式。MPG/MPEG 格式是按照 MPEG 标准压缩的全屏视频的标准文件，很多视频处理软件都支持这种格式的文件。

MPEG（Moving Picture Expert Group）是 1988 年成立的一个动态图像专家组。MPEG 是运动图像压缩算法的国际标准，包括 MPEG-1，MPEG-2，MPEG-4、MPEG-7 和 MPEG-21 五个具体标准，它采用有损压缩方法减少运动图像中的冗余信息，平均压缩比为 50：1，最高可达 200：1。不但压缩效率高，数据的损失小，质量好，而且在计算机上有统一的标准格式，兼容性相当好。MPEG 格式的文件扩展名具体格式可以是.mpeg、.mpg 或.dat 等。

（3）MOV 格式。MOV（Movie Digital Video Technology）是美国 Apple 公司开发的一种视频文件格式，默认的播放器是 Quick Time Player，现在已经移植到 Windows 平台，利用它可以合成视频、音频、动画、静止图像等素材，具有较高的压缩比和较好的视频清晰度，并且可以跨平台使用。

（4）FLC、FLI 格式。包含视频图像所有帧的单个文件，采用无损压缩，画面效果清晰，但其本身不能储存同步声音，不适合用来表达课程教学内容中的真实场景。

（5）DAT 文件。DAT 是 Video CD 或 Karaoke CD（市场上流行的另一种 CD 标准）数据文件的扩展名，这种文件的结构与. MPG 文件格式基本相同，播放时需要一定的硬件条件支持。标准 VCD 的分辨率只有 350×240，与 AVI 或 MOV 格式的视频影像文件不相上下。由于 VCD 的帧频要高得多，加上 CD 音质，所以整体的观看效果比较好。

2. 流媒体视频文件格式

流媒体（Streaming Media）最先出现在 Internet 上，是指采用流式传输的方式在 Internet 播放的媒体格式。流媒体又叫流式媒体，它是指商家用一个视频传送服务器把节目当成数据包发出，传送到网络上。用户通过解压设备对这些数据进行解压后，节目就会像发送前那样显示出来。

在网络上传输音频、视频、动画等多媒体信息，目前主要有下载传输和流式传输两种方案。下载传输是把全部文件从服务器上传输到客户端的计算机上保存，当全部文件下载完后才可以在客户机上播放。由于文件一般都较大，需要的存储容量也较大；同时由于网络带宽的限制，下载常常要几十分钟甚至数小时的时间。流式传输采用边传边播的方法，先从服务器上下载一部分视频文件，形成视频流缓冲区后实时播放，同时继续下载，为接下来的播放做好准备。流式传输采用实时传送，用户不必等到整个文件全部下载完毕，而只需经过几秒或十数秒的启动延时即可进行观看。当视频、声音等媒体在客户机上播放时，文件的剩余部分将在后台从服务器内继续下载。流式传输避免了用户必须等待整个文件全部从 Internet 上下载才能观看的缺点，而且不需要太大的缓存容量。

（1）ASF 格式。ASF（Advanced Streaming Format）是微软公司推出的流媒体格式，可以在 Internet

上实时传播多媒体信息，实现流式多媒体内容的发布。ASF 采用 MPEG-4 压缩算法，并可以使用任何一种底层网络传输协议，具有很强的灵活性。

（2）WMV 格式。WMV（Windows Media Video）格式也是微软公司推出的采用独立编码方式的在 Internet 上实时传播多媒体信息的视频文件格式，通过 Windows Media Player 播放，是目前应用最广泛的流媒体视频格式之一。

（3）RM 格式。RM 是 Real Networks 公司开发的一种流媒体文件格式，是目前主流的网络视频文件格式之一。Real Networks 所制定的音频、视频压缩规范称为 Real Media，包括 RA（Real Audio）、RM（Real Video）、RF（Real Flash）3 类文件格式，RA 用来传输接近 CD 音质的音频数据；RM 是一种流式视频文件格式，主要用于在网络上传输活动视频图像；RF 是一种高压缩比的动画格式。

6.7.4　视频软件简介

视频处理软件一般包括视频播放软件与视频编辑制作软件两大类。

1. 视频播放软件

视频播放软件也叫视频播放器，主要用于播放、观看视频文件。由于视频信息数据量庞大，几乎所有的视频信息都是以压缩格式的形式存放在磁盘或光盘上，这就要求在播放视频信息时，计算机上有足够的处理能力来进行动态实时解压播放。目前常用的视频播放软件非常多，比较著名的有暴风网际公司推出的暴风影音、豪杰公司出产的超级解霸、微软公司的 Windows Media Player、RealWork 公司的 Real Player 播放器等。这些视频播放软件界面操作简单易用，功能强大，支持大多数的音视频文件格式。其中大家比较熟悉的是 Windows Media Player 的工作界面，这是一款 Windows 自带的免费播放器，使用 Windows Media Player 可以播放 MP3、WMA、WAV 等格式的音频文件，也可以播放 AVI、MPEG、DVD 等格式的视频文件。

2. 视频编辑制作软件

使用视频编辑制作软件，可以对初期拍摄到的视频素材通过采集、编辑合成等过程处理，最后刻录成 VCD 或 DVD 等，所以视频编辑制作软件一般都具有采集、编辑、压缩、刻录 4 种功能。

常用的数字视频编辑制作软件有 Adobe Premiere、Video For Windows、Digital Video Productor 等。其中，美国的 Adobe System 公司推出的 Adobe Premiere 是一种功能比较强大的处理影视作品的视频和音频编辑软件。它可以配合硬件进行视频的捕获和输出，能对视频、声音、动画、图片、文本进行编辑加工，并最终生成电影文件，被广泛应用于电视台、广告制作、电影剪辑等领域，目前 Adobe Premiere 已经成为主流的 DV 编辑工具，它为高质量的视频提供了完整的解决方案，作为一款专业非线性视频编辑软件，在业内受到了广大视频编辑专业人员和视频爱好者的好评。

（1）Adobe Premiere 软件。Adobe Premiere 现在常用的有 6.5、Pro 1.5、2.0 等版本，是一款编辑画面质量比较好的软件，有较好的兼容性，且可以与 Adobe 公司推出的其他软件相互协作。目前这款软件广泛应用于广告制作和电视节目制作中，其最新版本为 Adobe Premiere Pro CS5.5。Adobe Premiere 的工作界面如图 6-51 所示。

此软件可以用于影音素材的转换和压缩、视频/音频捕捉和剪辑、视频编辑功能、丰富的过渡效果、添加运动效果、对于 Internet 的支持等。

① 素材的组织与管理。在视频素材处理的前期，首要的任务就是将收集起来的素材引入到项目窗口，以便统一管理。实现的方法是，执行菜单 “File” 的子菜单 “New” 下的 “Project” 命令，

进行设置后，单击"OK"按钮。此时便完成了新项目窗口的创建。通过执行菜单"File"的"Import File"命令，可对所需的素材文件进行选择，然后单击"OK"按钮即可。重复执行，逐个将所需素材引入后，就完成了编辑前的准备工作。

图 6-51　Adobe Premiere 的工作界面

② 素材的剪辑处理。执行 Window/Timeline 命令，打开时间线窗口，将项目窗口中的相应素材拖到相应的轨道上。如将引入的素材相互衔接地放在同一轨道上，将达到将素材拼接在一起的播放效果。若需对素材进行剪切，可使用剃刀图标工具在需要割断的位置单击鼠标，则素材被割断。然后选取不同的部分按 Del 键删除即可。同样对素材也允许进行复制，形成重复的播放效果。

③ 千变万化的过渡效果的制作。在两个片段的衔接部分，往往采用过渡的方式来衔接，而非直接地将两个生硬地拼接在一起。Premiere 提供了多达 75 种的特殊过渡效果，通过过渡窗口可以见到这些丰富多彩的过渡样式。

④ 丰富多彩的滤镜效果的制作。Premiere 同 Photoshop 一样也支持滤镜的使用，Premiere 共提供了近 80 种的滤镜效果，可对图像进行变形、模糊、平滑、曝光、纹理化等处理。此外，还可以使用第三方提供的滤镜插件，如好莱坞的 FX 软件等。

滤镜的用法是，在时间线窗口选择好待处理的素材，然后执行"Clip"菜单下的"Filters"命令。在弹出的"滤镜"窗口中选取所需的滤镜效果，单击"Add"按钮即可。如果双击左窗口中的滤镜，可对所选滤镜进行参数的设置和调整。

⑤ 叠加叠印的使用。在 Premiere 中，可以把一个素材置于另一个素材之上来播放，这样一些方法的组合成为叠加叠印处理，所得到的素材称为叠加叠印素材。叠加的素材是透明的，允许将其下面的素材透射过来放映。

⑥ 创建字幕。Premiere 6.0 提供了功能强大的 Title 窗口，用户可以在 Title 窗口中轻松完成标题字幕的制作。创建一个标题文件：启动 Premiere 6.0 后，选择"File/New/Title"菜单命令，可进入 Title 窗口。使用键盘上的 F9 键，可以快速进入 Title 窗口。可以根据自己的爱好随意设计标

题，也可以打开里面的模板，选择各种各样的预制好的模板，把里面的文字改过来就行了。

　　⑦ 影视作品的输出。在作品制作完成后期，需借助 Premiere 的输出功能将作品合成在一起。当素材编辑完成后，执行菜单"File"的子菜单"Export"的"Movie"命令，可以对输出的规格进行设置。指定好文件类型后，单击"OK"按钮，即会自动编译成指定的影视文件。

　　（2）会声会影软件。会声会影是一套专为个人及家庭所设计的影片剪辑软件。创新的影片制作向导模式只要 3 个步骤就可快速制作出 DV 影片，即使是入门新手也可以在短时间内体验影片剪辑乐趣；同时操作简单、功能强大的会声会影编辑模式，从捕获、剪接、转场、特效、覆叠、字幕、配乐到刻录，让用户全方位剪辑出高质量的影片。操作界面如图 6-52 所示。

图 6-52　会声会影操作界面

　　① 导入素材。运行会声会影 12 或会声会影 X2，选择"编辑"步骤，在右边的素材库面板中单击向下的箭头按钮，在弹出的下拉菜单中选择"图像"，然后单击其后的"加载图像"按钮。

　　在弹出的"打开图像文件"对话框中浏览照片文件所在文件夹，可将所有照片一次性导入。导入后的照片会加进"会 12"的图像素材库中。同样可以导入视频、音频、Flash 动画等素材。

　　管理素材：在"编辑"选项卡中单击窗口上方的向下箭头按钮，弹出下拉列表，可以将素材"按名称排序"和"按日期排序"，方便查找素材，如 A，可以将素材添加到视频下的 A 文件夹中。同样可以对图片、音频等进行管理。

　　② 编辑内容。在故事板视图下，将图片逐一拖至编辑轨道中的空白格中（或者选中素材，单击右键，选择插入到视频轨），接下来单击左下角的"时间轴视图"按钮，切换到时间轴模式，在视频轨道上调整单张照片的长度，方法是：先单击视频轨道中的图片素材将它选定，然后拖动图片素材首尾的黄色修整拖柄，以改变图片播放的时间长度。默认的播放时间是 3 秒钟，一般可延长到 5～10 秒，最好能配合音乐的节奏。

　　③ 效果。

　　● 添加特效美化画面。一张张地看照片容易腻味，这时候转场、滤镜、字幕和配音都可以派上用场了，它们能让相册变得更加生动。

　　● 使用转场效果。转场效果是相册不可缺少的，这样可使照片之间的切换过渡更富变化和情趣，避免硬切换。单击主菜单中的"效果"，在右上角的素材库中即可显示转场效果。效果包括滚动、擦拭、淡化、三维、果皮等。使用时，先从素材库的下拉列表中选择类型，然后在素材库中选择一种转场效果，并将它拖放到时间轴轨道上的两个素材之间。转场效果可以在选项面板中进行设置，改变转场所用的色彩、方向等。

● 使用视频滤镜制作专业效果。一般来说，相册中很少使用视频滤镜，但有时使用滤镜可以产生一些特殊的动态和视觉效果。

使用滤镜时，可从素材库的下拉列表中选择"视频滤镜"，全部的滤镜即可在素材库显示出来，从中选择需要的视频滤镜，并将它拖放到时间轴轨道中的片段之上。如果要调整滤镜的设置，可在时间轴轨道上选择添加了滤镜的素材，在滤镜选项面板中使用其中的某个预设值，也可单击"自定义滤镜"，然后在弹出的"滤镜设置"对话框中改变滤镜的设置。

"会 12"的滤镜有功能强大的设置选项，以"气泡"滤镜为例，可在"原图"窗口中拖动播放滑块浏览到要设置的帧，单击"添加关键帧"按钮，将它添加为关键帧，然后再设置对话框下面密度、大小、变换、反射的数值，改变气泡相应的属性，如果各关键帧之间的数值不一样，就会产生气泡变化的效果，当然还可以改变它的颗粒属性。

● 画面的摇动与缩放。这项功能可对静止画面进行局部放大或缩小，并可产生镜头平移、拉近及推远的效果。

它的使用也非常简单，先在时间线轨道上选定要处理的图片素材，在窗口上会出现"图像"选项面板。选择"摇动和缩放"单选框，即可在下面的"预设"下拉列表中选择一种预设的平移与缩放方式。

如果选择下面的"自定义平移与缩放"按钮，会弹出"摇动与缩放"对话框。

首先选择"开始"标签，定义起始画面的位置、暂停时间、放大比率及透明度，然后再定义结束画面或中间画面，这样会因画面的位置、大小、透明度的不同而产生特写、缩放、镜头移动及淡入/淡出效果。

④ 覆叠（实现画中画效果）。虽然视频滤镜和转场效果会使我们的相册看起来更加生动，但通常照片本身不能移动位置，而且只能一张一张地显示，未免有点呆板，这时我们就可考虑使用覆叠轨道，用画中画的形式让照片动起来。

先在视频轨道上放入一段背景视频，转入"覆叠"步骤，将照片拖入覆叠轨道，然后选定照片，单击"动画和滤镜"选项面板，在这里设置覆叠轨道上的图片运动的方向、淡入淡出、旋转等。还可以在预览图中将它缩放到适当的大小，并调整好在画面中的位置。此时进行预览，就可以看到在背景的动态视频下覆叠轨道中的图片会以运动的方式进行展示，这样的画面既丰富而又生动。

⑤ 标题——加入字幕。相册中自然也少不了标题和字幕。"会 12"的字幕样式更为多样，包括自然路径、淡入、飞翔、掉落、摇摆、快显、旋转、缩放等。

先将轨道中的播放指针移至要加入字幕的位置，选择"标题"步骤。然后双击预览窗口，在窗口中输入文字，并在面板中设置字幕的长度，文件的字体、字号、颜色、字体风格、对齐方式等，单击"边框→阴影→透明度"按钮，可对标题文字进行进一步的美化。勾选"动画"复选框，还可以设置标题动画的"类型"。编辑完成后，标题会自动加在播放指针位置的标题轨上，它的长度也可像视频一样调整。

⑥ 加入音频。音乐是相册中一个非常重要的元素，应该根据相册的内容来选择音乐，使之和相册的风格相吻合。音乐文件的格式可以是常见的 MP3、WAV、CDA、RM 或 WMA 格式。

转入"音频"步骤，将音乐文件导入到音频素材库，并将它拖至音乐轨中，然后根据视频轨道的长度来调整音乐的长度。如果要加入自己录制的旁白，可在左上角的"旁白"面板中单击"录音"按钮，调整好麦克风的音量后即可开始录制。录制好的声音可自动加至声音轨道中。

⑦ 分享。所有的编辑工作完成后，就可以开始输出影片了。和早期的版本相比，"会声会影

12"在 MPEG 编码质量上有了很大的提高，已经接近了专业软件的水平。

　　创建视频文件之前，先选择"分享"步骤，然后单击左上角的"创建盘片"或"创建视频文件"按钮，选择相应的制式以及格式即可。

6.7.5　Adobe Premiere 软件操作方法和应用案例

1．导入文件

　　在编辑视频、图片和音乐前，需要把所需的文件导入到 Adobe Premiere 软件中，下面介绍导入的方法。

　　方法一：

　　（1）在 Adobe Premiere 操作界面中选择"文件"菜单→"导入"命令，如图 6-53 所示。

　　（2）单击菜单命令后，将打开如图 6-54 所示的"导入"对话框，在对话框中找到所要导入的视频、图片或音乐，然后选中该文件，单击"打开"按钮即可导入。如果需要导入某个文件夹下的所有文件，可选中该文件夹，然后单击"导入文件夹"按钮，即可导入文件夹中的所有音频、视频和图片文件。

图 6-53　选择菜单命令

图 6-54　"导入"对话框

　　方法二：在 Premiere 操作界面的左上角的"项目"栏下双击空白区域，如图 6-55 所示，也可打开"导入"对话框，选择需要编辑的文件，单击"打开"按钮即可。

2．设置滚动字幕

　　经常会在电影的结尾或开头处出现滚动的字幕，以显示相关信息，在 Adobe Premiere 软件中同样可以实现。下面以为 wildlife 视频文件制作滚动字幕为例进行讲解。

　　（1）双击打开桌面上的 Adobe Premiere 中文版，然后选择"文件"菜单→"导入"命令，导入所需的视频。

　　（2）选择"字幕"→"新建字幕"→"默认滚动字幕"命令，出现"新建字幕"对话框，如图 6-56 所示。

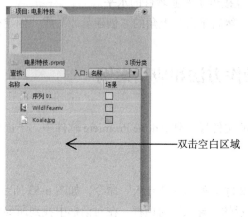

双击空白区域

图 6-55　双击空白区域

图 6-56　"新建字幕"对话框

（3）这里保持默认名称，单击"确定"按钮，出现文字编辑器，在画面的方框内，即文字的编辑区域单击，即可输入文字，如图 6-57 所示。

图 6-57　文字编辑器

（4）在下方的"字幕样式"区域中选择字幕样式，这里选择第 2 行第 2 个样式，然后单击字幕编辑区域，输入所需的文字，如图 6-58 所示。

（5）在文字编辑器右边的"字幕属性"中，可以设置字体、字体样式、字体大小、填充颜色、阴影等样式（可参考图 6-57）。

（6）设置完成后，选择"文件"→"保存"命令，将字幕文件命名后保存，然后可关闭文字编辑器。

（7）在左侧上方"项目"窗口中可找到这个字幕文件，将它拖动到时间轴的"视频 1"通道，就会自动产生向上滚动的字幕。

图 6-58　输入文字

3．制作电影特技

一部好的电影加上变换的编辑影视特技，很能吸引人的眼球，那么这些电影特技是怎么制作的？下面我们进行详细介绍。

（1）打开 Adobe Premiere，会出现"新建项目"对话框，如图 6-59 所示。可以设置有效预置模式、保存位置、名称等，设置好后单击"确定"按钮即可。

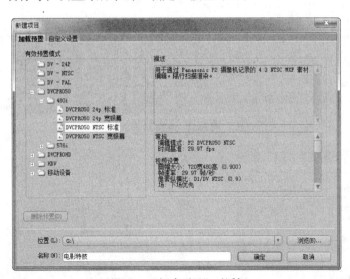

图 6-59　"新建项目"对话框

（2）导入电影素材，在菜单栏中选择"文件"菜单→"导入"命令，打开"导入"对话框，如图 6-60 所示。这里选择"野生动物"。

（3）选中需要导入的视频，然后单击"打开"按钮，即可将视频文件导入。然后拖动视频到"视频 1"轨道，同时在"音轨"中会显示视频的音乐，如图 6-61 所示。

（4）在左下角的"效果"栏中可以对视频进行特效处理，如图 6-62 所示。

（5）拖动右边"时间线"中的滑动杆到需要设置特效的画面上，然后按住鼠标拖动"效果"栏中需要的特效到滑动杆所在的时间线上，如设置"水平翻转"特效，那么此效果就添加上去了。使用同样的操作可为其他地方设置特效。

（6）完成设置后按 Enter 键，将会生成渲染，如图 6-63 所示，即可预览设置的效果。

图 6-60　导入素材

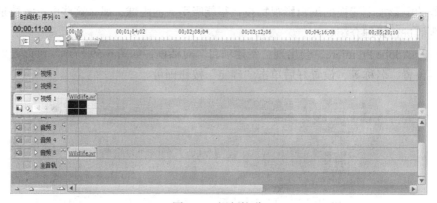

图 6-61　视频轨道

图 6-62　设置视频特效

图 6-63　生成渲染效果

4. 视频的保存与输出

（1）电影保存。电影制作基本完成，为了便于以后修改，选择"文件"菜单→"保存"命令，就可将项目保存为一个后缀为.ppj 的文件，在这个文件中保存了当前电影编辑状态的全部信息，以后在需调用时，只要选择"文件"→"打开项目"命令，找到相应文件，就可打开并编辑电影。

也可在"文件"菜单→"打开最近项目"命令中找到最近编辑的视频，如图 6-64 所示。

图 6-64　打开最近项目

（2）电影输出。最后要做的是输出，也就是将时间轴中的素材合成为完整的电影。在菜单中选择"文件"→"导出"→"影片"命令，出现"导出影片"对话框，如图 6-65 所示，给电影命名并选择存放目录后，单击"保存"按钮，Premiere 就开始合成 AVI 电影。

图 6-65　"导出影片"对话框

如希望重新设置输出电影的属性，可单击"导出影片"对话框中的"设置"按钮，出现"导出影片设置"对话框，如图 6-66 所示。

从"文件类型"下拉列表中选择一种电影格式，Premiere 可输出的电影格式有：avi 电影、mov 电影、gif 动画、Flc/Fli 动画、tif 图形文件序列、tga 图形文件序列、gif 图形文件序列、bmp 图形文件序列等。如果在电脑上安装了支持 MPEG-4 的插件，可在对话框顶部的下拉列表中选择 Video，然后在 Compressor 项的下拉列表中选择 DivX MPEG-4，就可输出 MPEG-4 电影。

图 6-66　"导出影片设置"对话框

　　设定好其他参数后，单击"确定"按钮，回到"导出影片"对话框，命名后单击"保存"按钮。屏幕上出现电影输出的进度显示框。当电影输出完成后，将自动在监视窗中打开并播放已输出的电影。

6.8　动 画 制 作

　　动画是多媒体产品中最具有吸引力的素材，能使信息表现得更生动、直观，具有吸引注意力、风趣幽默等特点。动画的实质是一幅幅静态图像或图形的连续播放，构成运动的效果。现在，动画在人们的生活中随处可见，如卡通动画、电影特技、电脑游戏、网页动画等，动画给人们带来了无尽的乐趣与享受。

6.8.1　动画的基本概念

1．计算机动画

　　动画与视频同属于运动的图像，它们的实现原理是一样的，都是将若干帧画面按一定的速率连续播放，构成运动的效果。差别主要在于动画中的每一帧画面都是通过人工制造出来的图形，而视频中的每个画面一般是生活中发生的事件的记录，是真实事件的再现。

　　按动画的制作方式来分，动画可以分为传统的手工动画和计算机动画。计算机动画的原理与传统动画的原理基本相同，只是在传统动画的基础上把计算机技术用于动画的处理与应用。计算机动画在制作时，只需要绘制关键帧画面，其余的画面就可以采用图形图像的数字处理技术，借助于动画制作软件由计算机通过算法来完成。使用计算机制作动画，极大地缩短了动画的制作周期与制作成本，提高了工作效率，增强了动画的效果，计算机动画有着传统动画无法比拟的优点。

　　如今电脑动画的应用十分广泛，不仅让应用程序更加生动，增添多媒体的感官效果；而且还应用于游戏的开发、电视动画制作、吸引人的广告的创作、电影特技制作、生产过程及科研的模拟等。

2．计算机动画的分类

　　计算机动画的类型可以从多方面进行划分。

　　（1）从动画的生成机制划分。从动画的生成机制划分，计算机动画可以分为两种动画，实时生成动画与帧动画。

实时生成动画是一种矢量型的动画，它由计算机实时生成并演播。在制作过程中，它对画面中的每一个活动的对象（也称为角色）、场景分别进行设计，赋予每个对象一些特征（如形状、大小、颜色等），然后分别对这些对象进行时序状态设计，即这些对象的位置、形态与时间的对应关系设计，最后在演播时，这些对象在设计要求下实时组成完整的画面，并可以实时变换，从而实时生成视觉动画。例如 Flash 动画（文件格式为 SWF）就属于实时生成动画。

帧动画是一幅幅连续的画面组成的图像或图形序列，接近于视频的播放机制，这是产生各种动画的基本方法。一些动画特别是三维真实感动画由于计算量太大，只能事先生成连续的帧图形画面序列，并存储起来。因而这类动画有明显的生成和播放的不同过程，播放时仅调用该图像序列演播即可。

（2）从画面对象的透视效果划分。从画面对象的透视效果及真实感程度看，可以分为二维动画和三维动画。这是最常用的一种动画分类方式。

二维动画简称 2D 动画，其中所有物体及场景都是二维的，不具有深度感，画面构图比较简单，它通常是由线条、矩形、圆弧及样条曲线等基本几何图元构成，色彩使用大面积着色，类似于传统动画的效果，这种动画也称计算机辅助动画。

三维动画简称 3D 动画，是由计算机用专门的动画软件给出的一个虚拟的三维空间并建造物体模型。三维动画虽也是由线条及圆弧等基本图元组成，但是与二维动画相比，三维模型还增加了对于深度（远近）的自动生成与表现手段，还具有真实的光照效果和材质感，因而更接近人眼对实际物体的透视感觉，成为三维真实感动画。目前这种动画已成为广泛应用的媒体类型。

二维动画与三维动画在制作技术上是两种完全不同的概念，各有自己鲜明的特点，各有自己广阔的应用领域。二维动画大多数是实时生成的矢量动画，非常灵活，便于进行人-机交互设计，而且夸张、幽默以及表演手法多样性等特点也使其成为一种不可替代的艺术形式。三维真实感动画由于计算量太大，大多制成顺序播放的帧动画，缺少灵活性，人-机交互的设计比较困难。但其逼近真实自然景物的鲜明特点使得三维动画技术在影视制作、仿真制作和虚拟现实制作等方面的应用得到了巨大的发展。

6.8.2　动画软件简介

1．二维动画制作软件

二维动画被大量用于卡通片的制作，也是目前网页动画的主流，常见的有 GIF 动画、Flash 动画等。常见的二维动画制作软件 Ulead Gif Animator、Fireworks 主要用于制作 GIF 动画；Flash 用于制作 Flash 动画等。此外，像 USAnimation、Ainmo、PEGS 等基于 SCI 图形工作站的高档二维动画制作软件主要用于制作卡通片，一般是专业的动画制作公司使用。

在众多的动画制作软件中，大家比较熟悉的 Flash 使用得最为广泛。Flash 的界面如图 6-67 所示。Flash 是在 Internet 上得到广泛应用的一款基于矢量的、具有交互功能的二维动画制作软件，Flash 动画是矢量的，采用了流式播放技术，既保证动画显示的完美效果，而且体积又小，非常适合网络传输。使用 Flash 动画可以在画面里创建各式各样的按钮，用于控制信息的显示、动画或声音的播放，以及对不同鼠标事件的响应等，极大地丰富了网页的表现手段。Internet 上用 Flash 制作的广告、MTV、电脑游戏、贺卡等随处可见。

（1）主要组成部分。在 Flash 中创作内容时，需要在 Flash 文档文件中工作。Flash 文档的文件扩展名为.fla（FLA）。Flash 文档有 4 个主要部分。

① 舞台。舞台是在回放过程中显示图形、视频、按钮等内容的位置。在 Flash 基础中将对舞

台作详细介绍。

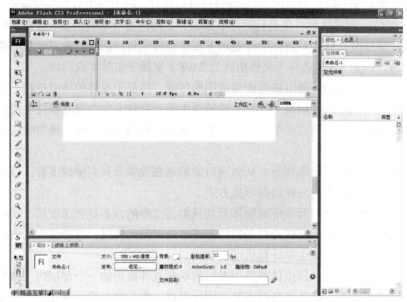

图 6-67　Flash 操作界面

② 时间轴。时间轴用来通知 Flash 显示图形和其他项目元素的时间，也可以使用时间轴指定舞台上各图形的分层顺序。位于较高图层中的图形显示在较低图层中的图形的上方。

③ 库面板。库面板是 Flash 显示 Flash 文档中的媒体元素列表的位置。

④ ActionScript。ActionScript 代码可用来向文档中的媒体元素添加交互式内容。例如，可以添加代码，以便用户在单击某按钮时显示一幅新图像，还可以使用 ActionScript 向应用程序添加逻辑。逻辑使应用程序能够根据用户的操作和其他情况采取不同的工作方式。Flash 包括两个版本的 ActionScript，可满足创作者的不同具体需要。

Flash 包含了许多种功能，如预置的拖放用户界面组件，可以轻松地将 ActionScript 添加到文档的内置行为，以及可以添加到媒体对象的特殊效果。这些功能使 Flash 不仅功能强大，而且易于使用。

（2）Flash 基本功能。Flash 动画设计的 3 大基本功能是整个 Flash 动画设计知识体系中最重要、也是最基础的，包括绘图和编辑图形、补间动画和遮罩。

① 绘图和编辑图形。绘图和编辑图形不但是创作 Flash 动画的基本功，也是进行多媒体创作的基本功。只有基本功扎实，才能在以后的学习和创作道路上一帆风顺；使用 Flash Professional 8 绘图和编辑图形——这是 Flash 动画创作的 3 大基本功的第一位；在绘图的过程中要学习怎样使用元件来组织图形元素，这也是 Flash 动画的一大特点。Flash 中的每幅图形都开始于一种形状。形状由两个部分组成：填充（fill）和笔触（stroke），前者是形状里面的部分，后者是形状的轮廓线。如果可以记住这两个组成部分，就可以比较顺利地创建美观、复杂的画面。

② 补间动画。补间动画是整个 Flash 动画设计的核心，也是 Flash 动画的最大优点，它有动画补间和形状补间两种形式；用户学习 Flash 动画设计，最主要的就是学习"补间动画"设计；在应用影片剪辑元件和图形元件创作动画时，有一些细微的差别，应该完整把握这些细微的差别。

③ Flash 的补间动画。Flash 的补间动画有以下几种。

● Flash 动作补间动画。动作补间动画是 Flash 中非常重要的动画表现形式之一，在 Flash 中制作动作补间动画的对象必须是"元件"或"组成"对象。基本概念：在一个关键帧上放置一个元件，然后在另一个关键帧上改变该元件的大小、颜色、位置、透明度等，Flash 根据两者之间帧的值自动创建的动画称为动作补间动画。

● Flash 形状补间动画。所谓形状补间动画，实际上是由一种对象变换成另一个对象，而该过程只需要用户提供两个分别包含变形前和变形后对象的关键帧，中间过程将由 Flash 自动完成。基本概念：在一个关键帧中绘制一个形状，然后在另一个关键帧中更改该形状或绘制另一个形状，Flash 根据两者之间帧的值或形状来创建的动画称为"形状补间动画"。形状补间动画可以实现两个图形之间颜色、形状、大小、位置的相互变化，其变形的灵活性介于逐帧动画和动作补间动画之间，使用的元素多为鼠标或压感笔绘制出的形状。

● Flash 逐帧动画。逐帧动画是一种常见的动画形式，它的原理是在"连续的关键帧"中分解动画动作，也就是每一帧中的内容不同，连续播放形成动画。基本概念：在时间帧上逐帧绘制帧内容称为逐帧动画，由于是一帧一帧地画，所以逐帧动画具有非常大的灵活性，几乎可以表现任何想表现的内容。在 Flash 中，将 JPG、PNG 等格式的静态图片连续导入到 Flash 中，就会建立一段逐帧动画。也可以用鼠标或压感笔在场景中一帧一帧地画出帧内容，还可以用文字作为帧中的元件，实现文字跳跃、旋转等特效。

● Flash 遮罩动画。遮罩是 Flash 动画创作中不可缺少的——这是 Flash 动画设计 3 大基本功能中重要的出彩点；使用遮罩配合补间动画，用户更可以创建更多丰富多彩的动画效果：图像切换、火焰背景文字、管中窥豹等都是实用性很强的动画。而且从这些动画实例中，用户可以举一反三地创建更多实用性更强的动画效果。遮罩的原理非常简单，但其实现的方式多种多样，特别是和补间动画以及影片剪辑元件结合起来，可以创建千变万化的形式。

在 Flash 作品中，经常看到很多眩目神奇的效果，而其中部分作品就是利用"遮罩动画"的原理来制作的，如水波、万花筒、百叶窗、放大镜、望远镜等。

在 Flash 动画中，"遮罩"主要有两种用途：一种是用在整个场景或一个特定区域，使场景外的对象或特定区域外的对象不可见；另一种是用来遮罩住某一元件的一部分，从而实现一些特殊的效果。被遮罩层中的对象只能透过遮罩层中的对象显现出来，被遮罩层可使用按钮、影片剪辑、图形、位图、文字、线条等。

● Flash 引导层动画。在 Flash 中，将一个或多个层链接到一个运动引导层，使一个或多个对象沿同一条路径运动的动画形式被称为"引导路径动画"。这种动画可以使一个或多个元件完成曲线或不规则运动。在 Flash 中，引导层是用来指示元件运行路径的，所以引导层中的内容可以是用钢笔、铅笔、线条、椭圆工具、矩形工具或画笔工具等绘制的线段，而被引导层中的对象是跟着引导线走的，可以使用影片剪辑、图形元件、按钮、文字等，但不能应用形状。

2. 三维动画制作软件

由于三维动画逼近真实自然景物的鲜明特点，使得三维动画在影视广告制作、建筑效果图制作、电脑游戏制作、教育、医疗、国防军事等众多领域得到广泛的应用。相对于二维动画而言，三维动画的制作要复杂得多。首先要创建物体与背景的三维模型，然后让物体在三维空间中动起来，再通过三维软件中的"摄像机"去拍摄物体的运动过程，并配上灯光，最后才能生成栩栩如生的三维动画。

目前三维动画制作软件为数不少，主流软件有 3D Studio MAX、SoftImage 3D、Maya 等。其中，由 AutoDesk 公司出品的 3D Studio MAX 使用较为广泛，其界面如图 6-68 所示。3D Studio MAX

界面标准，易学易用，操作简便，入门快，功能强大。3D Studio MAX 提供多边形建模、放样、表面建模工具、NURBS 等，方便、有效的建模手段使模型的创建工作变得轻松、有趣；其次，3D Studio MAX 增强特殊效果与渲染能力，提高了创作的交互性与可视性；3D Studio MAX 也具有角色动画制作能力，例如使用与跟软件配套的外挂插件"Character Studio"（角色动画工作室）的功能以及骨骼系统等，使人物角色动画的创建更加方便、直观与高效。

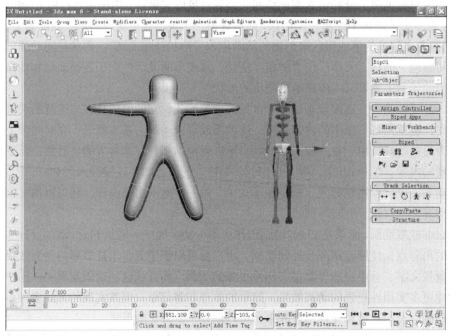

图 6-68 3D Studio MAX 主界面

Character Studio 由两个主要部分组成，即：Biped 及 Physique。Biped 是新一代的三维人物及动画模拟系统，它用于模拟人物及任何二足动物的动画过程。可以用 Biped 来简单地设计步骤，即可使人物走上楼梯，或跳过障碍，或按节拍跳起舞来。更为奇妙的是，可以把一种运动模式复制到任意一种二足动物身上而不需要做重复的工作。这样对于诸如集体舞之类的创作就变得轻而易举了。Physique 是一个统一的骨骼变形系统。它用模拟人物（包括二足动物）运动时的复杂的肌肉组织变化的方法来再现逼真的肌肉运动。它可以把肌肉的鼓起、肌腱的拉伸、血管的扩张加到任何一种二足动物身上。它能模拟出逼真的人物来，进而创建出"活灵活现"的动画效果。

6.8.3　Flash 动画制作与应用案例

下面具体介绍几种利用 Flash 软件操作的方法。

1.　创建单选按钮

一个单选按钮或选项按钮是一个图形用户界面元素，允许用户只选择一个预定义的选项集的类型。下面使用画图工具和 ActionScript 3.0 中的时间轴，为 Flash 制作一个传统的单选按钮。

（1）设置 Flash。打开 Flash，创建一个新文档，舞台大小设为 320×190，颜色为#181818，帧频为 24fps。

（2）绘制背景。选择矩形工具，并画出一个 320×40 px 大小的矩形，将它放置在舞台的顶端，并将其颜色填充为放射状 #D45C10 到 #B43B02 的过渡。

（3）分割背景。现在把背景分成几部分。还是用矩形工具，画一个 300×1 px 大小的矩形，用另一种颜色填充：#737173 到#181818 的过渡。将其复制并按图 6-69 摆放。

（4）制作标题。选择文本工具，将字体属性设为 Helvetica Bold，20pt，#FFFFFF（如果用的是 Windows，可能没有 Helvetica 字体，用 Arial 来代替）。输入标题，并将其放在屏幕的左上角。

为了获得印刷效果，可将其复制，并将颜色改为#8C2D00，将它向上移 1px，执行"修改"→"排列"→"移到底层"，如图 6-70 所示。

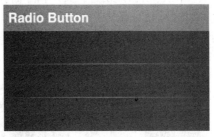

图 6-69　分割背景　　　　　　　　　　　图 6-70　制作标题

（5）创建静态文本：标题文本。标题文本的属性为：Myriad Pro Regular，20pt，#DDDDDD。

（6）创建静态文本：描述文本。描述文本的属性为：Myriad Pro Regular，14pt，#BBBBBB，如图 6-71 所示。

（7）单选按钮动作。当使用的时候，起作用的按钮将做出反应，例如，动态文本会发生改变以显示当前按钮的状态。

使用文本工具创建一个动态文本，设其实例名称为 statusField，然后将其放到如图 6-72 所示位置，在文本中写［Disabled］。

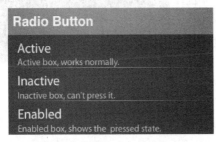

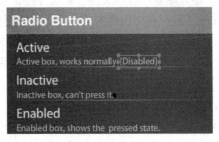

图 6-71　标题文本与描述文本　　　　　　图 6-72　创建动态文本

（8）绘制按钮。下面我们将绘制按钮。它有 3 个状态：正常，这个状态选中时，按钮正常工作；启用，当用户单击按钮的时候，将显示这个状态；禁用，这个状态选中时，按钮不能被使用。

首先，选择椭圆工具画一个 128×128px 的圆（和将要创建的大小无关，这里只用来参考），线条 1px，颜色为#AAAAAA，填充色为#F7F3F7 到#BDBEBD 的过渡，如图 6-73 所示。

当按钮启用的时候，现在要创建的那个区域就会发生变化。

将背景复制，重设其大小为 64×64px，线条颜色为 #EEEEEE 到#AAAAAA 的线性过渡，填充色为#C3C6C3 到#B5B2B5 的过渡。如图 6-74 所示。

图 6-73　按钮背景

图 6-74　正常状态

将其转化为元件,双击进入其编辑界面。添加帧(F6)并将小圆填充色变为#D45C10 到#B43B02 的过渡,如图 6-75 所示。

添加帧 (F6)并将中间的圆删掉。将背景颜色改为 #D4D2D4 到#A2A3A2 的过渡。这样将使背景变暗,并失去了启用时可以变化的那一部分,如图 6-76 所示。

图 6-75　启用状态

图 6-76　禁用状态

(9)最终效果。3 个按钮将分别放在每个状态的后面,最终效果如图 6-77 所示。

2. 将 SWF 格式的 Flash 动画转换为 GIF 动画图片

(1)导入 SWF 动画文件。单击 Flash 软件界面中的"Add Files"按钮,在弹出的对话框中选择需要转换的 Flash 动画文件,在添加文件时,即可以导入一个 Flash 动画文件,也可以一次选择多个 Flash 动画文件批量导入,当然也可以单击"Add DIR"按钮,将某个目录下的 SWF 文件全部导入。

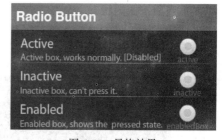

图 6-77　最终效果

另外,在导入文件时,除了可以添加文件和目录之外,还可以在单击"IE Cache"按钮后直接将 IE 缓存中的 SWF 文件添加进列表中。

(2)截取要转换的动画片段。在 SWF 文件列表中选择一个 Flash 动画。这时我们可以看到原来的"文件信息"按钮已经显示为"W:500, H:400, T:2496, R:25"字样,这表示该 Flash 动画的宽度为 500 像素,高度为 400 像素,总帧数为 2496 帧,帧频为 25 帧/秒。

现在需要设置欲转换动画的起止点,以去掉自己不想要的开始或结尾片段。在右边的播放框中拖动下方滑块,或者用播放按钮将 Flash 动画停留在转换部分的起始处(如第 1000 帧),随后单击动画下方的"["按钮,在此处做上起始标记。

同样,拖动滑块或者用播放按钮将 Flash 动画停留在转换部分的结尾处(如第 1500 帧),并单击"]"按钮,在此处做上结束标记。

(3)GIF 动画的输出设置。单击"Options"按钮,先在"Resize"选项卡中选择生成 GIF 动画的图片尺寸,既可以选择预设的大小(默认为原始大小),也可以自定义大小,然后在"GIF Frame Rate"选项卡中设置 GIF 动画的帧率。

当减少帧频的时候,软件将不会更改电影的播放速度,只是放弃一些帧以减小 GIF 文件的体积。最后切换到"目录"选项卡,设置好转换后的 GIF 文件的输出目录。

当一切准备完毕,就可以单击"Convert GIF"按钮,很快即可将所选定的 Flash 动画片段转换为 GIF 格式的动画文件。

小提示:如果只需要抓取该 Flash 动画中的某一个帧,可以单击"0"按钮,将当前选定的帧捕捉为一个位图文件。

3. Flash 几张图片首尾连接循环滚动

要让几张图片循环滚动,最简单的方法就是把连续图片再复制一份接到尾部,待第一张图片滚完之后被复制的接着滚动。原理示意图如图 6-78 所示。

具体的制作步骤如下。

(1)新建一个 Flash 文档,舞台大小设置为 300×160px,帧频 30fps。再按"Ctrl+R"组合键,按光盘目录导入图片 photo2.jpg。

(2)选中导入的图片,按 F8 键跳出"转化为元件"对话框,输入任意元件名称,将图片转化为"影片剪辑"。再创建动作补间,让影片从舞台一直运动到滚出舞台,如图 6-79 所示。

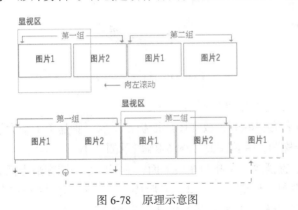

图 6-78　原理示意图

图 6-79　第一组从舞台中直到滚出舞台区

(3)第一组的滚动补间做好了,再做第二组的滚动图片,才能构成一个循环。新建一个图层,把影片剪辑复制一份,在新建的图层里第 50 帧处按 F7 键插入空白关键帧,我们在这里插入第二组影片剪辑。再到"图层 1"的最后按 F6 键插入关键帧,把影片剪辑的 X 轴设为 0,也就是把其他位图设成和第一帧的影片剪辑一样,也可以直接把第一帧复制到这里来。

创建第二组影片剪辑时,Y 轴位图要一样,在播放时才不会抖动。在最后一帧里,第二组的 X 轴要和第一组起始时一样,否则切换图时也会抖动。调整好以后可以发布了,如图 6-80 所示。

4. 制作可爱的小青蛙闹钟

(1)新建一个 Flash 文档,按"Ctrl+F8"组合键新建一个元件,命名为"clock"。选择椭圆工具,设笔触为黑色,填充为绿色,按住 Shift 键画出一个正圆。

(2)按"Ctrl+D"组合键复制一个圆,将填充改为白色。用选择工具选中两个圆,执行"菜单/修改/对齐/垂直中齐和水平中齐",如图 6-81 所示。

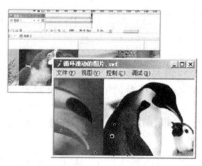

图 6-80　发布连续滚动的图片

图 6-81　绘制内部圆形

（3）画青蛙的手。新建一个图层，命名为"hand"，放在图层面板最下层。将绿色的椭圆用"Ctrl+D"组合键再复制一个，并用任意变形工具调到如图 6-82 所示的大小。

（4）将这个小椭圆放在侧面如图 6-83 所示的位置。

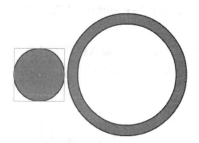

图 6-82　绘制青蛙的手

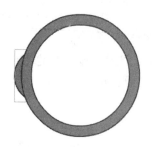

图 6-83　青蛙的一只手

（5）再复制一个小椭圆，放在另外一边，完成青蛙的手。

（6）画青蛙的脚。新建一个图层，命名为"foot"，放在图层面板最下层。脚是由 1 个大椭圆和 5 个小椭圆组成的，所以先复制出 6 个椭圆，并调整到如图 6-84 所示的大小。

（7）将 6 个椭圆按如图 6-85 所示的位置摆放，大椭圆在最下面，中间的小椭圆在最上面。在各个椭圆上单击右键选择"排列"，可以调整它们的层次。排好之后选中整个脚，按"Ctrl+D"组合键复制一份，选择"菜单/修改/变形/水平翻转"后放在另外一边，完成青蛙的脚。

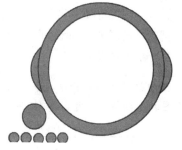

图 6-84　青蛙的脚

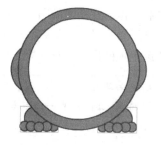

图 6-85　绘制好后的脚

（8）画时间刻度。新建一个图层，命名为"time"，放在最上层。用直线工具画一条任意长度的直线。选中这条直线，按"Ctrl+T"组合键调出变形面板，将"旋转"的角度设为"15.0 度"。单击右下角的"重制选区和变形"按钮，就能复制出另外一条，如图 6-86 所示。

（9）继续单击此按钮，直到复制出一整圈直线。

（10）选中所有的直线，按"Ctrl+G"组合键群组。再用椭圆工具按住 Shift 键画出如下正圆。选中直线和椭圆，执行"菜单/修改/对齐/垂直中齐和水平中齐"，如图 6-87 所示。

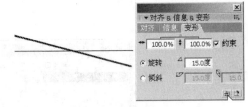

图 6-86　绘制时间刻度

（11）按"Ctrl+B"组合键将它们全部打散后，删掉多余的线条，只留下椭圆外面的这一圈直线，就形成了一个刻度盘。按"Ctrl+G"组合键将它们群组，如图 6-88 所示。

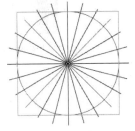

图 6-87　绘制圆形

图 6-88　去掉多余的线

（12）用任意变形工具将时间刻度调整到合适的大小，放在时钟上如下位置即可，如图 6-89 所示。

（13）画眼睛。新建一个图层，命名为"eye"，放在最下层。再复制一个绿色的椭圆备用；另外再画两个小椭圆，一个填充白色，一个填充黑色，轮廓均为黑色；将 3 个椭圆如下叠放在一起，放在如下位置，完成一只眼睛。复制一个眼睛，执行"菜单/修改/变形/水平翻转"后放在另外一边，完成一对眼睛。眼睛的最终效果如图 6-90 所示。

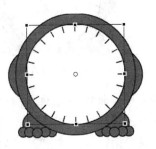

图 6-89　将刻度放在青蛙上

图 6-90　绘制青蛙的眼睛

（14）完善眼睛。选中两只眼睛，按 F8 键转换为元件，命名为"eye"。双击眼睛，进入元件编辑界面，在第 1 帧上将两个黑眼珠调整到左边；在第 3 帧上按 F6 键插入关键帧，并将两个黑眼珠调整到右边；在第 4 帧上按 F5 键插入帧，完成眼睛。效果如图 6-91 所示。

（15）画指针。按"Ctrl+F8"组合键新建一个元件，命名为"arrow 1"，用矩形工具画出如图 6-92 下面所示的矩形，笔触为黑，填充为绿；按"Ctrl+D"组合键复制出一个，并用任意变形工具调到如图 6-92 上面所示的大小。

（16）将两个矩形叠加放置。用选择工具将小矩形上面的两个端点分别向内拖动，就可调整成三角形。删除多余的线条后按"Ctrl+G"组合键群组，如图 6-92 所示。

图 6-91　完成眼睛的旋转

图 6-92　指针成型

（17）在第 30 帧处按 F6 键插入关键帧，并添加动画补间。选择任意变形工具，将中心点拖到靠近下部的位置。选中第 1 帧，在属性面板中设"旋转"为"顺时针 1 次"即可，这样指针每 30 帧会旋转一周，如图 6-93 所示。

（18）回到场景 1，新建一个图层，命名为"arrow 1"，在库面板中将做好的"arrow 1"元件拖到时钟上中心位置。再新建一个图层，命名为"arrow 2"，将元件"arrow 1"再次拖到时钟上中心位置，并用自由任意变形工具调整得细长一些，如图 6-94 所示。

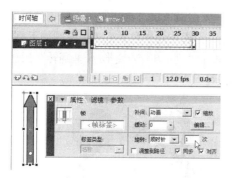

图 6-93　设置指针旋转

图 6-94　放置指针

（19）选中"arrow 2"图层上的指针，按 F8 键转换为元件，命名为"arrow 2"。双击它进入元件编辑界面，将最后一帧处的关键帧拖放到第 12 帧处，并删除后面多余的普通帧，其他不变。这个指针每 12 帧会旋转一周。

（20）回到场景 1，将两个指针重叠摆好就完成了，按"Ctrl+Enter"组合键可以测试效果，如图 6-95 所示。

图 6-95　最终效果

第7章
计算机网络基础与 Internet 应用

7.1　计算机网络概述

随着计算机应用技术的迅速发展，计算机的应用逐渐渗透到各个技术领域和整个社会的各个行业。社会信息化的趋势和资源共享的要求推动了计算机应用技术向着群体化的方向发展，促使当代的计算机技术和通信技术实现紧密的结合。计算机网络就是现代通信技术与计算机技术结合的产物。Internet 的出现和成功的发展，使人类社会以极快的速度进入一个全新的网络时代。

7.1.1　计算机网络的基本概念

1. 计算机网络的概念

计算机网络是利用通信线路和通信设备，把分布在不同地理位置的具有独立处理功能的若干台计算机按着一定的控制机制和连接方式互相连接在一起，并在网络软件的支持下实现资源共享的计算机系统。

这里所定义的计算机网络包含以下 4 部分内容。

（1）两台以上具有独立处理功能的计算机。包括各种类型计算机、工作站、服务器、数据处理终端设备等。

（2）通信线路和通信设备。通信线路是指网络连接介质，如：同轴电缆、双绞线、光缆、铜缆、微波和卫星等；通信设备是网络连接设备，如：网关、网桥、集线器、交换机、路由器、调制解调器等。

（3）一定的控制机制和连接方式。即各层网络协议和各类网络的拓扑结构。

（4）网络软件。是指各类网络系统软件和各类网络应用软件。

2. 计算机网络的主要功能

计算机网络的主要功能有以下几点。

（1）资源共享。计算机网络允许网络上的用户共享网络上各种不同类型的硬件设备；也可以共享网络上各种不同的软件。软、硬件共享不但可以节约不必要的开支，降低使用成本，同时可以保证数据的完整性和一致性。

（2）信息共享。信息也是一种资源，Internet 就是一个巨大的信息资源宝库，每一个接入 Internet 的用户都可以共享这些信息。

（3）通信功能。是计算机网络的基本功能之一，它可以为网络用户提供强有力的通信手段。

建设计算机网络的主要目的就是让分布在不同地理位置的计算机用户之间能够相互通信、交流信息。

7.1.2 计算机网络的形成与发展

美国国防部高级研究计划署（ARPA）于 1968 年提出了一个计算机互连的计划，1969 年建立了具有 4 个结点的以分组交换为基础的实验网络。1971 年 2 月，建成了具有 15 个结点、23 台主机的网络，这就是著名的 ARPANET，它是世界上最早出现的计算机网络之一，现代计算机网络的许多概念和方法都来源于 ARPANET。

随着计算机技术和通信技术的不断发展，计算机网络也经历了从简单到复杂，从单机到多机的发展过程，大致分为以下 4 个阶段。

1. 第一代计算机网络

第一代计算机网络是面向终端的计算机网络。在 20 世纪 60 年代，随着集成电路的发展，为了实现资源共享和提高计算机的工作效率，出现了面向终端的计算机通信网。在这种通信方式中，主机是网络的中心和控制者，终端分布在各处并与主机相连，用户通过本地的终端使用远程的主机。这种方式在早期使用的是单机系统，后来为减少主机负载出现了多机联机系统。

2. 第二代计算机网络

第二代计算机网络是计算机通信网络。在面向终端的计算机网络中，只能在终端和主机之间进行通信，子网之间无法通信。从 20 世纪 60 年代中期开始，出现了多个主机互连的系统，可以实现计算机与计算机之间的通信。它由通信子网和用户资源子网（第一代计算机网络）构成，用户通过终端不仅可以共享主机上的软、硬件资源，还可以共享子网中其他主机上的软、硬件资源。到了 20 世纪 70 年代初，4 个节点的分组交换网——美国国防部高级研究计划署网络（ARPANET）的研制成功，标志着计算机通信网络的诞生。

3. 第三代计算机网络

第三代计算机网络是 Internet，这是网络互连阶段。到了 20 世纪 70 年代，随着微型计算机的出现，局域网诞生了，并以以太网为主进行了推广使用。这也与早期诞生的广域网一样，广域网是由于在远距离的主机之间需要交流信息而诞生的。而微型机的功能越来越强，价格不断下降，使用它的领域不断扩大，近距离的用户（一栋楼、一个办公室等）同样需要信息交流和资源共享，因而局域网诞生了。1974 年，IBM 公司研制了它的系统网络体系结构，其他公司也相继推出本公司的网络体系结构。这些不同公司开发的系统体系结构只能连接本公司的设备。为了使不同体系结构的网络相互交换信息，国际标准化组织（ISO，International Standards Organization）于 1977 年成立专门机构，并制定了世界范围内网络互连的标准，称为开放系统基本参考模型（OSI/RM，Open System Interconnection/Reference Model）。它标志着第三代计算机网络的诞生。OSI/RM 已被国际社会广泛地认可和执行，它对推动计算机网络的理论与技术的发展，对统一网络体系结构和协议起到了积极的作用。今天的 Internet 就是由 ARPANET 逐步演变而来的。ARPANET 使用的协议是 TCP/IP，并一直使用到现在。Internet 自产生以来就飞速发展，是目前全球规模最大、覆盖面积最广的国际互联网。

4. 第四代计算机网络

第四代计算机网络是千兆位网络。千兆位网络也称为宽带综合业务数字网（B-ISDN），它的传输速率可达到 1Gbit/s（bit/s 是网络传输速率的单位，即每秒传输的比特数）。这标志着网络真正步入多媒体通信的信息时代，使计算机网络逐步向信息高速公路的方向发展。万兆位网络目前也在发展之中。

7.1.3　计算机网络的分类

计算机网络有几种不同的分类方法：按通信方式分类，如点对点和广播式；按速度和带宽分类，如窄带网和宽带网；按传输介质分类，如有线网和无线网；按拓扑结构分类，如星型网和环型网；按地理范围分类，如局域网、城域网和广域网。

1. 按网络覆盖的地理范围分类

（1）局域网（LAN，Local Area Network）。局域网是将较小地理范围内的各种数据通信设备连接在一起，来实现资源共享和数据通信的网络（一般几千米以内）。这个小范围可以是一个办公室、一座建筑物或近距离的几座建筑物，因此适合在某一个数据较重要的部门，如一个工厂或一个学校、某一企事业单位内部使用这种计算机网络实现资源共享和数据通信。局域网因为距离比较近，所以传输速率一般比较高，误码率较低，由于采用的技术较为简单，设备价格相对低一些，所以建网成本低。计算机数量配置上没有太多的限制，少的可以只有两台，多的可达上千台。局域网是目前计算机网络发展中最活跃的分支。

（2）城域网（MAN，Metropolitan Area Network）。城域网是一个将距离在几十千米以内的若干个局域网连接起来，以实现资源共享和数据通信的网络。它的设计规模一般在一个城市之内。它的传输速度相对局域网来说低一些。

（3）广域网（WAN，Wide Area Network）。广域网实际上是将距离较远的数据通信设备、局域网、城域网连接起来，实现资源共享和数据通信的网络。一般覆盖面较大，可以是一个国家、几个国家甚至全球范围，如 Internet 就是一个最大的广域网。广域网一般利用公用通信网络提供的信息进行数据传输，因为传输距离较远，传输速度相对较低，误码率高于局域网。在广域网中，为了保证网络的可靠性，采用比较复杂的控制机制，造价相对较高。

2. 按传输速率分类

网络的传输速率有快有慢，传输速率快的称高速网，传输速率慢的称低速网。传输速率的单位是 bit/s（每秒比特数，英文缩写为 bps）。一般将传输速率在 kbit/s～Mbit/s 范围的网络称为低速网，在 Mbit/s～Gbit/s 范围的网络称为高速网。也可以将 kbit/s 网络称为低速网，将 Mbit/s 网络称为中速网，将 Gbit/s 网络称为高速网。这里没有具体的数值衡量，随网络发展的不同时期都有不同的定义。

网络的传输速率与网络的带宽有直接关系。带宽是指传输信道的宽度，带宽的单位是 Hz（赫兹）。按照传输信道的宽度，可分为窄带网和宽带网。一般将 kHz～MHz 带宽的网称为窄带网，将 MHz～GHz 的网称为宽带网，也可以将 kHz 带宽的网称窄带网，将 MHz 带宽的网称中带网，将 GHz 带宽的网称宽带网。通常情况下，高速网就是宽带网，低速网就是窄带网。

3. 按传输介质分类

传输介质是指数据传输系统中发送装置和接收装置间的物理媒体，按其物理形态，可以划分为有线网和无线网两大类。

（1）有线网。传输介质采用有线介质连接的网络称为有线网，常用的有线传输介质有双绞线、同轴电缆和光导纤维。

双绞线是由两根绝缘金属线互相缠绕而成，故称为双绞线。这样的一对线作为一条通信线路，由 4 对双绞线构成一根双绞线电缆。利用双绞线实现点到点的通信，距离一般不能超过 100m。目前，计算机网络上使用的双绞线按其传输速率分为三类线、五类线、六类线、七类线，类数越高，一般来讲速度也就越高。传输速率在 10Mbit/s 到 600Mbit/s 之间，双绞线电缆的连接器一般为 RJ-45 类型，俗称水晶头。双绞线如图 7-1 所示。

同轴电缆由内、外两根导体组成，内导体可以由单股或多股线组成，外导体一般由金属编织网组成。内、外导体之间有绝缘材料，其阻抗为 50Ω。结构和外观上都很像家里面用的有线电视线缆。同轴电缆分为粗缆和细缆，粗缆用 DB-15 连接器，细缆用 BNC 和 T 连接器。同轴电缆结构如图 7-2 所示。

图 7-1 双绞线

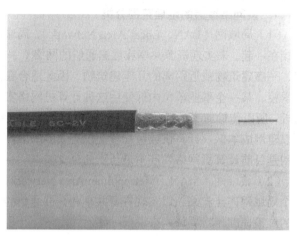

图 7-2 同轴电缆

光缆由两层折射率不同的材料组成。内层是由具有高折射率的玻璃单根纤维体组成的，外层包一层折射率较低的材料。光缆的传输形式分为单模传输和多模传输，单模传输性能优于多模传输。所以光缆分为单模光缆和多模光缆，单模光缆传送距离为几十千米，多模光缆为几千米。光缆的传输速率可达到每秒几百兆位。光缆用 ST 或 SC 连接器。因为使用的是光信号，所以光缆的优点是不会受到电磁的干扰。另外传输的距离也比电缆远，传输速率高。但是光缆的安装和维护比较困难，需要专用的设备。

（2）无线网。采用无线介质连接的网络称为无线网。目前无线网主要采用 3 种技术：微波通信，红外线通信和激光通信。这 3 种技术都是以大气为介质的。其中微波通信用途最广，目前的卫星网就是一种特殊形式的微波通信，它利用地球同步卫星作为中继站来转发微波信号，一个同步卫星可以覆盖地球的三分之一以上表面，3 个同步卫星就可以覆盖地球上全部通信区域。

7.1.4 计算机网络的基本组成与体系结构

从计算机网络组成的角度看，典型的计算机网络从逻辑功能上可以分为资源子网和通信子网两部分，如图 7-3 所示。

资源子网由主计算机系统、终端、终端控制器、连网外设、各种软件资源与信息资源组成。资源子网负责全网的数据处理，向网络用户提供各种网络资源与网络服务。

通信子网由通信控制处理机、通信线路与其他通信设备组成，完成网络数据传输、转发等通信处理任务。

世界上第一个网络体系结构是美国 IBM 公司于 1974 年提出的，它取名为 SNA（System Network Architecture，系统网络体系结构）。凡是遵循 SNA 的设备就称为 SNA 设备。这些 SNA 设备可以很方便地进行互连。在此之后，很多公司也纷纷建立自己的网络体系结构，这些体系结构大同小异，都采用了层次例技术，但各有其特点，以适合本公司生产的计算机组成网络，这些体系结构也有其特殊的名称。例如，20 世纪 70 年代末由美国数字网络设备公司（DEC 公司）发布的 DNA（Digital Network Architecture，数字网络体系结构）等。但使用不同体系结构的厂家设备是不可以相互连接的，后来经过不断的发展，有诸如以下体系结构的诞生，从而实现不同厂家设备互连。

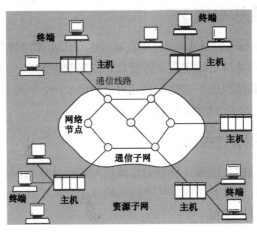

图 7-3　计算机网络组成

1．OSI 参考模型

国际标准化组织（International Organization for Standardization，ISO）是一个全球性的政府组织，是国际标准化领域中一个十分重要的组织。ISO 被 130 多个国家应用，其总部设在瑞士日内瓦，ISO 的任务是促进全球范围内的标准化及其有关活动的开展，以利于国际间产品与服务的交流以及在知识、科学、技术和经济活动中发展国际间的第一线合作。它显示了强大的生命力，吸引了越来越多的国家参与其活动。

ISO 制定了网络通信的标准，即 OSI/RM（Open System Interconnection，开发系统互连参考模型）。它将网络通信分为 7 个层，即应用层、表示层、会话层、传输层、网络层、数据链路层和物理层。每一层都有自己特有的定义的内容。层与层之间只有较少的联系。这样做能达到最好的兼容性。开放的意思是通信双方都要遵守 OSI 模型，并且任何企业和科研机构都可以依据此模型进行开发与生产。OSI/RM 只是一个理论上的网络体系结构模型，用来给人们提供研究网络发展的一个统一平台。在实际生产中则遵循另一套网络体系结构模型。

2．TCP/IP 模型

TCP/IP（Transmission Control Protocol/Internet Protocol，传输控制协议/互联网络协议）是 Internet 最基本的协议。在 Internet 没有形成之前，各个地方已经建立了很多小型网络，称为局域网，各式各样的局域网却存在不同的网络结构和数据传输规则。TCP/IP 即是满足这种数据传输的协议中最著名的两个协议。基于这种事实上的传输标准，各厂商联合建立了 TCP/IP 网络体系结构。

TCP/IP 模型分为 4 个层次：应用层（与 OSI 的应用层、表示层、会话层对应）、传输层（与 OSI 的传输层对应）、网络互连层（与 OSI 的网络层对应）、主机-网络层（与 OSI 的数据链路层和物理层对应）。与 OSI 模型相比，TCP/IP 参考模型中不存在会话层和表示层；传输层除支持面向连接的通信外，还增加了对无连接通信的支持；以包交换为基础的无连接互连网络层代替了主要面向连接、同时也支持无连接的 OSI 网络层，称为网络互连层；数据链路层和物理层大大简化为主机-网络层，除了指出主机必须使用能发送 IP 包的协议外，不作其他规定。

7.2　局域网概述

7.2.1　局域网的基本概念

局域网（Local Area Network，LAN）是指在某一区域内由多台计算机互连而成的计算机组。一般是方圆几千米以内。局域网可以实现文件管理、应用软件共享、打印机共享、工作组内的日程安排、电子邮件和传真通信服务等功能。局域网是封闭型的，可以由办公室内的两台计算机组成，也可以由一个公司内的上千台计算机组成。

7.2.2　局域网的拓扑结构

从计算机网络拓扑结构的角度看，典型的计算机网络是计算机网络上各节点（分布在不同地理位置上的计算机设备及其他设备）和通信链路所构成的几何形状。常见的拓扑结构有 5 种：总线型、星型、环型、树型和网状型。

1．总线型结构

总线型拓扑结构采用一条公共线（总线）作为数据传输介质，所以网络上的节点都连接在总线上，并通过总线在网络上节点之间传输数据，如图 7-4 所示。

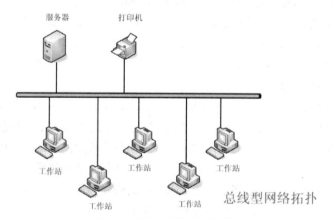

图 7-4　总线型网络拓扑结构

总线型拓扑结构使用广播或传输技术，总线上的所有节点都可以发送到总线上，数据在总线上传播。在总线上所有其他节点都可以接收总线上的数据，各节点接收数据之后，首先分析总线上的数据的目的地址，再决定是否真正地接收。由于各个节点共用一条总线，所以在任何时刻，只允许一个节点发送数据，因此传输数据易出现冲突现象，总线出现故障将影响整个网络的运行。但由于总线型拓扑结构具有结构简单，建网成本低，布线、维护方便，易于扩展等优点，因此应用比较广泛。

局域网中著名的以太网就是典型的总线型拓扑结构。

2．星型结构

在星型结构的计算机网络中，网络上每个节点都是由一条点到点的链路与中心节点（网络设备，如交换机、集线器等）相连，如图 7-5 所示。

在星型结构中，信息的传输是通过中心节点的存储转发技术来实现的。这种结构具有结构简单、便于管理与维护、易于节点扩充等特点。缺点是中心节点负担重，一旦中心节点出现故障，将影响整个网络的运行。

3. 环型结构

在环型拓扑结构的计算机网络中，网络上各节点都连接在一个闭合型通信链路上，如图 7-6 所示。

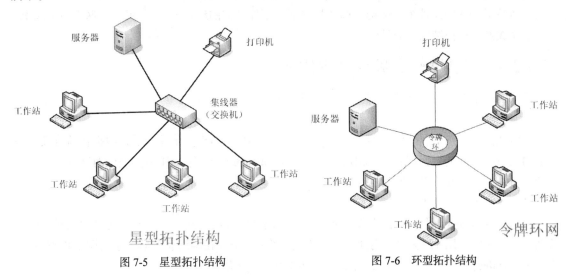

图 7-5　星型拓扑结构　　　　　　　　图 7-6　环型拓扑结构

在环型结构中，信息的传输沿环的单方向传递，两节点之间仅有唯一的通道。网络上各节点之间没有主次关系，各节点负担均衡，但网络扩充及维护不太方便。如果网络上有一个节点或者是环路出现故障，可能引起整个网络故障。

4. 树型结构

树型拓扑结构是星型结构的发展，在网络中的各节点按一定的层次连接起来，形状像一棵倒置的树，所以称为树型结构，如图 7-7 所示。

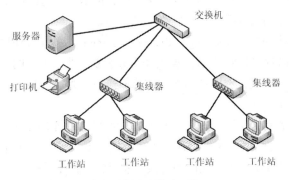

图 7-7　树型拓扑结构

在树型结构中，顶端的节点称为根节点，它可带若干个分支节点，每个分支节点又可以再带若干个子分支节点。信息的传输可以在每个分支链路上双向传递。网络扩充、故障隔离比较方便。

如果根节点出现故障，将影响整个网络运行。

5．网状型结构

在网状型拓扑结构中，网络上的节点连接是不规则的，每个节点都可以与任何节点相连，且每个节点可以有多个分支，如图7-8所示。

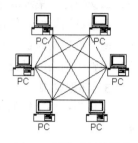

在网状结构中，信息可以在任何分支上进行传输，这样可以减少网络阻塞的现象。但由于结构复杂，不易管理和维护。

以上介绍的是几种网络基本拓扑结构，但在实际组建网络时，可根据具体情况，选择某种拓扑结构或选择几种基本拓扑结构的组合方式，来完成网络拓扑结构的设计。

图 7-8　网状型拓扑结构

7.2.3　局域网软、硬件基本组成

局域网的组成包括网络硬件和网络软件两大部分。

1．网络硬件

网络硬件主要包括网络服务器、工作站、外设、网络接口卡、传输介质，根据传输介质和拓扑结构的不同，还需要集线器（HUB）、集中器（concentrator）等，如果要进行网络互连，还需要网桥、路由器、网关以及网间互连线路等。

（1）网络中的计算机。

① 服务器。对于服务器/客户式网络，必须有网络服务器，网络服务器是网络中最重要的计算机设备，一般是由高档次的专用计算机来担当网络服务器。在网络服务器上运行网络操作系统，负责对网络进行管理、提供服务功能和提供网络的共享资源。

② 网络工作站。网络工作站是通过网卡连接到网络上的一台个人计算机，它仍保持原有计算机的功能，作为独立的个人计算机为用户服务，是网络的一部分。工作站之间可以进行通信，可以共享网络的其他资源。

（2）网络中的接口设备。

① 网卡。网卡也称为网络接口卡，是计算机与传输介质进行数据交互的中间部件，主要进行编码转换。在接收传输介质上传送的信息时，网卡把传来的信息按照网络上信号编码要求和帧的格式接收并交给主机处理。在主机向网络发送信息时，网卡把发送的信息按照网络传送的要求装配成帧的格式，然后采用网络编码信号向网络发送出去。

网卡类型按拓扑结构分为 TokenRing、Ethernet 和 Arcnet；按信息处理能力分为 16 位和 32 位；按总线类型分为 ISA、EISA 和 PCI；按照连接介质分为双绞线网卡、同轴电缆网卡和光纤网卡；按机型分为台式电脑网卡和笔记本电脑网卡；按传输速率分为 10Mbit/s 网卡、10/100Mbit/s 自适应网卡和 1000Mbit/s 网卡。

选择网卡时，要考虑网卡的通信速度、网卡的总线类型和网络的拓扑结构。

② 水晶头。水晶头也称 RJ-45（非屏蔽双绞线连接器），是由金属片和塑料构成的。特别需要注意的是引脚序号，当金属片面对我们的时候从左至右引脚序号是 1～8，序号做网络连线时非常重要，不能搞错。网线由一定距离的双绞线与 RJ-45 头组成。

③ 调制解调器。调制解调器（Modem）俗称"猫"，是计算机与电话线之间进行信号转换的装置，由调制器和解调器两部分组成。在发送端，调制器把计算机的数字信号调制成可在电话线上传输的模拟信号；在接收端，解调器再把模拟信号转换成计算机能接收的数字信号。常见的调制解调器速率有 14.4kbit/s、28.8kbit/s、33.6kbit/s、56kbit/s 等。

另外，Cable Modem（电缆调制解调器）是一种可以通过有线电视（CATV）网络实现高速数据接入（如接入 Internet）的设备。在用户连接 Internet 的作用上和一般的 Modem 类似，接入速率可以高达 2Mbit/s～10Mbit/s。

还有 ADSL 调制解调器，ADSL 的安装是在原有的电话线上加载一个复用设备。在普通的电话线上，ADSL 使用了频分复用技术将话音与数据分开，因此，虽然在同一条电话线上，但话音和数据分别在不同的频带上运行，互不干扰。即使边打电话边上网，也不会发生上网速度和通话质量下降。ADSL 能够向终端用户提供 8Mbit/s 的下行传输速率和 1Mbit/s 的上行传输速率，在用户连接 Internet 的作用上和一般的 Modem 类似。调制解调器主要有两种：内置式和外置式。

④ "蓝牙"技术："蓝牙"原是 10 世纪统一了丹麦的国王的名字，现取其"统一"的含义，用他来命名意在统一无线局域网通信标准。"蓝牙"技术是爱立信、IBM 等 5 家公司在 1998 年联合推出的一项无线网络技术。实际上是一种短距离无线通信技术，利用"蓝牙"技术能够有效地简化掌上电脑、笔记本电脑和移动电话等移动通信终端设备之间的通信，也能够成功地简化以上这些设备与 Internet 之间的通信，从而使这些现代通信设备与 Internet 之间的数据传输变得更加迅速高效，为无线通信拓宽道路。

（3）网络中的传输介质。网络中各节点之间的数据传输必须依靠某种介质来实现，即传输介质。传输介质的种类也很多，适用于网络的传输介质主要有双绞线、同轴电缆和光纤等。

（4）网络中的互连设备。

① 中继器。中继器（Repeater）是局域网环境下用来延长网络距离的最简单、最廉价的互连设备。它工作在 OSI 的物理层，作用是将传输介质上传输的信号接收后，经过放大和整形，再发送到其他传输介质上。经过中继器连接的两段电缆上的工作站就像是在一条加长的电缆上工作一样。

② 集线器。集线器（Hub）是局域网中的一种连接设备，用双绞线通过集线器将网络中的计算机连接在一起，完成网络的通信功能。集线器只对数据的传输起到同步、放大和整形的作用。工作方式是广播模式，所有的端口共享一条带宽。

③ 网络交换机。网络交换机是将电话网中的交换技术应用到计算机网络中所形成的网络设备，是目前局域网中取代集线器的网络设备。网络交换机不仅有集线器的对数据传输起到同步、放大和整形的作用，而且还可以过滤数据传输中的短帧、碎片等。同时采用端口到端口的技术，每一个端口有独占的带宽，可以极大地改善网络的传输性能。

④ 网桥。网桥（Bridge）也叫桥连接器，是连接两个局域网的一种存储转发设备。它工作在数据链路层，用于扩展网络的距离。它可以连接使用不同介质的局域网，还能起到过滤帧的作用。同时由于网桥的隔离作用，一个网段上的故障不会影响另一个网段，从而提高了网络的可靠性。

⑤ 路由器。路由器是在多个网络和介质之间实现网络互连的一种设备。当两个和两个以上的同类网络互连时，必须使用路由器。

⑥ 网关。网关是用来连接完全不同体系结构的网络或用于连接局域网与主机的设备。网关的主要功能是把不同体系网络的协议、数据格式和传输速率进行转换。

2. 网络软件

计算机网络中的软件包括：网络操作系统、网络通信软件和网络应用软件。

（1）网络操作系统。网络操作系统是计算机网络的核心软件，网络操作系统不仅具有一般操作系统的功能，而且还具有网络的通信功能、网络的管理功能和网络的服务功能，是计算机管理软件和通信控制软件的集合。

一般的操作系统具有处理器管理、作业管理、存储管理、文件管理和设备管理功能，网络操作系统除了具备上面这些功能外，还要具备共享资源管理、用户管理和安全管理等功能。网络操作系统要对每个用户进行登记，控制每个用户的访问权限。有的用户只有只读权限，有的用户则可以有全部的访问权限。安全管理主要是用来保证网络资源的安全，防止用户的非法访问，保证用户信息在通信过程中不被非法篡改。网络的通信功能是网络操作系统的基本功能。网络操作系统负责网络服务器和网络工作站之间的通信，接收网络工作站的请求，并提供网络服务。或者将工作站的请求转发到其他的节点请求服务。网络通信功能的核心是执行网络通信协议，不同网络操作系统可以有不同的通信协议。

网络的服务功能主要是为网络用户提供各种服务，传统的计算机网络主要是提供共享资源服务，包括硬件资源和软件资源的共享。现代计算机网络还可以提供电子邮件服务、文件上传下载服务。

网络操作系统目前常用的主要有：Windows NT、Windows Server 2000、Netware、UNIX 和 Linux 等。

Windows 类：是微软公司开发的。这类操作系统配置在整个局域网配置中是最常见的。微软的网络操作系统主要有：Windows NT 4.0 Server、Windows 2000 Server/Advance Server，以及最新的 Windows 2003 Server/ Advance Server 等。

NetWare 类：是 Novell 公司推出的网络操作系统。NetWare 是具有多任务、多用户的网络操作系统，它的较高版本提供系统容错能力（SFT）。它最重要的特征是基于基本模块设计思想的开放式系统结构，可以方便地对其进行扩充。NetWare 服务器较好地支持无盘站，常用于教学网。

Unix 系统：是由 AT&T 公司和 SCO 公司于 20 世纪 70 年代推出的 32 位多用户多任务的网络操作系统。主要用于小型机、大型机上。目前有多种变型版本，如 AIX、Solaros、Linux 等。

（2）网络通信协议。在网络上有许多由不同组织出于不同应用目的而应用在不同范围内的网络协议，网络协议遍及 OSI 通信模型的各个层次。网络通信协议（Computer Communication Protocol）主要是对信息传输的速率、传输代码、代码结构、传输控制步骤、出错控制等制定并遵守的一些规则，这些规则的集合称为通信协议。协议的实现既可以在硬件上完成，也可以在软件上完成，还可以综合完成。一般而言，下层协议在硬件上实现，而上层协议在软件上实现。

（3）网络应用软件。网络应用软件主要是为了提高网络本身的性能，改善网络管理能力，或者是给用户提供更多的网络应用的软件。网络操作系统集成了许多这样的应用软件，但有些软件是安装、运行在网络客户机上的，因此把这类网络软件也称为网络客户软件。

7.3　无线传感器网络

无线传感器网络是大量的静止或移动的传感器以自组织和多跳的方式构成的无线网络，其目的是协作地感知、采集、处理和传输网络覆盖地理区域内感知对象的监测信息，并报告给用户。它的英文是 Wireless Sensor Network，简称 WSN。大量的传感器节点将探测数据通过汇聚节点经其他网络发送给了用户。

传感器网络实现了数据采集、处理和传输的 3 种功能，而这正对应着现代信息技术的 3 大基础技术，即传感器技术、计算机技术和通信技术。

无线传感器网络的发展历史分为 3 个阶段。

第一阶段：最早可以追溯到 20 世纪 70 年代美国在战争中使用的传统的传感器系统。为了改变战局，美军曾经绞尽脑汁动用航空兵狂轰滥炸，但效果不大。后来，美军投放了 2 万多个"热带树"传感器。所谓"热带树"实际上是由震动和声响传感器组成的系统，它由飞机投放，落地后插入泥土中，只露出伪装成树枝的无线电天线，因而被称为"热带树"。只要对方车队经过，传感器探测出目标产生的震动和声响信息，自动发送到指挥中心，美机立即展开追杀，总共炸毁或炸坏 4.6 万辆卡车。

第二阶段：20 世纪 80 年代至 90 年代之间。主要是美军研制的分布式传感器网络系统、海军协同交战能力系统、远程战场传感器系统等。这种现代微型化的传感器具备感知能力、计算能力和通信能力。因此在 1999 年，《商业周刊》将传感器网络列为 21 世纪最具影响的 21 项技术之一。

第三阶段：21 世纪开始至今。这个阶段的传感器网络技术特点在于网络传输自组织，节点设计低功耗。

7.4　Internet 应用基础

20 世纪 80 年代以来，在计算机网络领域最引人注目的就是 Internet 的飞速发展。Internet 中文译名为"因特网"，又称为"互联网"，是世界上最大的全球性计算机网络。该网络将遍布全球的计算机连接起来，人们可以通过 Internet 共享全球信息，它的出现标志着网络时代的到来。

从信息资源的角度来看，Internet 是一个集各个部门、各个领域的各种信息资源为一体，供网上用户共享的信息资源网。它把全球数万个计算机网络、数千万台主机连接起来，包含了海量的信息资源，向全世界提供信息服务。

从网络通信的角度来看，Internet 是一个以 TCP/IP 网络协议连接各个国家、各个地区、各个机构的计算机网络的数据通信网。今天的 Internet 已经远远超过了一个网络的含义，它是一个信息社会的缩影。

7.4.1　Internet

Internet 是人类历史发展中的一个伟大的里程碑，它是未来信息高速公路的雏形，人类正由此进入一个前所未有的信息化社会。在 Internet 发展过程中，值得一提的是 NSFNet，它是美国国家科学基金会（NSF）建立的一个计算机网络，该网络也使用 TCP/IP，并在全国建立了按地区划分的计算机广域网。1988 年，NSFNet 已取代原有的 ARPANET 而成为 Internet 的主干网。NSFNet 对 Internet 的最大贡献是使 Internet 向全社会开放，而不像以前那样仅供计算机研究人员和其他专门人员使用。

随着社会科技、文化和经济的发展，人们对信息资源的开发和使用越来越重视。随着计算机网络技术的发展，Internet 已经成为一个开发和使用信息资源的覆盖全球的信息海洋。美国 IT 调查公司 Jupiter 研究公司公布的研究结果表明，截止到 2005 年，全球的 Internet 用户已达到 3.4 亿，全球上网人数为 8.06 亿。

中国早在 1987 年就由中国科学院高能物理研究所首先通过 X.25 租用线路实现了国际远程联网。1994 年 5 月，高能物理研究所的计算机正式接入了 Internet。与此同时，以清华大学为网络中心的中国教育与科研网也于 1994 年 6 月正式联通 Internet。1996 年 6 月，中国最大的 Internet 互联子网 ChinaNet 也正式开通并投入运营。

为了规范发展，1996 年 2 月，国务院令第 195 号《中华人民共和国计算机信息网络国际联网管理暂行规定》中明确规定只允许 4 个互联网络拥有国际出口：中国科技网（CSTNet）、中国教育与科研网（CERNet）、中国互联网（ChinaNet）和中国金桥信息网（ChinaGBN）。前两个网络主要面向科研和教育机构，后两个网络以运营为目的，是属于商业性质的 Internet。这里国际出口是指互联网络与 Internet 连接的端口及通信线路。

Internet 具有如下特点。

（1）开放性。Internet 不属于任何一个国家、部门、单位、个人，并没有一个专门的管理机构对整个网络进行维护。任何用户或计算机只要遵守 TCP/IP，都可进入 Internet。

（2）资源的丰富性。Internet 上有数以万计的计算机，形成了一个巨大的计算机资源，可以为全球用户提供极其丰富的信息资源。

（3）技术的先进性。Internet 是现代化通信技术和信息处理技术的融合。它使用了各种现代通信技术，充分利用了各种通信网，如电话网（PSTN）、数据网、综合通信网（DDN、ISDN）。这些通信网遍布全球，并促进了通信技术的发展，如电子邮件、网络视频电话、网络传真、网络视频会议等，增加了人类交流的途径，加快了交流速度，缩短了全世界范围内人与人之间的距离。

（4）共享性。Internet 用户在网络上可以随时查阅共享的信息和资料。如果网络上的主机提供共享型数据库，则可供查询的信息会更多。

（5）平等性。Internet 是"不分等级"的。个人、企业、政府组织之间可以是平等的、无等级的。

（6）交互性。Internet 可以作为平等自由的信息沟通平台，信息的流动和交互是双向的，信息沟通双方可以平等地与另一方进行交互，及时获得所需信息。

另外，Internet 还具有合作性、虚拟性、个性化和全球性的特点。

从 1996 年起，发达国家就在对互联网进行更深层次的研究。1996 年，美国国家科学基金会资助了下一代互联网（NGI）研究计划，建立了相应的高速网络试验床 vBNS。1998 年，美国大学先进网络研究联盟（UCAID）成立，设立 Internet 2 研究计划，并建立了高速网络试验床 Abilene。1998 年，亚太地区先进网络组织 APAN 成立，建立了 APAN 主干网。2001 年，欧盟资助下一代互联网研究计划，建成 GEANT 高速试验网。通过这些计划的实施，全球已初步建成大规模先进网络试验环境。

2002 年以来，下一代互联网的发展非常迅速。美国的 Abilene 和欧盟的 GEANT 不仅在带宽方面不断升级，而且还全面启动 IPv6 的过渡策略，并相继开展了大量基于 IPv6 的网络技术试验和大量基于下一代互联网技术的应用试验。Internet 2 与 GEANT 还在 2002 年完成了 5Gbit/s 的高速互连。在此基础上，Internet 2 又联合欧盟 GEANT 和亚太地区下一代互联网 APAN 发起"全球高速互联网 GTRN"计划，积极推动下一代互联网的全球性研究和开发。

下一代互联网的特点如下。

（1）更大：采用 IPv6 协议，使下一代互联网具有非常巨大的地址空间，网络规模将更大，接入网络的终端种类和数量更多，网络应用更广泛。

（2）更快：100MB/s 以上的端到端高性能通信。

（3）更安全：可进行网络对象识别、身份认证和访问授权，具有数据加密和完整性，实现一个可信任的网络。

（4）更及时：提供组播服务，进行服务质量控制，可开发大规模实时交互应用。

（5）更方便：无处不在的移动和无线通信应用。

（6）更可管理：有序的管理、有效的运营、及时的维护。

（7）更有效：有盈利模式，可创造重大社会效益和经济效益。

7.4.2　Internet 接入技术

目前 Internet 接入技术主要有：①基于传统电信网的有线接入；②基于有线电视网（Cable Modem）接入；③以太网接入；④无线接入技术；⑤光纤接入技术。其中，宽带无线接入和光纤接入是未来接入网技术的两个发展方向。下面简单介绍一下常用的接入技术。

1．单机连接方式

单机连接方式由拨号用户主机、电话线路和 ISP 提供的远程服务器组成，它是遵循 TCP/IP 中的电话线传输数据的通信协议，通过计算机通信软件建立用户和服务器点到点的连接，在电话线上传输分组信息包。在用户和远程服务之间建立连接时，需要配置参数，这其中包括用户主机配置参数和远程服务器配置参数。

用户主机配置参数如下。

（1）连接 Modem 的串行端口，Modem 的产品类型、传输速率等。

（2）本机的 IP 地址、主机名及所属域名等。由于目前 ISP 都是采用动态分配地址的方法，预先配置的本机 IP 地址没有实际意义。

远程服务器配置参数如下。

（1）ISP 提供的电话号码，呼叫持续时间等参数。

（2）ISP 为用户开设的账户：用户名和口令。

（3）通信软件支持的协议：SLIP 和 PPP。

（4）能为用户提供域名的域名服务器（DNS）的 IP 地址。

常用的单机上网方式如下。

（1）使用调制解调器接入。调制解调器又称为 Modem。它是一种能够使计算机通过电话线同其他计算机进行通信的设备。其作用是：一方面把计算机的数字信号转换成可在电话线上传送的模拟信号（这一过程称为"调制"）；另一方面把电话线传输的模拟信号转换成计算机能够接收的数字信号（这一过程称为"解调"）。拨号上网是最普通的上网方式，利用电话线和一台调制解调器就可以上网了。其优点是操作简单，只要有电话线的地方就可以上网，但上网速度很低（目前经常使用的 Modem 传输速率为 56kbit/s），并且占用电话线。使用拨号上网的用户没有固定的 IP 地址，IP 地址是由 ISP 服务器动态分配给每个用户，在客户端基本不需要什么设置就可以上网。

（2）ISDN 接入。在 20 世纪 70 年代出现了 ISDN（Integrator Services Digital Network），即综合业务数字网。它将电话、传真、数据、图像等多种业务综合在一个统一的数字网络中进行传输和处理，所以又称为"一线通"。ISDN 接入 Internet 需要使用标准数字终端的适配器（TA）连接设备连接计算机到普通的电话线，即 ISDN 上传送的是数字信号，因此速度较快。可以以 128kbit/s 的速率上网，而且上网的同时可以打电话、收发传真，是用户接入 Internet 及局域网互连的理想方法之一。

（3）ADSL 接入。ADSL 是非对称数字用户线路的简称，是利用电话线实现高速、宽带上网的方法。是目前使用较多的上网方式。"非对称"指的是网络的上传和下载速度的不同。通常人们在 Internet 上下载的信息量要远大于上传的信息量，因此采用了非对称的传输方式，满足用户的实际需要，充分合理地利用资源。ADSL 上传的最大速度是 1Mbit/s，下载的速度最高可达 8Mbit/s，几乎可以满足任何用户的需要，包括视频的实时传送。ADSL 还不影响电话线的使用，可以在上网的同时进行通话，很适合家庭上网使用。

（4）Cable Modem 接入。Cable Modem 又称为线缆调制解调器，它利用有线电视线路接入 Internet，接入速率可以高达 10Mbit/s～30Mbit/s，可以实现视频点播、互动游戏等大容量数据的传输。接入时，将整个电缆（目前使用较多的是同轴电缆）划分为 3 个频带，分别用于 Cable Modem 数字信号上传、数字信号下传及电视节目模拟信号下传，一般同轴电缆的带宽为 5MHz～750MHz，数字信号上传带宽为 5MHz～42MHz，模拟信号下传带宽为 5MHz～550MHz，数字信号下传带宽则是 550MHz～750MHz，这样，数字数据和模拟数据不会冲突。它的特点是带宽高，速度快，成本低，不受连接距离的限制，不占用电话线，不影响收看电视节目。

（5）无线接入。无线接入是指从用户终端到网络的交换节点采用无线手段接入技术，实现与 Internet 的连接。无线接入 Internet 已经成为网络接入方式的热点。无线接入 Internet 可以分为两类：一类是基于移动通信的接入技术；另一类是基于无线局域网的技术。

2. 局域网连接方式

将 LAN 接入 Internet 的方法很多，可以分为软件方法和硬件方法两类。

（1）用软件方法实现 LAN 的接入。软件方法是利用代理服务器（Proxy Server）软件实现小型 LAN 的接入。此时需要以下条件。

① 在 LAN 的网络服务器上安装相应的代理服务器软件，并且每台机器上都有 Proxy 的设置项。

② 将装有代理服务器软件的服务器通过一条电话线和解调器连接到 PSTN 上，这样便可以通过电话拨号入网。

③ 向本地的 ISP 申请一个静态的 IP 地址和一个域名，将该 IP 地址分配给服务器。

（2）用硬件的方式实现 LAN 的接入。硬件方法是利用路由器等硬件来实现大、中型 LAN 的接入。大、中型 LAN 如果想获得最好的访问速率，需采用硬件方式接入 Internet。在硬件方式中，又可分为专线方式和电话拨号方式两种。

① 专线方式。这是对 Internet 访问最快的一种接入方式。通常需要一个路由器，并使用专线与 Internet 相连。但该方式价格高，构造复杂且需要专业人员进行维护，一般较少被采用。

② 电话拨号方式。为了降低费用，不少厂商已经开发出价位较低的，可以通过电话拨号方式访问 Internet 的专用硬件设备。该设备实际上是以硬件的方式完成代理服务功能，且具有路由功能，因此可称此类设备为代理路由器（Proxy Route）。

7.4.3　IP 地址

1. IP 地址

为了使连入 Internet 的众多电脑主机在通信时能够相互识别，Internet 中的每一台主机都分配有一个唯一的由 32 位二进制数组成的地址，该地址称为 IP 地址，每个 IP 地址是由网络号和主机号两部分组成的。网络号表明主机所连接的网络，主机号标识了该网络上特定的那台主机。

按照 TCP/IP（Transport Control Protocol/Internet Protocol，传输控制协议/因特网协议）规定，IP 地址用二进制来表示，每个 IP 地址长 32bit，比特换算成字节，就是 4 个字节。例如一个采用二进制形式的 IP 地址是 "00001010000000000000000000000001"，这么长的地址，人们处理起来也太费劲了。为了方便人们的使用，IP 地址经常被写成十进制的形式，中间使用符号 "." 分开不同的字节。于是，上面的 IP 地址可以表示为 "10.0.0.1"。IP 地址的这种表示法叫做 "点分十进制表示法"，这显然比 1 和 0 容易记忆得多。

　　IP 地址由 4 个数组成，每个数可取值范围为 0～255，各数之间用一个点号 "." 分开，例如：210.40.132.1。

2．IP 地址分类

　　（1）IP 地址分为固定 IP 地址和动态 IP 地址。

　　固定 IP 地址，也可称为静态 IP 地址，是长期固定分配给一台计算机使用的 IP 地址，一般是特殊的服务器才拥有固定 IP 地址。

　　动态 IP 地址是因为 IP 地址资源非常短缺，通过电话拨号上网或普通宽带上网用户一般不具备固定 IP 地址，而是由 ISP 动态分配的暂时的一个 IP 地址。普通人一般不需要去了解动态 IP 地址，这些都是计算机系统自动分配完成的。

　　（2）IP 地址分为公有 IP 地址和私有 IP 地址。

　　① 公有地址（Public address，也可称为公网地址）。由 Internet NIC（Internet Network Information Center，因特网信息中心）负责。这些 IP 地址分配给注册并向 Internet NIC 提出申请的组织机构。通过它直接访问因特网，它是广域网范畴内的。分类方法如下：把 32 位二进制表示的 IP 地址分成 4 个 8 位组，利用第一个 8 位组确定类型。

　　A 类地址：第一个 8 位组的首位必须是 0，且第一个 8 位组表示网络标识，也叫网络地址，而剩余的 24 位表示主机标识，也叫主机地址；A 类地址的范围转化为十进制范围是 0～127（第一字段）。

　　B 类地址：第一个 8 位组的前两位必须是 10，且表示网络地址的二进制位数为前两个 8 位组，除去固定的两位必须为 10 的位后，表示网络地址共 14 位，主机地址共 16 位；B 类地址的范围是 128～191。

　　C 类地址：第一个 8 位组前 3 位为 110，且表示网络地址的 8 位组为前三组，除去固定的前 3 位 110，表示网络地址的位数为 21 位，表示主机地址的位数为 8 位；C 类地址的范围是 192～223。

　　D 类地址：第一个八位组前 4 位是 1110，该类地址作为多目广播使用，表示一组计算机；D 类地址的范围是 224～239。

　　E 类地址：第一个 8 位组前 5 位为 11110，E 类地址的范围是 240～255，该类地址作为科学研究，所以留用。

　　标准的 A，B，C 3 类地址，可以看出 A 类地址的网络数量比较少，但是每个网络中的主机数量比较多；而 C 类地址网络数量比较多，每个网络的主机数量比较少。

　　② 私有地址（Private address，也可称为专网地址）。属于非注册地址，专门为组织机构内部使用，它是局域网范畴内的，出了所在局域网是无法访问因特网的。

　　留用的内部私有地址目前主要有以下几类。

　　A 类：10.0.0.0～10.255.255.255

　　B 类：172.16.0.0～172.31.255.255

　　C 类：192.168.0.0～192.168.255.255

3．域名系统

　　IP Address 是以数字来代表主机的地址，但是以类似 159.226.60.1 这样的数字来代表某一地址并不是一个容易记忆的方法，若是能以具有意义的文字简写名称来代表该 IP 地址（Address），将更容易地记住各主机的地址。

　　域名（Domain name）的意义就是以一组英文简写来代替难记的 IP 地址的数字。

　　域名（Domain name）的管理方式也是层次式的分配，某一层的域名（Domain name）只需向上一层的域名服务器（Domain name Server）注册即可。

210.40.132.8 主机的域名（Domain name）为 www.muc.edu.cn。

cn 是中国的缩写。

edu 代表中国教育科研网络。

muc 代表中央民族大学。

www 代表提供的网络服务类型。

常用的根域名的代码具体含义见表 7-1。

表 7-1 常用根域名代码的含义

代码	名称	代码	名称
com	商业机构	edu	教育机构
gov	政府机构	int	国际机构
mil	军事机构	net	网络机构
org	非盈利机构	arts	娱乐机构
firm	工业机构	info	信息机构
nom	个人和个体	rec	消遣机构
store	商业销售机构	web	与 www 有关的机构

随着 Internet 的不断发展壮大，国际域名管理机构又增加了国家与地区代码这一新根域名，采用国家（地区）的英文名称的缩写作为根域名中的国家代码，例如，cn 表示中国，uk 表示英国，jp 表示日本。Internet 上部分国家（地区）域名代码见表 7-2。

表 7-2 部分国家（地区）域名代码

代码	国家/地区	代码	国家/地区
it	意大利	au	澳大利亚
ru	俄罗斯	tw	中国台湾
cn	中国	hk	中国香港
fr	法国	jp	日本
uk	英国	kp	韩国
us	美国	de	德国

7.4.4 IPv6 简介

IPv6 是 Internet Protocol Version 6 的缩写，意为"互联网协议版本 6"。IPv6 是 IETF（互联网工程任务组，Internet Engineering Task Force）设计的用于替代现行版本 IP（IPv4）的下一代 IP。目前 IP 的版本号是 4（简称为 IPv4），它的下一个版本就是 IPv6。

目前全球因特网所采用的协议族是 TCP/IP 协议族。现在我们使用的是第二代互联网 IPv4 技术，核心技术属于美国。它的最大问题是网络地址资源有限，从理论上讲，编址 1600 万个网络、40 亿台主机。但采用 A、B、C 3 类编址方式后，可用的网络地址和主机地址的数目大打折扣，以至目前的 IP 地址已于 2011 年 2 月 3 日分配完毕。其中北美占有 3/4，约 30 亿个，而人口最多的亚洲只有不到 4 亿个，中国截止到 2010 年 6 月 IPv4 地址数量达到 2.5 亿，落后于 4.2 亿网民的需求。地址不足严重地制约了中国及其他国家互联网的应用和发展。

但是与 IPv4 一样，IPv6 也会造成大量的 IP 地址浪费。准确地说，使用 IPv6 的网络并没有 2^{128} 个能充分利用的地址。首先，要实现 IP 地址的自动配置，局域网所使用的子网的前缀必须等于 64，但是很少有一个局域网能容纳 2^{64} 个网络终端；其次，由于 IPv6 的地址分配必须遵循聚类的原则，地址的浪费在所难免。但是，如果 IPv4 实现的只是人机对话，而 IPv6 则扩展到任意事物之间的对话，它不仅可以为人类服务，还将服务于众多硬件设备，如家用电器、传感器、远程照相机、汽车等，它将是无时不在、无处不在地深入社会每个角落的真正的宽带网。而且它所带来的经济效益将非常巨大。

当然，IPv6 并非十全十美、一劳永逸，不可能解决所有问题。IPv6 只能在发展中不断完善，也不可能在一夜之间发生，过渡需要时间和成本，但从长远看，IPv6 有利于互联网的持续和长久发展。目前，国际互联网组织已经决定成立两个专门工作组，制定相应的国际标准。

7.5　Internet 的基本服务

7.5.1　信息浏览与搜索引擎

1. WWW

WWW（World Wide Web）是一张附着在 Internet 上的覆盖全球的信息"蜘蛛网"，镶嵌着无数以超文本形式存在的信息，有人叫它全球网，有人叫它万维网，或者就简称为 Web（全国科学技术名词审定委员会建议，WWW 的中译名为"万维网"）。WWW 是当前 Internet 上最受欢迎、最为流行、最新的信息检索服务系统。它把 Internet 上现有资源全部连接起来，使用户能在 Internet 上已经建立了 WWW 服务器的所有站点提供超文本媒体资源文档。这是因为，WWW 能把各种类型的信息（静止图像、文本声音和音像）天衣无缝地集成起来。WWW 不仅提供了图形界面的快速信息查找，还可以通过同样的图形界面（GUI）与 Internet 的其他服务器对接。

2. Web 浏览器

浏览器是显示网页伺服器或档案系统内的 HTML 文件，并让用户与这些文件互动的一种软件，是最经常使用到的客户端程序。

个人电脑上常见的网页浏览器包括微软的 Internet Explorer、Mozilla 的 Firefox、Opera 和 Safari。还有部分基于 IE 浏览器内核的浏览器，应用较多的如：maxthon（傲游）、Tencent Traveler（腾讯 TT 浏览器）、MYIE 等。

3. 网上信息资源检索

（1）使用 IE 浏览器检索。使用 IE 的"搜索"按钮进行信息检索。使用一些搜索工具嵌入软件进行搜索，比如网络实名，只需在地址栏中直接输入要搜索的关键词即可，甚至可以使用中文。

（2）使用搜索引擎检索。搜索引擎是一种搜索其他目录和网站的检索系统。搜索引擎网站可以将查询结果以统一的清单表示返回。

具有代表性的中文搜索引擎网站有百度（http://www.baidu.com）、Google（http://www.google.com）。Google 可以支持 13 种非 HTML 文件的搜索。除了 PDF 文档，Google 现在还可以搜索 Microsoft Office（doc，ppt，xls，rtf）、Shockwave Flash（swf）、PostScript（ps）和其他类型文档。新的文档类型只要与用户的搜索相关，就会自动显示在搜索结果中。

另外，还有搜狐（http://www.sohu.com.cn）、新浪搜索（http://search.sina.com.cn）、网易中文搜索

引擎（http://www.yeah.net）、中文雅虎（http://cn.yahoo.com）、炎黄在线（http://search.chinese.com）等。

常见的国外搜索引擎有 Yahoo（http://www.yahoo.com）、AltaVista（http://www.altavista.com）、Infoseek（http://guide.infoseek.com）等。

除了这些常用的搜索引擎之外，还有一些专业期刊或者核心期刊杂志类的搜索引擎，比如中国期刊全文数据库（CNKI，http://www.cnki.net）、维普全文电子期刊（http://neu.cqvip.com）等，用户可以通过这些专业搜索引擎进行专业期刊或文章检索。

7.5.2　电子邮件

电子邮件（又称 E-mail），是一种通过网络实现相互传送和接收信息的现代化通信方式，发送、接收和管理电子邮件是 Internet 的一项重要功能。它与邮局收发的普通信件一样，都是一种信息载体。电子邮件和普通邮件的显著差别是：电子邮件中除了普通文字外，还可包含声音、动画、影像信息。

1．电子邮件特点

电子邮件与普通信件相比，具有以下优点。

（1）快速。发送电子邮件后，只需几秒钟就可通过网络传送到邮件接收人的电子邮箱中。

（2）方便。书写、收发电子邮件都通过电脑自动完成，双方接收邮件都无时间和地点的限制。

（3）廉价。平均发送一封电子邮件只需几分钱，比普通信件便宜。

（4）可靠。每个电子邮箱地址都是全球唯一的，确保邮件按发件人输入的地址准确无误地发送到收件人的邮箱中。

（5）内容丰富。电子邮件不仅可以传送文本，还可以传送声音、视频等多种类型的文件。

2．电子邮件的工作过程

电子邮件的工作过程为：邮件服务器是在 Internet 上类似邮局用来转发和处理电子邮件的计算机，其中发送邮件服务器与接收邮件服务器和用户直接相关，发送邮件服务器（又称 SMTP 服务器。SMTP，Simple Message Transfer Protocol，简单邮件传输协议）将用户编写的邮件转交到收件人手中。接收邮件服务器（又称 POP 服务器）采用邮局协议（POP3：Post Office Protocol），用于将其他人发送的电子邮件暂时寄存，直到邮件接收者从服务器上取到本地机上阅读。

3．电子邮件常用术语

（1）收费邮箱。是指通过付费方式得到的一个用户账号和密码，收费邮箱有容量大、安全性高等特点。

（2）免费邮箱。是指网站上提供给用户的一种免费邮箱，用户只需填写申请资料，即可获得用户账号和密码。它具有免付费、使用方便等特点，是人们使用较为广泛的一种通信方式。

（3）电子邮件地址格式。E-mail 像普通的邮件一样，也需要地址，它与普通邮件的区别在于它是电子地址。所有在 Internet 之上有信箱的用户都有自己的 E-mail address，并且这些 E-mail address 都是唯一的。邮件服务器就是根据这些地址，将每封电子邮件传送到各个用户的信箱中，E-mail address 就是用户的信箱地址。用户只有在拥有一个地址后才能使用电子邮件。

一个完整的 Internet 邮件地址由以下两个部分组成，格式如下：

用户账号@主机名.域名

符号@读作"at"，表示"在"的意思，主机名与域名用"."隔开。

如：作者的电子邮件地址为：lw_cun@126.com。

（4）收件人（TO）。邮件的接收者，相当于收信人。

（5）发件人（From）。邮件的发送人，一般来说，就是用户自己。

（6）抄送（CC）。用户给收件人发出邮件的同时，把该邮件抄送给另外的人，在这种抄送方式中，"收件人"知道发件人把该邮件抄送给了另外哪些人。

（7）暗送（BCC）。用户给收件人发出邮件的同时，把该邮件暗中发送给另外的人，但所有"收件人"都不会知道发件人把该邮件发给了哪些人。

（8）主题（Subject）。即这封邮件的标题。

（9）附件。同邮件一起发送的附加文件或图片资料等。

4. 电子邮箱的申请方法

进行收发电子邮件之前，必须先申请一个电子邮箱。

（1）通过申请域名空间获得邮箱。如果需要将邮箱应用于企事业单位，且经常需要传递一些文件或资料，并对邮箱的数量、大小和安全性有一定的需求，可以到提供该项服务的网站上（如万维企业网）申请一个域名空间，也就是主页空间，在申请过程中会为用户提供一定数量及大小的电子邮箱，以便别人能更好地访问用户的主页。这种电子邮箱的申请需要支付一定的费用，适用于集体或单位。

（2）通过网站申请免费邮箱。提供电子邮件服务的网站很多，如果用户需要申请一个邮箱，只需登录到相应的网站，单击提供邮箱的超链接，根据提示信息填写好资料，即可注册申请一个电子邮箱。

7.5.3 文件传输

1. 文件传输概述

文件传输被用来获取远程计算机上的文件。与远程登录类似，文件传输是一种实时的联机服务，在进行工作时，用户首先要登录到对方的计算机上；与远程登录不同的是，用户在登录后仅可以进行与文件搜索和文件传送有关的操作，如改变当前的工作目录、列文件目录、设置传输参数、传送文件等。使用文件传输协议（FTP，File Transfer Protocol）可以传送多种类型的文件，如图像文件、声音文件、数据压缩文件等。

FTP 是 Internet 文件传输的基础。通过该协议，用户可以从一个 Internet 主机向另一个 Internet 主机"下载"或"上传"文件。"下载"文件就是从远程主机复制文件到自己的计算机上；"上传"文件就是将文件从自己的计算机中复制到远程主机上。用户可通过匿名（Anonymous）FTP 或身份验证（通过用户及密码验证）连接到远程主机上，并下载文件，FTP 主要用于下载公共文件。

2. 应用举例

在 Internet 上使用 FTP 服务一般有 3 种方法。

（1）使用 Windows 中自带的 FTP 应用程序。启动"命令提示符"程序，输入"FTP ftp.tsinghua.edu.cn"，在该窗口中，用户在"user（ftp.tsinghua.edu.cn:（none））"处输入 anonymous（匿名），按回车键即可。登录成功后，用户利用 FTP 指令即可完成文件的上传与下载，但该方法使用较少，原因是需要掌握 FTP 的指令。

（2）使用 IE 浏览器。在 IE 浏览器的地址栏内直接输入 FTP 服务器的地址。例如在 IE 浏览器的地址栏中输入 ftp://ftp.tsinghua.edu.cn（清华大学 ftp 服务器地址），出现窗口显示方式及操作方法，与 Windows 的资源管理器类似。如果要下载某一个文件夹或文件，首先右键单击该文件夹或文件，在弹出的快捷菜单中选择"复制到文件夹"命令，在弹出的对话框中选择要保存的文件或文件夹的磁盘位置，单击"确定"按钮即可。

（3）使用专门的 FTP 下载工具。常见的 CuteFTP、QuickFTP 2000、FTP Works 等都是 FTP

下载工具。这些工具操作简单、实用，使 Internet 上的 FTP 服务更方便、快捷。

7.5.4　即时通信

即时通信（Instant Messenger，IM），是指能够即时发送和接收互联网消息等的业务。自 1998 年面世以来，特别是近几年的迅速发展，即时通信的功能日益丰富，逐渐集成了电子邮件、博客、音乐、电视、游戏和搜索等多种功能。即时通信不再是一个单纯的聊天工具，它已经发展成集交流、资讯、娱乐、搜索、电子商务、办公协作和企业客户服务等为一体的综合化信息平台。是一种终端连接即时通信网络的服务。即时通信不同于 E-mail 之处在于它的交谈是即时的。大部分的即时通信服务提供了状态信息的特性——显示联络人名单、联络人是否在线与能否与联络人交谈。

常用的即时通信工具有 MSN 和 QQ。

7.6　其他应用信息服务介绍

7.6.1　远程登录

1．远程登录概述

用户将电脑连接到远程计算机的操作方式叫做"登录"。远程登录（Remote Login）是用户通过使用 Telnet 等有关软件，使自己的计算机暂时成为远程计算机的终端的过程。一旦用户成功地实现了远程登录，用户使用的计算机就好像一台与对方计算机直接连接的本地计算机终端那样进行工作，使用远程计算机上所拥有的信息资源，享受远程计算机与本地终端同样的权力。Telnet 是 Internet 的远程登录协议。

用户在使用 Telnet 进行远程登录时，首先应该输入要登录点服务器的域名或 IP 地址，然后根据服务器系统的询问，正确地输入用户名和口令后，远程登录成功。

2．应用举例

远程登录服务的典型应用就是电子公告板（BBS），它是一种利用计算机通过远程访问得到的一个信息源以及报文传递系统。用户只要连接在 Internet 上，就可以直接利用 Telnet 方式进入 BBS，阅读其他用户的留言，发表自己的意见。它大致包括新建讨论区、文件交流区、信息布告区和交互讨论区、多线交谈等几部分，BBS 大多以技术服务或专业讨论为主。

7.6.2　电子公告牌 BBS

BBS 是英文 Bulletin Board System 的缩写，即电子公告牌系统，是 Internet 上的一种电子信息服务系统。它提供一块公共电子白板，每个用户都可以在上面书写，可发布信息或提出看法。传统的电子公告板（BBS）是一种基于 Telnet 协议的 Internet 应用，与人们熟知的 Web 超媒体应用有较大差异，提出了一种基于 CGI（通用网关接口）技术的 BBS 系统实现方法，并通过了网站的运行。

电子公告板是一种发布并交换信息的在线服务系统，可以使更多的用户通过电话线以简单的终端形式实现互连，从而得到廉价的丰富信息，并为其会员提供进行网上交谈、消息发布、问题讨论、文件传送、学习交流和游戏等的机会和空间。

因特网（Internet）之前，在 20 世纪 80 年代中叶就开始出现基于调制解调器（modem）和电话线通信的拨号 BBS 及其相互连接而成的 BBS 网络。

7.6.3　电子商务

电子商务，英文是 Electronic Commerce，简称 EC。电子商务涵盖的范围很广，一般可分为企业对企业（Business-to-Business）和企业对消费者（Business-to-Consumer）两种。另外还有消费者对消费者（Consumer-to-Consumer）这种大步增长的模式。随着国内 Internet 使用人数的增加，利用 Internet 进行网络购物并以银行卡付款的消费方式已经流行，市场份额也在迅速增长，电子商务网站也层出不穷。

7.6.4　电子政务

电子政务即运用计算机、网络和通信等现代信息技术手段，实现政府组织结构和工作流程的优化重组，超越时间、空间和部门分隔的限制，建成一个精简、高效、廉洁、公平的政府运作模式，以便全方位地向社会提供优质、规范、透明、符合国际水准的管理与服务。

在政府内部，各级领导可以在网上及时了解、指导和监督各部门的工作，并向各部门做出各项指示。这将带来办公模式与行政观念上的一次革命。在政府内部，各部门之间可以通过网络实现信息资源的共建共享联系，既提高了办事效率、质量和标准，又节省了政府开支，起到反腐倡廉的作用。

政府作为国家管理部门，其上网开展电子政务有助于政府管理的现代化，实现政府办公电子化、自动化、网络化。通过互联网这种快捷、廉价的通信手段，政府可以让公众迅速了解政府机构的组成、职能和办事章程，以及各项政策法规，增加办事执法的透明度，并自觉接受公众的监督。

在电子政务中，政府机关的各种数据、文件、档案、社会经济数据都以数字形式存储在网络服务器中，可通过计算机检索机制快速查询，即用即调。

7.6.5　Blog、Rss

Blog 的全名应该是 Web log，中文意思是"网络日志"，后来缩写为 Blog，而博客（Blogger）就是写 Blog 的人。从理解上讲，博客是"一种表达个人思想，网络链接、内容，按照时间顺序排列，并且不断更新的出版方式"。简单地说，博客是一类人，这类人习惯于在网上写日记。

Blog 就是以网络作为载体，简易、迅速、便捷地发布自己的心得，及时、有效、轻松地与他人进行交流，再集丰富多彩的个性化展示于一体的综合性平台。

RSS 也叫聚合 RSS，是在线共享内容的一种简易方式（也叫聚合内容，Really Simple Syndication）。通常在时效性比较强的内容上使用 RSS 订阅能更快速地获取信息，网站提供 RSS 输出，有利于让用户获取网站内容的最新更新。比如用户喜欢浏览 3 个论坛，那么每天要分别登录 3 个论坛才能看到每天更新的帖子内容，如果使用 RSS，就可以在 3 个论坛有更新的时候直接查看，而不需要一个一个地登录论坛的网页来查看。

7.6.6　维基百科

维基百科（英语：Wikipedia，是维基媒体基金会的商标）是一个自由、免费、内容开放的百科全书协作计划，参与者来自世界各地。这个站点使用 Wiki，这意味着任何人都可以编辑维基百科中的任何文章及条目。维基百科是一个基于 wiki 技术的多语言百科全书协作计划，也是一部用不同语言写成的网络百科全书，其目标及宗旨是为全人类提供自由的百科全书——用他们所选择的语言书写而成的，是一个动态的、可自由访问和编辑的全球知识体，也被称作"人民的百科全书"。

7.7 移动互联网

移动互联网，就是将移动通信和互联网二者结合起来成为一体。在最近几年里，移动通信和互联网成为当今世界发展最快、市场潜力最大、前景最诱人的两大业务，它们的增长速度都是任何预测家未曾预料到的，所以可以预见移动互联网将会创造怎样的经济神话。

7.7.1 移动互联网的特点

"小巧轻便"、"通信便捷"的移动互联网模式，相对 PC 互联网来说越来越受到广大用户的喜爱。它主要有以下特点。

1. 高便携性

除了睡眠时间，移动设备一般都以远高于 PC 的使用时间伴随在其主人身边。这个特点决定了，使用移动设备上网可以带来 PC 上网无可比拟的优越性，即沟通与资讯的获取远比 PC 设备方便。

2. 隐私性

移动设备用户的隐私性远高于 PC 端用户的要求。不需要考虑通信运营商与设备商在技术上如何实现它，高隐私性决定了移动互联网终端应用的特点——数据共享时即保障认证客户的有效性，也要保证信息的安全性。这就不同于互联网公开、透明、开放的特点。互联网下，PC 端系统的用户信息是可以被搜集的。而移动通信用户上网显然是不希望自己设备上的信息给他人知道甚至共享。

3. 应用轻便

除了长篇大论，休闲沟通外，能够用语音通话的就用语音通话解决。移动设备通信的基本功能代表了移动设备方便、快捷的特点。而延续这一特点及设备制造的特点，移动通信用户不会接受在移动设备上采取复杂的类似 PC 输入端的操作——用户的手指情愿用"指手划脚"式的肢体语言去控制设备，也不愿意在巴掌大小的设备上去输入 26 个英文字母长时间去沟通，或者打一篇千字以上的文章。

从以上的特点继续推断，就可得出移动互联网的基本面貌。用户选择无线上网不等于 PC 互联网。不能说移动互联网是 PC 互联网的延伸，同是网络建设与应用，两者之间虽然有联系，但也有着根本的区别，无线上网可以提供给便携设备，但基本设备终端是手机、PDA 等移动设备。设备包括了 PC 端便携设备，也包括了移动设备，无线环境下包括的设备体系是两者的集合。移动互联网移动上网的终端体系决定了终端之间的访问，既可以是移动设备对移动设备，也可以是移动设备对 PC 设备。不同体系之间的设备之间的交互访问决定了应用的丰富性远甚于 PC 互联网。中高端的设备可以访问 PC 端的互联网，然而并不影响移动设备与移动设备之间的访问交互。

纯移动设备用户上网访问应用时，要避免一切会给用户带来疑问的应用：减少下载，减少输入量。移动设备用户情愿缺少一个非必需的应用，也不愿意冒着设备被软件破坏的危险去安装一个系统或者软件。移动办公代替不了 PC 办公，移动办公只适宜解决信息量不是很大的问题，如远程会议、现场数据发送等，要进行大数据的采集编辑，还是需要 PC 设备——在小小的屏幕下工程师不会使用 CAD 进行图形编辑，而记者也不愿意进行长达千字的 Office 软件操作。只读不写或者加以简单的批注更为适合。

更广泛地利用触控技术进行操作，移动设备用户可以通过设备的上下左右摇摆，手指对屏幕的触动进行功能项的操作。移动通信设备在网络上与视频、音频的完美融合，如远程监控、远程即时会议、商务导航——这些是 PC 端无法比拟的。移动通信设备对其他数码设备的支持，如车载系统，担当家电数码组合的客户端操作设备，基于隐私保护下可担当移动银行支付卡等。

7.7.2　移动互联网的应用范围

移动互联网是一个全国性的，以宽带 IP 为技术核心的，可同时提供话音、传真、数据、图像、多媒体等高品质电信服务的新一代开放的电信基础网络，是国家信息化建设的重要组成部分。而移动互联网应用最早让人们接受的方式则是从短消息服务开始的。

中国移动通过"移动梦网"的实践和创新，带动移动互联网不断开辟新的服务领域，提供更多有价值的信息资源，促进移动互联网市场不断壮大，推动通信走向繁荣。在中国移动统一号召和监管下，各个服务提供商充分利用自身的资源优势，开展了众多令人耳目一新的短信应用。目前移动互联网主要应用范围如下。

（1）资讯。以新闻定制为代表的媒体短信服务，是许多普通用户最早的也是大规模使用的短信服务。对于像搜狐、新浪这样的网站而言，新闻短信几乎是零成本，它们几乎可以提供国内最好的媒体短信服务。目前这种资讯定制服务已经从新闻走向社会生活的各个领域，如股票、天气、商场、保险等。

（2）沟通。移动 QQ 帮助腾讯登上了"移动梦网"第一信息发送商的宝座。通过"移动 QQ"和 QQ 信使服务，手机用户和 QQ 用户实现了双向交流，一下子将两项通信业务极大地增值了。

（3）娱乐。娱乐短信业务现在已经被作为最为看好的业务方向，世界杯期间各大 SP 推出的短信娱乐产品深受用户的欢迎，使用量狂增。原因很简单，娱乐短信业务是最能发挥手机移动特征的业务。移动梦网的进一步发展将和数字娱乐紧密结合，而数字娱乐产业是体验经济的最核心领域。随着技术的进步，MMS 的传送将给短信用户带来更多更新的娱乐体验。

（4）手机上网业务。手机上网主要提供两种接入方式：手机+笔记本电脑的移动互联网接入。移动电话用户通过数据套件将手机与笔记本电脑连接后，拨打接入号，笔记本电脑即可通过移动交换机的网络互连模块 IWF 接入移动互联网。

（5）WAP 手机上网。WAP 是移动信息化建设中最具有诱人前景的业务之一，是最具个人化特色的电子商务工具。在 WAP 业务覆盖的城市，移动用户通过使用 WAP 手机的菜单提示，可直接通过 GSM 网接入移动互联网，网上可提供 WAP、短消息、E-mail、传真、电子商务、位置信息服务等具有移动特色的互联网服务。中国移动、中国联通均已开通了 WAP 手机上网业务，覆盖了国内主要大中城市。那么，手机上网以后主要有什么应用？从目前来看，主要是 3 大方面的应用，即公众服务、个人信息服务和商业应用。公众服务可为用户实时提供最新的天气、新闻、体育、娱乐、交通及股票等信息。个人信息服务包括浏览网页查找信息、查址查号、收发电子邮件和传真、统一传信、电话增值业务等，其中电子邮件可能是最具吸引力的应用之一。商业应用除了办公应用外，恐怕移动商务是最主要、最有潜力的应用了。股票交易、银行业务、网上购物、机票及酒店预订、旅游及行程和路线安排、产品订购可能是移动商务中最先开展的应用。

（6）移动电子商务。所谓移动电子商务，就是指手机、掌上电脑、笔记本电脑等移动通信设备与无线上网技术结合所构成的一个电子商务体系。根据英国 OVUM 预测，到 2005 年，这种用户将增加到 2.04 亿，即大约 1/5 的移动电话用户将使用手机访问 Internet。近年来，中国移动用户市场增长迅速，到 2005 年上半年，移动用户总数已增至 3 亿，所以，移动数据业务同样具有巨大的市场潜力，对运营商而言，无线网络能否提供有吸引力的数据业务则是吸引高附加值用户的必要条件。

（7）Java 技术应用。J2ME 是一种 Java 技术在小型器件上应用的版本，它是将 Java 技术优化，使之专门为在移动电话和 PDA 这样内存有限的设备上运行的技术。J2ME 技术使交互式服务得以实现，完全超出了今天基于文本的静态的内容服务。它通过对无线器件上易用的、图形化的交互式服务的支持，使消费者有了更为丰富的服务享受。因此，在采用 J2ME 技术的手机和其他无线器件上，用户就可在交互的在线状态下和脱机状态下下载新的服务,如个性化股票动态报价、实时气象预报和电子游戏等。据介绍,目前绝大多数无线开发商都采用 J2ME 平台编写应用程序软件。可以说,在 Java 技术的帮助下,小小的无线终端设备才有可能实现诸如游戏、图形等多种信息的下载与传递。

7.8 网页制作的基本概念

7.8.1 网页制作概述

网页制作是网站策划师、网络程序员、网页设计师等岗位应用各种网络程序开发技术和网页设计技术,为企事业单位、公司或个人在全球互联网上建设站点,并包含域名注册和主机托管等服务的总称。其作用为展现公司形象,加强客户服务,完善网络业务。网页制作是企业开展电子商务的基础设施和信息平台,是 Internet 上宣传和反映企业形象和文化的重要窗口。新竞争力也认为注重网站的网络营销价值而不是外在表现。网页制作是指使用标识语言通过一系列设计、建模和执行的过程,将电子格式的信息通过互联网传输和浏览。

网站是企业向用户和网民提供信息(包括产品和服务)的一种方式,网页制作是企业开展电子商务的基础设施和信息平台,离开网站(或者只是利用第三方网站)去谈电子商务是不可能的。企业的网址被称为“网络商标”,也是企业无形资产的组成部分,而网站是 Internet 上宣传和反映企业形象和文化的重要窗口。

7.8.2 HTML 简介

超文本标记语言,即 HTML(Hypertext Markup Language),是用于描述网页文档的一种标记语言。HTML 是一种规范、一种标准,它通过标记符号来标记要显示的网页中的各个部分。网页文件本身是一种文本文件,通过在文本文件中添加标记符,可以告诉浏览器如何显示其中的内容(如:文字如何处理,画面如何安排,图片如何显示等)。浏览器按顺序阅读网页文件,然后根据标记符解释和显示其标记的内容,对书写出错的标记将不指出其错误,且不停止其解释执行过程,编制者只能通过显示效果来分析出错原因和出错部位。但需要注意的是,对于不同的浏览器,对同一标记符可能会有不完全相同的解释,因而可能会有不同的显示效果。

HTML 之所以称为超文本标记语言,是因为文本中包含了所谓“超链接”点。所谓超链接,就是一种 URL 指针,通过激活(单击)它,可使浏览器方便地获取新的网页。这也是 HTML 获得广泛应用的最重要的原因之一。

网页的本质就是 HTML,通过结合使用其他的 Web 技术(如:脚本语言、CGI、组件等),可以创造出功能强大的网页。因而,HTML 是 Web 编程的基础,也就是说,万维网是建立在超文本基础之上的。

HTML 文档制作不是很复杂,且功能强大,支持不同数据格式的文件镶入,这也是 WWW 盛行的原因之一,其主要特点如下。

(1)简易性。HTML 版本升级采用超集方式,从而更加灵活方便。

(2)可扩展性。HTML 的广泛应用带来了加强功能、增加标识符等要求,HTML 采取子类元素的方式,为系统扩展带来保证。

(3)平台无关性。虽然 PC 大行其道,但使用 MAC 等其他机器的大有人在,HTML 可以使用在广泛的平台上,这也是 WWW 盛行的另一个原因。

7.8.3　Dreamweaver 概述

Dreamweaver 原本是由 Macromedia 公司所开发的著名网站开发工具。它使用所见即所得的接口，亦有 HTML 编辑的功能。它现在有 Mac 和 Windows 系统的版本。随着 Macromedia 被 Adobe 收购后，Adobe 也开始计划开发 Linux 版本的 Dreamweaver 了。Dreamweaver 自 MX 版本开始，使用了 Opera 的排版引擎 "Presto" 作为网页预览。在制作网页时，具有如下优点。

（1）制作效率高。Dreamweaver 可以用最快速的方式将 Fireworks、FreeHand 或 Photoshop 等档案移至网页上。使用检色吸管工具选择荧幕上的颜色，可设定最接近的网页安全色。对于选单、快捷键与格式控制，都只要一个简单步骤便可完成。Dreamweaver 能与用户喜爱的设计工具，如 Playback Flash，Shockwave 和外挂模组等搭配，无需离开 Dreamweaver 便可完成，整体运用流程自然顺畅。除此之外，只要单击，便可使 Dreamweaver 自动开启 Firework 或 Photoshop 来进行编辑与设定图档的最佳化。

（2）网站管理易。使用网站地图可以快速制作网站雏形，设计、更新和重组网页。改变网页位置或档案名称，Dreamweaver 会自动更新所有链接。使用支援文字、HTML 代码、HTML 属性标签和一般语法的搜寻及置换功能，使得复杂的网站更新变得迅速又简单。

（3）控制能力强。Dreamweaver 是唯一提供 Roundtrip HTML、视觉化编辑与原始码编辑同步的设计工具。它包含 HomeSite 和 BBEdit 等主流文字编辑器。帧（frames）和表格的制作速度快得令人无法想象。进阶表格编辑功能使用户可以简单地选择单格、行、栏或作不连续的选取。甚至可以排序或格式化表格群组，Dreamweaver 支持精准定位，利用可轻易转换成表格的图层以拖拉置放的方式进行版面配置。

（4）所见即所得。Dreamweaver 成功整合动态式出版视觉编辑及电子商务功能，提供超强的支援能力给 Third-party 厂商，包含 ASP、Apache、BroadVision、Cold Fusion、iCAT、Tango 与自行发展的应用软体。当用户使用 Dreamweaver 在设计动态网页时，所见即所得的功能让用户不需要透过浏览器就能预览网页。梦幻样板和 XML Dreamweaver 将内容与设计分开，应用于快速网页更新和团队合作网页编辑。建立网页外观的样板，指定可编辑或不可编辑的部分，内容提供者可直接编辑以样式为主的内容，却不会不小心改变既定之样式。也可以使用样板正确地输入或输出 XML 内容。全方位地呈现利用 Dreamweaver 设计的网页，可以全方位地呈现在任何平台的热门浏览器上。对于 cascading style sheets 的动态 HTML 支持和鼠标换图效果，声音和动画的 DHTML 效果资料库可在 Netscape 和 Microsoft 浏览器上执行。使用不同浏览器检示功能，Dreamweaver 可以告知用户在不同浏览器上执行的成效如何。当有新的浏览器上市时，只要从 Dreamweaver 的网站上下载它的描述档，便可得知详尽的成效报告。

7.9　Dreamweaver 网页制作

7.9.1　创建站点

Web 站点是一组具有如相关主题、类似的设计、链接文档和资源的站点。Dreamweaver 是一个站点创建和管理工具，因此使用它不仅可以创建单独的文档，还可以创建完整的 Web 站点。创建 Web 站点的第一步是规划。为了达到最佳效果，在创建任何 Web 站点页面之前，应对站点的结构进行设计和规划。决定要创建多少页，每页上显示什么内容，页面布局的外观以及页是如何互相连接起来的。具体站点的定义通过如下操作来实现。

（1）选择"开始"→"所有程序"→"Adobe"→"Adobe Dreamweaver CS5"命令，即可启动 Dreamweaver CS5 应用程序，进入 Dreamweaver CS5 主界面，如图 7-9 所示。

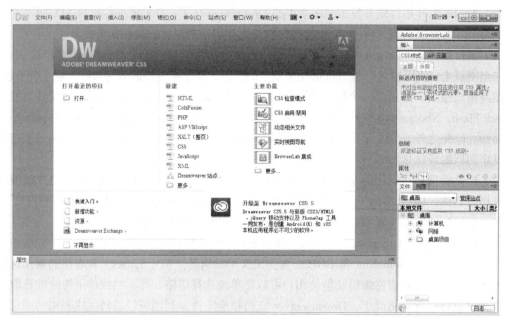

图 7-9　Dreamweaver CS5 主界面

（2）选择"站点"→"新建站点"命令，打开"站点设置对象 未命名站点 2"对话框，如图 7-10 所示。

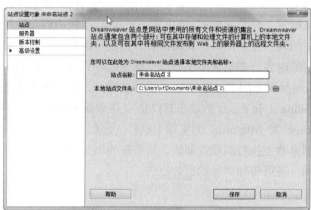

图 7-10　"站点设置对象 未命名站点 2"对话框

在对话框右侧的"站点名称"框中输入站点名称；在"本地站点文件夹"框中设置站点的本地放置文件夹。

（3）设置完成后，在对话框左侧单击"服务器"标签，这时可以在右侧单击"增加新服务器"按钮 ✚（见图 7-11），打开"服务器设置"对话框，如图 7-12 所示。

（4）在"服务器名称"框中输入服务器名称；将"连接方法"设置为"本地/网络"；在"服务器文件夹"框中设置服务器文件本地保存位置；"Web URL"保持默认设置即可，如图 7-13 所示。

（5）设置完成后，单击"保存"按钮，并退回到如图 7-14 所示的对话框中。在服务器设置列表中可以看到新添加的服务器记录。

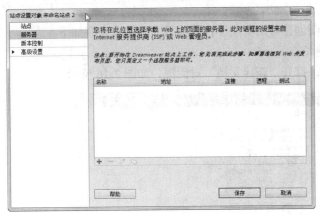

图 7-11　单击"增加新服务器"按钮

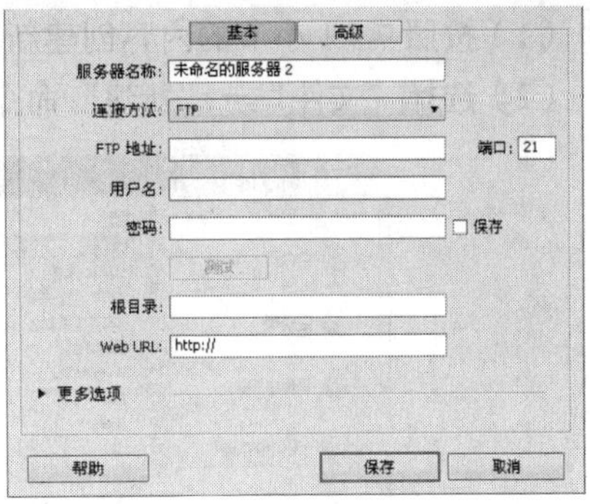

图 7-12　"服务器设置"对话框

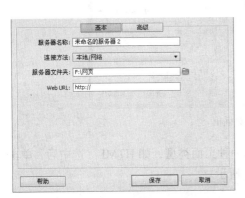

图 7-13　进行服务器参数设置

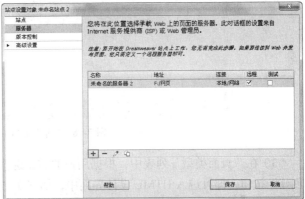

图 7-14　显示增加的服务器记录

（6）再单击"保存"按钮，退出"站点设置对象 未命名站点 2"对话框。在 Dreamweaver CS5 主界面右下角的"本地文件"中就可以看到新建立的站点，如图 7-15 所示。

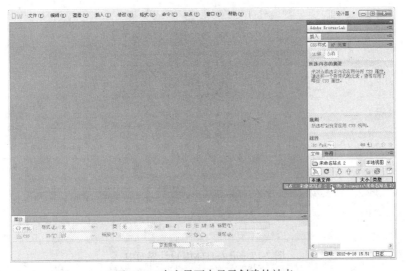

图 7-15　在主界面中显示创建的站点

（7）完成上步操作后，新站点的创建就已经完成了，接下来就可以进行网页设计。

7.9.2　创建页面文件

创建站点后，可以开始尝试进行页面创建与网页制作，创建页面的操作步骤如下。

（1）按照 7.9.1 小节的内容创建新建站点。

（2）选择"文件"→"新建"命令，打开"新建文档"对话框，如图 7-16 所示。

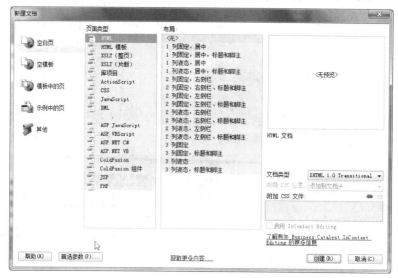

图 7-16　"新建文档"对话框

（3）在"页面类型"列表中，根据用户的需要选择一种页面类型，如 HTML。选中后，单击"创建"按钮，即可进入 HTML 设计界面中，如图 7-17 所示。

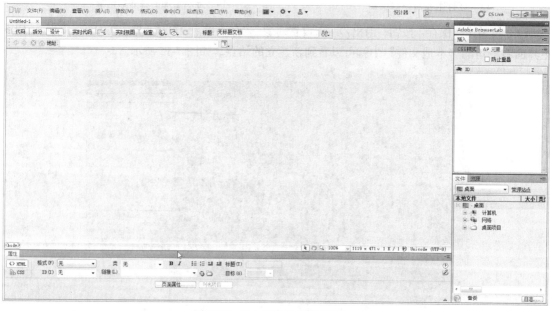

图 7-17　进入 HTML 设计界面中

（4）选择"文件"→"保存"命令，在"保存"对话框中选择保存文件夹并输入保存文件名。完成后，单击"保存"按钮即可。

7.9.3　页面制作

在开始制作之前，先对这个页面进行分析，看看制作的网页中包括哪些要素，一般网页的制作要素如下。

- 网页顶端的标题"我的主页"是一段文字。
- 要为网页背景设置主颜色。
- 网页中间是一幅图片。
- 最下端的欢迎词是一段文字。

知道了这个网页的结构后，就可以制作了，具体制作步骤如下。

为了制作方便，把要使用的图片提前收集到网站目录的 images 文件夹内。

1．插入标题文字

启动 Dreamweaver CS5 后，进入页面编辑设计视图状态。将光标定位到输入标题文字的位置，输入"我的主页"，如图 7-18 所示。

2．设置文字的格式

（1）选中上一步中输入的文字，单击"属性"面板中的"CSS"选项卡，在该选项卡中单击"CSS 规则"对应的"编辑规则"按钮，为选中的文字设置显示样式，如图 7-19 所示。

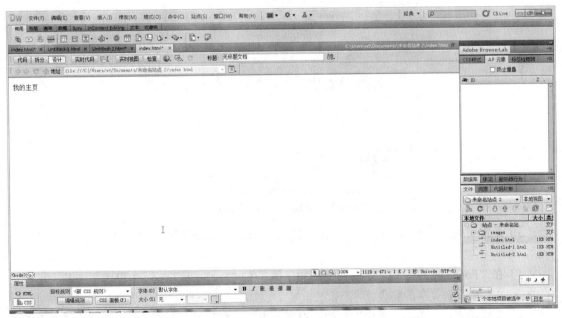

图 7-18　插入标题文字

（2）在"目标规则"对话框中选择"新 CSS 规则"，单击"编辑规则"按钮，弹出"新建 CSS 规则"对话框。在"选择器类型"下将"为 CSS 规则选择上下文选择器类型"设置为"类

（可应用于任何 HTML 元素）"；在"选择器名称"下的"选择或输入选择器名称"框中输入名称"txt1"，在"规则定义"下将"选择定义规则的位置"设置为"仅限该文档"，如图 7-20 所示。

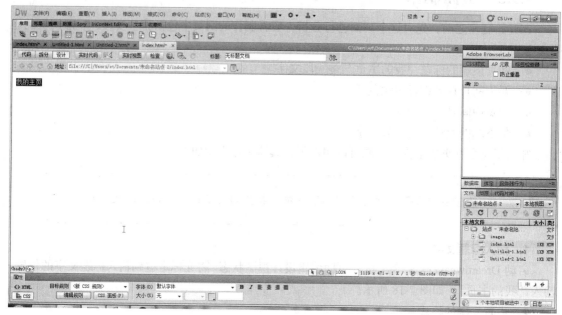

图 7-19　设置文字格式

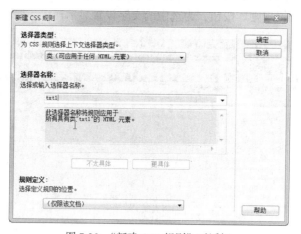

图 7-20　"新建 CSS 规则"对话框

（3）设置完成后，单击"确定"按钮，进入".txt1 的 CSS 规则定义"对话框，如图 7-21 所示。

（4）在"Font-family（F）"中设置文字的字体；在"Font-size（S）"中设置文字的大小；在"Color（C）"中设置文字的颜色。

（5）完成设置后，单击"确定"按钮，退回主界面，制作页面中所选的中文字将按新定义的 CSS 样式现实。

3. 设置网页的标题和背景颜色

（1）设置网页标题。进入页面编辑设计视图状态，在视图导航栏中找到"标题"输入框。在

"标题"框中输入用户定义的标题名称，如"我的主页"，如图 7-22 所示。

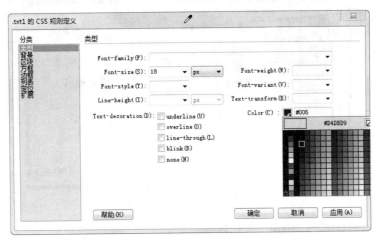

图 7-21　".txt1 的 CSS 规则定义"对话框

图 7-22　设置网页标题

（2）设置背景颜色。在主界面下方的"属性"→"CSS"面板中单击"页面属性"按钮（见图 7-23），打开"页面属性"对话框，如图 7-24 所示。

图 7-23　设置背景颜色

（3）在该对话框中，对"页面字体"、"大小"、"文本颜色"、"背景颜色"、"背景图像"和"重复"等属性进行设置。这里将"文本颜色"设置为"#3CC"，将"背景颜色"设置为"#39C"，如图 7-25 所示。

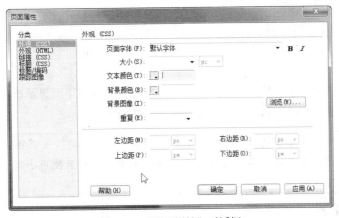

图 7-24　"页面属性"对话框

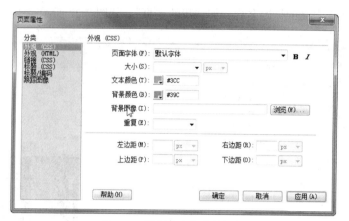

图 7-25　设置文本与背景颜色

（4）设置完成后，单击"确定"按钮即可。

4. 插入图像

（1）进入页面编辑设计视图状态，选择"插入"→"图像"命令，弹出"选择图像源文件"对话框，如图 7-26 所示。

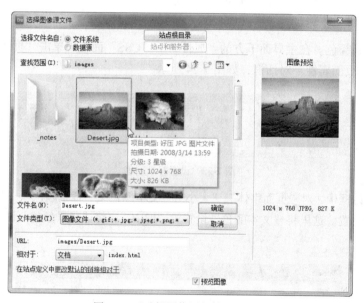

图 7-26　"选择图像源文件"对话框

（2）在"查找范围"中选择要插入图片所在的文件夹，并在下面显示该文件夹中的所有文件夹、图片文件等。选中要插入的图片，单击"确定"按钮即可。

　为了管理方便，通常把图片放在"images"文件夹内。如果图片少，也可以放在站点根目录下。注意文件名要用英文或用拼音文字命名而且使用小写，不能用中文，否则要出现一些麻烦。

5. 输入欢迎文字

（1）在页面设计中，如果要输入一些指定文字，例如在图片右边输入"欢迎您……"，如

图 7-27 所示。

图 7-27　输入"欢迎您……"文字

（2）文字输入后，会自动根据之前设置的页面文字字体、文字大小、文字颜色来设置。如果用户需要重新设置页面的文字字体、文字大小、文字颜色等，可以再进入"页面设置"对话框中完成。

　　　　重新在"页面设置"对话框中设置页面文字字体、文字大小、文字颜色等时，那么整个页面中的文字格式都发生变化。

6. 预览网页

页面制作完成后，用户可以在页面编辑器中按 F12 键进行网页预览。预览效果达到自己的设计所需后，可以选择"文件"→"保存"命令进行保存即可。

7.9.4　超链接

网站中肯定有很多的页面，如果页面之间彼此是独立的，那么网页就好比是孤岛，这样的网站是无法运行的。为了建立起网页之间的联系，我们必须使用超链接。之所以称"超链接"，是因为它什么都能链接，如：网页、下载文件、网站地址、邮件地址……

1. 页面之间的超链接

在网页中单击了某些图片、有下划线或有明示链接的文字，就会跳转到相应的网页中去。

（1）在网页中选中要做超链接的文字或者图片，如：在编辑状态下输入"第二页"，选中"第二页"文字。

（2）在主界面下方的"属性→HTML"面板中单击"浏览文件"按钮▭（见图 7-28），打开"选择文件"对话框。

图 7-28 设置超链接

（3）在该对话框中，选中建立超链接的网页文件，单击"确定"按钮即可。

（4）按 F12 键进行网页预览，当光标移到超链接的地方时，鼠标指针会变成手型指针，单击该链接，即可转入链接的页面中。

2. 邮件地址的超链接

（1）在网页制作中，还经常看到这样的一些超链接。单击链接后，会弹出邮件发送程序，联系人的地址也已经填写好了。这也是一种超链接，制作方法是在编辑状态下，在页面中输入"欢迎来信"，先选定要链接的图片或文字，如：欢迎来信。

（2）选择"插入"→"电子邮件链接"命令（见图 7-29），打开"电子邮件链接"对话框，如图 7-30 所示。

图 7-29 选中"电子邮件链接"命令

图 7-30 "电子邮件链接"对话框

（3）在该对话框的"文本"框和"电子邮件"框中分别输入相关信息和 E-mail 地址。设置完成后，单击"确定"按钮即可。

（4）完成后，选择"文件"→"保存"命令，进行页面设置保存。

7.9.5　表格设计

表格是现代网页制作的一个重要组成部分，表格之所以重要，是因为表格可以实现网页的精确排版和定位。这里以一个 2 行 2 列的表格设计实例来进行介绍。

（1）将光标定位到要插入表格的位置，选择"插入"→"表格"命令，打开"表格"对话框，如图 7-31 所示。

（2）在"表格大小"中，将"行数"和"列"设置为"2"；将"表格宽度"设置为"400"像素；其余参数都用默认值，如图 7-32 所示。

图 7-31　"表格"对话框

图 7-32　参数设置

（3）完成设置后，单击"确定"按钮，即可在光标所在位置生成一个 2 行 2 列的表格。

（4）接下来，用户可以继续对表格的大小、数量、高度、宽度、单元格合并、单元格拆分等进行设置。具体的设置在"属性"面板中来实现，例如：对选中的单元格进行合并，单击"合并所选单元格，使用跨度"按钮，如图 7-33 所示。

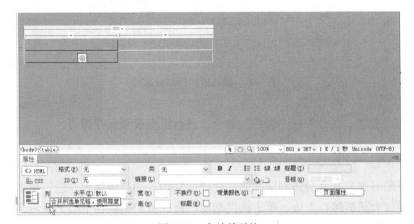

图 7-33　合并单元格

（5）如果要分割单元格，可以单击"拆分单元格为行或列"按钮，弹出"拆分单元格"对话框，如图 7-34 所示。

图 7-34 "拆分单元格"对话框

（6）如果拆分行，可以选中"行"，在"行数"中设置具体的拆分行数；如果拆分列，可以选中"列"，在"列数"中设置具体的拆分列数。设置完成后，单击"确定"按钮，表格即可按照自己的拆分设置来显示。

（7）如果要在单元格中插入图片，将光标定位到要插入图片的单元格中，选择"插入"→"图像"命令，根据向导完成图片的插入（参考上面"插入图像"中的内容），完成后的效果如图 7-35 所示。

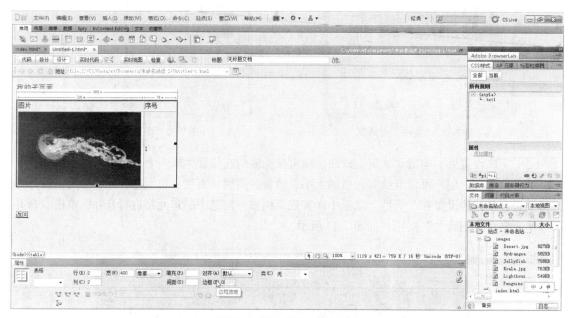

图 7-35 插入图片后的效果

（8）完成后，选择"文件"→"保存"命令，进行页面设置保存即可。

7.9.6　框架设计

在浏览网页的时候，常常会遇到这样的一种导航结构，即超链接在左边，单击以后链接的目标出现在右边；或者超链接在上边，单击链接指向的目标页面出现在下边。要做出这样的效果，必须使用框架。下面以设计一个具体的左右框架为例进行介绍。

（1）在页面设计状态中，在"工具栏"中单击"布局"标签，接着再单击"框架"下拉按钮，展开框架样式列表，如图 7-36 所示。

（2）在框架样式列表中选中"左侧框架"命令，会弹出"框架标签辅助功能属性"对话框，如图 7-37 所示。

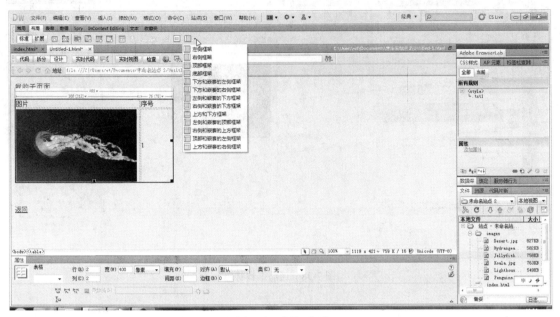

图 7-36 框架选项

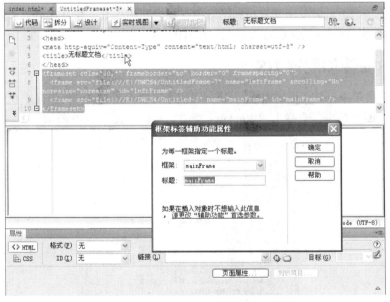

图 7-37 "框架标签辅助功能属性"对话框

（3）在该对话框中的"框架"和"标题"栏中分别输入对应信息。设置完成后，单击"确定"按钮，当关掉编辑状态自动进入"拆分"状态下，即可左侧显示开发代码，在右侧显示设计效果，如图 7-38 所示。

（4）完成后，选择"文件"→"保存"命令，进行页面设置保存即可。

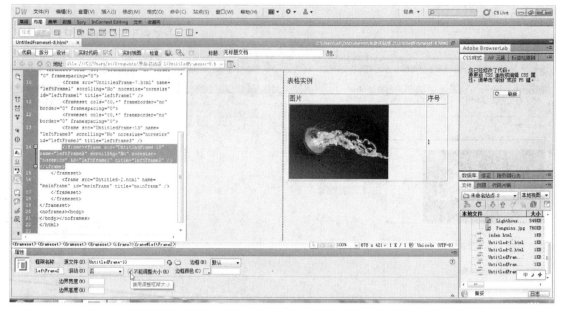

图 7-38　当前编辑状态

7.10　网 站 发 布

网站制作完毕之后，需要将其发布到网络中进行检测和浏览，在 Windows 7 操作系统中发布网站，需要 IIS（Internet Information Service）组件的支持。

7.10.1　安装和配置 IIS

从"开始"菜单中打开"控制面板"，找到"程序"项，在新打开的界面中找到"打开或关闭Windows 功能"项并单击，会弹出"Windows 功能"窗口，如图 7-39 所示。

图 7-39　"Windows 功能"窗口

在"Windows 功能"窗口中找到"Internet 信息服务"，按照提示配置 IIS 功能，单击"确定"按钮，完成 Windows 功能更改，如图 7-40 所示。

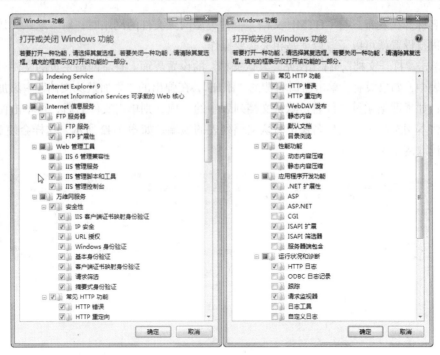

图 7-40　IIS 配置

7.10.2　利用 IIS 发布网站

IIS 安装完成后，再次打开"控制面板"，找到"系统和安全"中的"管理工具"（或在"大图标"查看方式下直接找到"管理工具"），单击后弹出"管理工具"窗口，其中的"Internet 信息服务（IIS）管理器"就是支持在 Windows 7 中发布网站的组件。

双击"Internet 信息服务（IIS）管理器"，进入 IIS，如图 7-41 所示，在该界面中可以对需要发布的网站属性进行设置。

图 7-41　Internet 信息服务（IIS）管理器

单击左侧视图中的"计算机名称"和"网站"，找到"Default Web Site"，对其进行站点属性设置。

单击"Default Web Site 主页"中 IIS 的"默认文档"，窗口右侧会出现对"默认文档"进行操作的项目名称。在发布只有"HTML 文档"一种类型网页文件的网站时，对"默认文档"的相关属性项目进行设置就可以了，以下是相关必要操作。

（1）单击"打开文档"，弹出网站"默认文档"的设置界面。查看网站主页的文件名是否在默认文档列表中，如果没有，单击窗口右侧的"添加"，在弹出的"添加默认文档"中添加网站的主页文件名；如果网站主页文件名是默认文档列表中的一项，则单击文件名后，再单击窗口右侧的"上移"，将本网站的主页文件名移至默认文档列表的顶端，如图 7-42 所示，这样会使 IIS 更便捷地找到并读取网站主页。

图 7-42　Internet 信息服务（IIS）管理器-设置

（2）单击左侧窗格中的"Default Web Site"，返回"Default Web Site 主页"设置界面，单击右侧"编辑网站"下的"绑定"，弹出"网站绑定"对话框，如图 7-43 所示。在该对话框中需要将 IIS 与本地计算机的 IP 地址建立联系，利用本地计算机的 IP 地址对外发布网站。

图 7-43　"网站绑定"对话框

（3）单击"网站绑定"对话框中的"添加"按钮，在弹出的"添加网站绑定" 对话框中设置"类型"、"IP 地址"、"端口"和"主机名"等网站信息，如图 7-44 所示。一般情况下，IIS 默认发布 Web 站点的端口号是 80。

（4）在"Default Web Site 主页"设置界面中单击右侧的"基本设置"，弹出"编辑网站"对话框，在该对话框中编辑网站的名称和物理路径，如图 7-45 所示。需要强调的是，物理路径即是网站文件夹在计算机中的绝对路径，IIS 根据该路径找到网站主页和其他网站内容。

图 7-44　"添加网站绑定"对话框　　　　　　　　图 7-45　"编辑网站"对话框

（5）以上设置完成后，单击"Default Web Site 主页"设置界面右侧的"浏览*：80（http）"，IE 浏览器将以图 7-44 中设置的 IP 地址为网址显示网站主页。

第8章
数据库基础知识

数据库技术是目前最新的数据管理技术，是计算机科学的一个重要分支。在计算机应用的三大领域（科学计算、数据处理和过程控制）中，数据处理约占其中的 70%，而数据库技术就是作为一门数据处理技术发展起来的，是目前应用最广的技术之一，它已成为计算机信息系统的核心技术和重要基础。随着计算机应用的普及和深入，数据库技术变得越来越重要，而了解、掌握数据库系统的基本概念和基础技术是应用数据库技术的前提。

8.1　数据库系统概述

在介绍数据库的基本概念之前，先介绍一些数据库最常用的术语和基本概念。学习数据库系统相关的理论术语是学习和掌握数据库具体应用的基础和前提，掌握好这些基本概念，对我们学习和使用数据库管理系统有着十分重要的意义。

8.1.1　数据、数据库、数据库管理系统、数据库系统

数据、数据库、数据库管理系统、数据库系统是与数据库技术密切相关的 4 个基本概念。

1. 数据

数据（Data）是描述事物的符号记录，是数据库中存储的基本对象。

说起数据，人们首先想到的是数字，其实数字只是数据的一种。数据的类型很多，在日常生活中，数据无处不在：文字、声音、图形、图像、档案记录、仓储情况……这些都是数据。

为了认识世界，交流信息，人们需要描述事物，数据是描述事物的符号记录。在日常生活中，人们直接用自然语言描述事物。在计算机中，为了存储和处理这些事物，就要抽出这些事物的某些特征组成一个记录来描述。例如，在学生档案中，如果对学生的学号、姓名、性别、出生日期、所在院系等感兴趣，就可以这样描述：

（200901001，张三，男，1983-8-23，计算机系）

对于上面这条由数据构成的信息记录，了解其语义的人会得到如下信息：张三是个大学生，1983 年出生，在计算机系读书；而不了解其语义的人则无法理解其含义。可见，数据的形式本身并不能全面表达其内容，需要经过语义解释，数据与其语义是不可分的。

软件中的数据是有一定结构的。首先，数据有型（Type）与值（Value）之分，数据的型给出了数据表示的类型，如整型、实型、字符型等，而数据的值给出了符合给定型的具体值，如数字

30，从类型来讲，它是整型；从值来讲，具体就是 30。随着应用需求的扩大，数据的型有了进一步的扩大，它包括了将多种相关数据以一定结构方式组合构成特定的数据框架，这样的数据框架称为数据结构（Data Structure），数据库中在特定条件下称为数据模式（Data Schema）。

计算机中的数据一般分两部分：一部分与程序仅有短时间的交互关系，随着程序的结束而消亡，它们称为临时性数据，这类数据一般存放于计算机内存中；而另一部分数据则对系统起着长期持久的作用，它们称为持久性数据。数据库系统中处理的就是这种持久性数据。

2. 数据库

数据库（DataBase，DB），顾名思义，就是存放数据的仓库。只不过这个仓库是在计算机存储设备上，而且数据是按一定的格式来存放的。也就是说，数据库是具有统一的结构形式并存放于统一的存储介质内的多种应用数据的集成，并可被各个应用程序所共享。

数据库存放数据是按数据所提供的数据模式存放的，它能构造复杂的数据结构，以建立数据间内在联系与复杂的关系，从而构成数据的全局结构模式。

数据库具有"一少三性"的特点。

"一少"是指冗余数据少，即基本上没有或很少有重复的数据和无用的数据，也没有相互矛盾的数据，从而节约大量的存储空间。

"三性"具体是指以下几点。

数据的共享性：库中数据能为多个用户服务。

数据的独立性：全部数据以一定的数据结构单独地、永久地存储，与应用程序无关。

数据的安全性：对数据有好的保护，防止不合法使用数据而引起的数据泄密和破坏，使每个用户只能按规定对数据进行访问和处理。

3. 数据库管理系统

了解了数据和数据库的概念，下一个问题就是如何科学地组织和存储数据，如何有效地获取和维护数据。完成这个任务的是一个系统软件——数据库管理系统（DataBase Management System，DBMS）。

数据库管理系统是位于用户与操作系统之间的一层数据管理软件。

数据库在建立、运行和维护时，由数据库管理系统统一管理、统一控制。数据库管理系统使用户能方便地定义数据和操纵数据，并能够保证数据的安全性、完整性，多用户对数据的并发使用及发生故障后的系统恢复。

数据库管理系统是数据库系统的核心，它的主要功能包括以下几个方面。

（1）数据模式定义。数据库管理系统负责为数据库构建模式，也就是为数据库构建其数据框架。

（2）数据存取的物理构建。数据库管理系统负责为数据模式的物理存取及构建提供有效的存取方法与手段。

（3）数据操纵。数据库管理系统为用户使用数据库中的数据提供方便，它一般提供查询、插入、修改以及删除数据的功能。此外，它自身还具有做简单算术运算及统计的能力，而且还可以与某些过程性语言结合，使其具有强大的过程性操作能力。

（4）数据的完整性、安全性定义与检查。数据库中的数据具有内在语义上的关联性与一致性，它们构成了数据的完整性，数据的完整性是保证数据库中数据正确的必要条件，因此必须经常检查以维护数据的正确性。

数据库中的数据具有共享性，而数据共享可能会引发数据的非法使用，因此必须要对数据的正确使用作出必要的规定，并在使用时作检查，这就是数据的安全性。

（5）数据库的并发控制与故障恢复。数据库是一个集成、共享的数据集合体，它能为多个应用程序服务，所以就存在着多个应用程序对数据库的并发操作。在并发操作中，如果不加入控制和管理，多个应用程序间就会相互干扰，从而对数据库中的数据造成破坏。因此，数据库管理系统必须对多个应用程序的并发操作做必要的控制，以保证数据不受破坏，这就是数据库的并发控制。

数据库中的数据一旦遭受破坏，数据库管理系统必须有能力及时进行恢复，这就是数据库的故障恢复。

为完成其基本功能，数据库管理系统提供相应的数据语言，包括以下 3 种。

（1）数据定义语言（Data Definition Language，DDL）。该语言负责数据的模式定义与数据的物理存取构建。

（2）数据操纵语言（Data Manipulation Language，DML）。该语言负责数据的操纵，包括查询及改动等操作。

（3）数据控制语言（Data Control Language，DCL）。该语言负责数据完整性、安全性的定义与检查，以及并发控制、故障恢复等功能，包括系统初启程序、文件读写与维护程序、存取路径管理程序、缓冲区管理程序、安全性控制程序、完整性检测程序、并发控制程序、事务管理程序、运行日志管理程序、数据库恢复程序等。

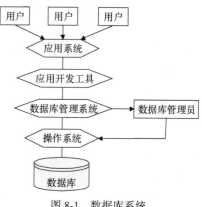

图 8-1　数据库系统

4. 数据库系统

数据库系统（DataBase System，DBS）是指安装和使用了数据库技术的计算机系统，一般由数据库、数据库管理系统（及其开发工具）、应用系统和数据库管理员（DataBase Administrator，DBA）构成。

一般情况下，把数据库系统简称为数据库。

数据库系统可以用图 8-1 表示。

8.1.2　数据管理技术的产生和发展

数据管理是指对数据进行采集、整理、分类、组织、编码、存储、检索和维护，它是数据处理的中心问题。

随着计算机软件、硬件技术的发展，数据处理量的规模日益扩大，数据处理的应用需求越来越广泛，数据管理技术的发展也不断变迁，经历了人工管理、文件系统、数据库系统 3 个主要发展阶段。数据库技术在当前网络应用环境下又有了新的进展。

1. 人工管理阶段（20 世纪 50 年代）

20 世纪 50 年代中期之前，计算机的软硬件均不完善。硬件存储设备只有磁带、卡片和纸带，软件方面还没有操作系统，当时的计算机主要用于科学计算。这个阶段由于还没有软件系统对数据进行管理，程序员在程序中不仅要规定数据的逻辑结构，还要设计其物理结构，包括存储结构、存取方法、输入输出方式等。当数据的物理组织或存储设备改变时，用户程序就必须重新编制。由于数据的组织面向应用，不同的计算程序之间不能共享数据，使得不同的应用之间存在大量的重复数据，很难维护应用程序之间数据的一致性。

在人工管理阶段，应用程序与数据之间的关系如图 8-2 所示。

2. 文件系统阶段（20 世纪 60 年代）

这一阶段的主要标志是计算机中有了专门管理数据的软件——操作系统（文件管理）。

20 世纪 50 年代中期到 60 年代中期，由于计算机大容量存储设备（如硬盘）的出现，推动了软件技术的发展，而操作系统的出现标志着数据管理步入一个新的阶段。在文件系统阶段，数据以文件为单位存储在外存，并且由操作系统统一管理。操作系统为用户使用文件提供了友好界面。文件的逻辑结构与物理结构脱钩，程序和数据分离，使数据与程序有了一定的独立性。用户的程序与数据可分别存放在外存储器上，各个应用程序可以共享一组数据，实现了以文件为单位的数据共享。

但由于数据的组织仍然是面向程序，所以存在大量的数据冗余。而且数据的逻辑结构不能方便地修改和扩充，数据逻辑结构的每一点微小改变都会影响到应用程序。由于文件之间互相独立，因而它们不能反映现实世界中事物之间的联系，操作系统不负责维护文件之间的联系信息。如果文件之间有内容上的联系，那也只能由应用程序去处理。

在文件系统阶段，应用程序与数据之间的关系如图 8-3 所示。

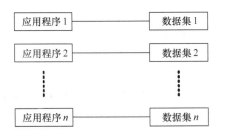 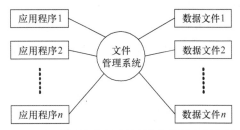

图 8-2　人工管理阶段应用程序与数据之间的关系　　图 8-3　文件系统阶段应用程序与数据之间的关系

3. 数据库系统阶段（20 世纪 60 年代后期）

20 世纪 60 年代后期，随着计算机在数据管理领域的普遍应用，人们对数据管理技术提出了更高的要求：希望面向企业或部门，以数据为中心组织数据，减少数据的冗余，提供更高的数据共享能力，同时要求程序和数据具有较高的独立性，当数据的逻辑结构改变时，不涉及数据的物理结构，也不影响应用程序，以降低应用程序研制与维护的费用。数据库技术正是在这样一个应用需求的基础上发展起来的。

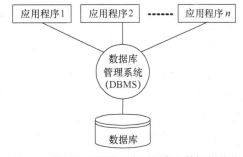

图 8-4　数据库系统阶段应用程序和数据的关系

数据库系统阶段的应用程序与数据的关系通过数据库管理系统（DBMS）来实现，如图 8-4 所示。

随着软件环境和硬件环境的不断改善、数据处理应用领域需求的持续扩大，以及数据库技术与其他软件技术的加速融合，到 20 世纪 80 年代，新的、更高一级的数据库技术相继出现并得到长足的发展、分布式数据库系统、面向对象数据库系统和并行数据库系统等新型数据库系统应运而生，使数据处理有了进一步的发展。

8.1.3　数据库管理技术新进展

新型数据库系统带来了一个又一个数据库技术发展的新高潮，但对于中、小数据库用户来说，由于很多高级的数据库系统的专业性要求太强，通用性受到一定的限制，在很大程度上，推广使用范围也受到约束。而基于关系模型的关系数据库系统功能的扩展与改善，分布式数据库、面向对象数据库、数据仓库等数据库技术的出现，构成了新一代数据库系统的发展主流。

1. 分布式数据库系统

分布式数据库是数据库技术与网络技术相结合的产物。随着传统的数据库技术的日趋成熟、计算机网络技术的飞速发展和应用范围的扩充，数据库应用已经普遍建立于计算机网络之上。这时集中式数据库系统表现出它的不足：数据按实际需要已在网络上分布存储，再采用集中式处理，势必造成通信开销大；应用程序集中在一台计算机上运行，一旦该计算机发生故障，则整个系统受到影响，可靠性不高；集中式处理引起系统的规模和配置都不够灵活，系统的可扩充性差。在这种形势下，集中式数据库的"集中计算"概念向"分布计算"概念发展。

分布式数据库系统有两种：一种是物理上分布的，但逻辑上却是集中的；另一种在物理上和逻辑上都是有分布的，也就是所谓的联邦式分布数据库系统。

2. 面向对象数据库系统

将面向对象技术与数据库技术结合产生出面向对象的数据库系统，这是数据库应用发展的迫切需要，也是面向对象技术和数据库技术发展的必然结果。

面向对象的数据库系统必须支持面向对象的数据模型，具有面向对象的特性。一个面向对象的数据模型是用面向对象的观点来描述现实世界实体（对象）的逻辑组织、对象之间的限制和联系等的模型。

另外，将面向对象技术应用到数据库应用开发工具中，使数据库应用开发工具能够支持面向对象的开发方法并提供相应的开发手段，这对于提高应用开发效率，增强应用系统界面的友好性、系统的可伸缩性和可扩充性等具有重要的意义。

3. 数据仓库

随着客户机/服务器技术的成熟和并行数据库的发展，信息处理技术的发展趋势是从大量的事务型数据库中抽取数据，并将其清理、转换为新的存储格式，即为决策目标把数据聚合在一种特殊的格式中。随着此过程的发展和完善，这种支持决策的、特殊的数据存储即被称为数据仓库（Data Warehouse）。数据仓库领域的著名学者 W. H. Inmon 对数据仓库的定义是：数据仓库是支持管理决策过程的、面向主题的、集成的、稳定的、随时间变化的数据集合。

8.1.4 数据库系统的特点

数据库技术是在文件系统基础上发展产生的，两者都以数据文件的形式组织数据，但由于数据库系统在文件系统之上加入了数据库管理系统（DBMS）对数据进行管理，从而使得数据库系统具有以下特点。

1. 数据的集成性

数据库系统的数据集成性主要表现在如下几个方面。

（1）在数据库的系统中采用统一的数据结构方式，如在关系数据库中采用二维表作为统一结构方式。

（2）在数据库系统中按照多个应用的需要组织全局的统一的数据结构（即数据模式），数据模式不仅可以建立全局的数据结构，还可以建立数据间的语义联系，从而构成一个内在紧密联系的数据整体。

（3）数据库系统中的数据模式是多个应用共同的全局的数据结构，而每个应用的数据则是全局结构中的一部分，称为局部结构（即视图），这种全局与局部的结构模式构成了数据库系统数据集成性的主要特征。

2. 数据的高共享性与低冗余性

由于数据的集成性使得数据可为多个应用所共享，特别是在网络发达的今天，数据库与网络的结合扩大了数据关系的应用范围。数据的共享自身又可极大地减少数据冗余性。不仅减少了不必要的存储空间，更为重要的是，可以避免数据的不一致性。所谓数据的一致性，是指在系统中同一数据在不同的地方出现应保持相同的值，而数据的不一致性指的是同一数据在系统的不同复制处有不同的值。因此，减少冗余性以避免数据在不同的地方出现而其值有差异是保证系统一致性的基础。

3. 数据独立性

数据独立性是在数据与程序间的互不依赖性。即数据库中数据独立于应用程序而不依赖于应用程序。也就是说，数据的逻辑结构、存储结构与存取方式的改变不会影响应用程序。

数据独立性一般分为物理独立性和逻辑独立性。

（1）物理独立性。物理独立性即是数据的物理结构（包括存储结构、存取方式等）的改变，如存储设备的更换、物理存储的更换、存取方式的改变等都不会影响数据库的逻辑结构，从而不致引起应用程序的变化。

（2）逻辑独立性。数据库总体逻辑结构的改变，如修改数据模式、增加新的数据类型改变数据间联系等，不需要相应修改应用程序，这就是数据的逻辑独立性。

4. 数据统一管理与控制

数据库系统不仅为数据提供高度集成环境，同时它还为数据提供统一管理的手段，这主要包含以下 3 个方面。

（1）数据的完整性检查：检查数据库中数据的正确性，以保证数据的正确。

（2）数据的安全性保护：检查数据库访问者，以防止非法访问。

（3）并发控制：控制多个应用的并发访问所产生的相互干扰，以保证其正确性。

8.1.5 数据库系统结构

考察数据库系统的结构可以有多种不同的层次或不同的角度。

从数据库管理系统的角度看，数据库系统通常采用三级模式结构，这是数据库管理系统内部的体系结构。

从数据库最终用户角度看，数据库系统的结构分为单用户结构、主从式结构、分布式结构、客户/服务器结构（包括二层、三层或多层结构）等。这是数据库系统外部的体系结构。

1. 数据库系统的三级模式结构

数据库系统的三级模式结构是指数据库系统是由外模式、模式和内模式三级构成，如图 8-5 所示。

（1）模式（Schema）。模式也称逻辑模式或概念模式，是数据库中全体数据的逻辑结构和特征的描述，是所有用户的公共数据视图。它是数据库系统模式结构的中间层，不涉及数据的物理存储细节和硬件环境，与具体的应用程序、所使用的应用开发工具及高级程序设计语言无关。

实际上，模式是数据库数据在逻辑上的视图。一个数据库只有一个模式。数据库模式以某一种数据模型为基础，统一地综合地考虑了所有用户的需求，并将这些需求有机地结合成一个逻辑整体。

（2）外模式（External Schema）。外模式也称子模式或用户模式，它是数据库用户（包括应用程序员和最终用户）看见和使用的局部数据的逻辑结构和特征的描述，是数据库用户的数据视图。是与某一应用有关的数据的逻辑表示。

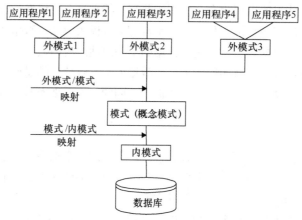

图 8-5　数据库系统的三级模式结构

外模式通常是模式的子集。一个数据库可以有多个外模式。由于它是各个用户的数据视图，如果不同的用户在应用需求、看待数据的方式、对数据保密的要求等方面存在差异，则他们的外模式描述就是不同的。即使模式中同一数据，在外模式中的结构、类型、长度、保密级别等都可以不同。另一方面，同一外模式也可以为某一用户的多个应用系统所使用，但一个应用程序只能使用一个外模式。

外模式是保证数据库安全性的一个有力措施。每个用户只能看见和访问所对应的外模式中的数据，数据库中的其余数据对他们来说是不可见的。

（3）内模式（Internal Schema）。内模式也称存储模式，它是数据物理结构和存储结构的描述，是数据在数据库内部的表示方式。例如，记录的存储方式是顺序存储、按照 B 树结构存储还是按hash 方法存储；索引按照什么方式组织；数据是否压缩存储，是否加密；数据的存储记录结构有何规定等。一个数据库只有一个内模式。

数据模式给出了数据库的数据框架结构，数据是数据库中真正的实体，但这些数据必须按框架所描述的结构来组织，以概念模式为框架所组成的数据库叫概念数据库（Conceptual DataBase），以外模式为框架所组成的数据库叫用户数据库（User's DataBase），以内模式为框架所组成的数据库叫物理数据库（Physical DataBase）。这 3 种数据库中只有物理数据库是真实存在于计算机外存中的，其他两种数据库并不真正存在于计算机中，而是通过两种映射由物理数据库映射而成。

模式的 3 个级别反映了模式的 3 个不同环境以及它们的不同要求，其中内模式处于最底层，它反映了数据在计算机物理结构中的实际存储形式；概念模式处于中层，它反映了设计者的数据全局逻辑要求；而外模式处于最外层，它反映了用户对数据的要求。

2. 数据库的二级映像功能

数据库系统的三级模式是数据的 3 个抽象级别。它把数据的具体组织留给数据库管理系统（DBMS）管理，使用户能逻辑地、抽象地处理数据，而不必关心数据在计算机中的具体表示方式与存储方式。为了能够在内部实现这 3 个抽象层次的联系和转换，数据库系统在这三级模式之间提供了两层映像：外模式/模式映像和模式/内模式映像。正是这两层映射保证了数据库系统中的数据能够具有较高的逻辑独立性和物理独立性。

（1）外模式/模式映像。模式描述的是数据的全局逻辑结构，外模式描述的是数据的局部逻辑结构。对应于同一个模式可以有任意多个外模式。对于每一个外模式，数据库系统都有一个外模式/模式映像，它定义了该外模式与模式之间的对应关系。

当模式改变时，由数据库管理员对各个外模式/模式映像作相应改变，也可以使外模式保持不变，因为应用程序是依据数据的外模式编写的，从而应用程序也不必修改，保证了数据与程序的逻辑独立性。

（2）模式/内模式映像。模式/内模式映像定义了数据全局逻辑结构与物理存储结构之间的对应关系。当数据库的存储结构改变时（例如换了另一个磁盘来存储该数据库），由数据库管理员对模式/内模式映像作相应改变，可以使模式保持不变，从而保证了数据的物理独立性。

3. 数据库系统的组成

这里所讲的数据库系统的组成是指在计算机系统的意义上来理解数据库系统，它一般由支持数据库的硬件环境、数据库软件支持环境（操作系统、数据库管理系统、应用开发工具软件、应用程序等）、数据库的开发与使用和管理数据库应用系统的人员组成。

（1）硬件环境。硬件环境是数据库系统的物理支撑，包括 CPU、内存、外存及输入/输出设备。由于数据库系统承担着数据管理的任务，它要在计算机操作系统的支持下工作，而且本身包含着数据库管理例行程序、应用程序等，因此要求有足够大的内存开销。同时，由于用户的数据库、系统软件和应用软件都要保存在外存储器上，所以对外存储器容量的要求也很高，还应具有较好的通道性能。

（2）软件环境。软件环境包括系统软件和应用软件两类。系统软件主要包括操作系统软件、数据库管理系统软件、开发应用系统的高级语言及其编译系统、应用系统开发的工具软件等。它们为开发应用系统提供了良好的环境，其中"数据库管理系统"是连接数据库和用户之间的纽带，是软件系统的核心。应用软件是指在数据库管理系统的基础上，根据实际需要开发的应用程序。

（3）数据库。数据库是数据库系统的核心，是数据库系统的主体构成，是数据库系统的管理对象，是为用户提供数据的信息源。

（4）人员。数据库系统的人员是指管理、开发和使用数据库系统的全部人员，主要包括数据库管理员、系统分析员、应用程序员和最终用户。不同的人员涉及不同的数据抽象级别，数据库管理员负责全面地管理和控制数据库系统；系统分析员负责应用系统的需求分析和规范说明，确定系统的软硬件配置、系统的功能及数据库概念模型的设计；应用程序员负责设计应用系统的程序模块，根据数据库的外模式来编写应用程序；最终用户通过应用系统提供的用户接口界面使用数据库。常用的接口方式有菜单驱动、图形显示、表格操作等，这些接口为用户提供了简明直观的数据表示和方便快捷的操作方法。

8.2　数据库设计

在数据库领域内，通常把使用数据库的各类信息系统统称为数据库应用系统。例如：以数据库为基础的各种管理信息系统、办公系统、电子商务系统等。

什么是数据库设计呢？数据库设计是指对于一个给定的应用环境，设计数据库的逻辑模式和物理结构，并据此建立数据库及其应用系统，使之能够有效地存储和管理数据，满足各种用户的应用需求，包括信息管理需求和数据操作需求。

信息管理需求是指在数据库中应该存储和管理什么数据对象；数据操作需求是指对数据对象

需要进行哪些操作，如查询、增加、删除、修改、统计等。

数据库设计的主要任务就是设计数据库模式，即设计数据库系统体系结构中三级模式的模式结构，它既能概括具体的数据库应用系统的数据库全局的数据结构，又能反映使用本系统所有用户的数据视图。一个良好的数据库模式应具有最小的数据冗余，在一定范围内实现数据共享特性。数据库模式一经设计完成，通常情况下是不轻易改动的，它不仅作为应用程序存取数据，处理数据的数据结构参照，还要成为实现数据物理存储的数据结构定义的依据。

8.2.1　数据库设计概述

大型数据库的设计和应用系统开发是一项庞大的工程，是涉及多学科的综合性技术。数据库建设和一般的软件系统的设计、开发、运行和维护有许多相同之处，也有其自身特点。

1. 数据库设计的特点

数据库的建设不仅涉及技术，更涉及管理，业界有"三分技术，七分管理，十二分基础数据"之说，由此可见管理在数据库设计过程中的作用，这是数据库设计的特点之一。

数据库设计应该与应用系统设计相结合，也就是说，整个设计过程要把数据库结构设计和对数据的处理设计紧密地结合起来，这是数据库设计的重要特点。

2. 数据库设计方法

在数据库设计中有两种方法：一种是以信息需求为主，兼顾处理需求，称为面向数据的方法（Data-Oriented Approach）；另一种是以处理需求为主，兼顾信息需求，称为面向过程的方法（Process-Oriented Approach）。这两种方法目前都有使用，在早期由于应用系统中处理多于数据，因此以面向过程的方法使用较多，而近期由于大型系统中数据结构复杂、数据量庞大，而相应处理流程趋于简单，因此用面向数据的方法较多。由于数据在系统中稳定性高，数据已成为系统的核心，因此面向数据的设计方法已成为主流方法。

3. 数据库的设计步骤

数据库设计是综合运用计算机软、硬件技术，结合应用系统领域的知识和管理技术的系统工程。它不是凭借个人经验和技巧就能够设计完成的，而首先必须遵守一定的规则实施设计而成。在现实世界中，信息结构十分复杂，应用领域千差万别，而设计者的思维也各不相同，所以数据库设计的方法和路径也多种多样。

通过分析、比较与综合各种常用的数据库规范设计方法，将数据库设计分为需求分析、概念结构设计、逻辑结构设计、物理结构设计、数据库实施以及数据库运行与维护6个阶段，如图8-6所示。

在数据库设计过程中，需求分析和概念设计可以在独立于任何数据库管理系统的情况下进行。逻辑设计和物理设计与选用的数据库管理系统密切相关。

需要指出的是，上述设计步骤既是数据库设计的过程，也包括了数据库应用系统的设计过程。在设计过程中，把数据库的设计和对数据库中数据处理的设计紧密结合起来，将这两个方面的需求分析、抽象、设计、实现在各个阶段同时进行，相互参照，相互补充，以完善两方面的设计。事实上，如果不了解应用环境对数据的处理要求，或没有考虑如何去实现这些处理要求，是不可能设计出一个良好的数据库结构的。

（1）需求分析阶段。需求分析是数据库设计的第一阶段，也是数据库应用系统设计的起点。准确了解与分析用户需求（包括数据与处理）是整个设计过程的基础。这里所说的需求分析只针对数据库应用系统开发过程中数据库设计的需求分析。

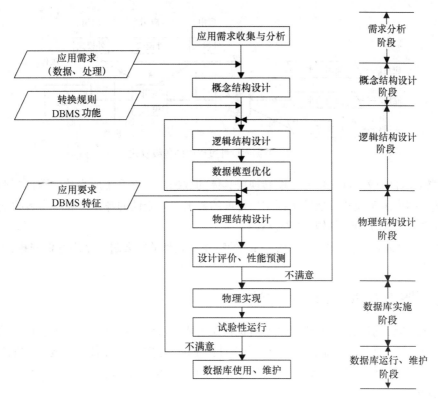

图 8-6　数据库设计过程

（2）概念设计阶段。概念结构设计是数据库设计的关键，是对现实世界的第一层面的抽象与模拟，最终设计出描述现实世界的概念模型。概念模型是面向现实世界的，它的出发点是有效和自然地模拟现实世界，给出数据的概念化结构。长期以来被广泛使用的概念模型是 E-R 模型（Entity-Relationship Model，即实体-联系模型）。该模型将现实世界的要求转化成实体、属性、联系等几个基本概念，以及它们之间的基本连接关系，并且用 E-R 图非常直观地表示出来。

（3）逻辑设计阶段。逻辑结构设计是将上一步所得到的概念模型转换为某个数据库管理系统所支持的数据模型，并对其进行优化。

（4）物理设计阶段。为逻辑数据模型选取一个最适合应用环境的物理结构（包括存储结构和存取方法）。

（5）数据库实施阶段。运用数据库管理系统提供的数据语言、工具及宿主语言，根据逻辑设计和物理设计的结果建立数据库，编制与调试应用程序，组织数据入库，并进行试运行。

（6）数据库运行和维护阶段。数据库应用系统经过试运行后即可投入正式运行。在数据库系统运行过程中，必须不断地对其进行评价、调整与修改。

设计一个完善的数据库应用系统是不可能一蹴而就的，它往往是上述 6 个阶段的不断反复修改、完善的过程。

4．数据库设计过程中的各级模式

按照上述设计步骤，数据库结构设计的不同阶段形成了数据库的各级模式，如图 8-7 所示。

（1）需求分析阶段。综合各个用户的应用需求，生成需求说明书。

（2）概念设计阶段。形成独立于机器特点，独立于具体数据库管理系统产品的概念模式（E-R 图）。

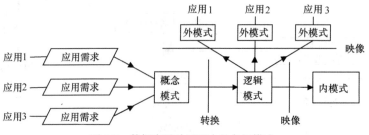

图 8-7 数据库设计过程中的各级模式

（3）逻辑设计阶段。首先将 E-R 图转换成具体的数据库管理系统所支持的数据模型，如关系模型，形成数据库逻辑模式；然后根据用户处理的要求、安全性的考虑，在基本表的基础上再建立必要的视图（View），形成数据的外模式。

（4）物理设计阶段。根据数据库管理系统的特点和处理的需要进行物理存储安排，建立索引，形成数据库内模式。

8.2.2 概念模型与 E-R 方法

数据库概念设计的目的是分析数据间内在的语义关联，在此基础上建立一个数据的抽象模型——概念数据模型。概念数据模型是根据用户需求设计出来的，它不依赖于任何的数据库管理系统。

概念数据模型设计的描述最常用的工具是 E-R 图（实体-联系图）。

1. 概念模型

前面提到，为了把现实世界中的具体事物抽象、组织为某一数据库管理系统支持的数据模型，人们常常首先将现实世界抽象为信息世界，然后将信息世界转换为机器世界。也就是说，首先把现实世界中的客观对象抽象为某一种信息结构，这种信息结构并不依赖于具体的计算机系统，不是某一个数据库管理系统支持的数据模型，而是概念级的模型，称为概念模型。

概念数据模型是面向用户、面向现实世界的数据模型，与具体的数据库管理系统无关。采用概念数据模型，数据库设计人员可以在设计的开始阶段把主要精力用于了解和描述现实世界上，而把涉及具体的数据库管理系统的一些技术性的问题推迟到设计阶段去考虑。

2. 实体–联系方法

设计概念模型常用的方法是实体-联系方法，也就是说，描述概念模型的工具是实体-联系模型（E-R 模型）。因此，数据库概念结构的设计就是 E-R 模型的设计。

设计 E-R 模型的步骤如下。

（1）设计局部 E-R 模型，用来描述用户视图。

（2）综合各局部 E-R 模型，形成总的 E-R 模型，用来描述数据库全局视图，即用户视图的集成。

概念模型是对整个数据库组织的逻辑结构的抽象定义，E-R 模型是用 E-R 图来描述的，即通过 E-R 图来描述实体集、实体属性和实体集之间联系。

其中：

（1）"矩形"框用于表示实体集；

（2）"椭圆形"框用于表示实体集中实体的属性；

（3）"菱形"框用于表示实体集之间的联系。

在 E-R 图中，用无向线段或有向线段将实体与其属性、实体与实体之间的联系以及联系与其属性连接起来。

例如："教学管理"系统中有"学生"和"课程"实体以及相关属性，同时两个实体之间具有"选课"这样的联系，用 E-R 图可表示为如图 8-8 所示。

图 8-8 E-R 图表示的 3 个元素

实体与属性之间、联系与属性之间以及实体与实体之间的联系用无向线段连接，线段上所标识的符号数字用以标识实体之间的关系，如图 8-9 所示。

图 8-9 实体连接图

8.2.3 数据库设计步骤

前面已经讲到了数据库设计的特点和内容、数据库设计中概念模型的基本知识和一种常用的概念模型表示方法—E-R 图以及关系数据库设计理论。本节将按照数据库设计的 6 个阶段，即需求分析阶段、概念结构设计阶段、逻辑结构设计阶段、物理结构设计阶段、数据库实施阶段和数据库运行与维护阶段，以"教学管理"数据库应用系统为例，较为详细地介绍各个阶段的设计内容。

1. 需求分析

需求分析是数据库设计的起点，也是数据库应用系统设计的起点。也就是说，数据库设计的需求分析是数据库应用系统开发全过程的需求分析的一部分。需求分析是否详细、正确，将直接影响后面各个阶段的设计，影响到设计结果是否合理和实用。

在数据库的需求分析阶段，数据库应用开发人员通过详细调查现实世界中要处理的对象（如学校、企业、事业单位等），充分了解用户单位目前现实的工作概况，弄清楚用户的各种需求，然后在此基础上确定新系统的功能要求，编写出需求说明书。

（1）需求分析的任务和过程。需求分析的任务是调查应用领域，对应用领域中各种应用的信息需求和操作需求进行详细分析，形成需求分析说明书。

调查的重点是"数据"和"处理"，通过调查要从中获得每个用户对数据库的如下要求。

① 信息要求。指用户需要从数据库中获得信息的内容与性质。由信息要求可以导出数据要求，即在数据库中需存储哪些数据。

② 处理要求。指用户要完成什么处理功能，对处理的响应时间有何要求，采取何种处理方式等。

③ 安全性和完整性的要求。为了很好地完成调查的任务，设计人员必须不断地与用户交流，与用户达成共识，以便逐步确定用户的实际需求，然后分析和表达这些需求。需求分析是整个设计活动的基础，也是最困难、最花时间的一步。需求分析人员既要懂得数据库技术，又要对应用环境的业务比较熟悉。

（2）需求分析方法。分析和表达用户的需求，经常采用的方法有结构化分析方法和面向对象的方法。

结构化分析（Structured Analysis,）方法（简称 SA 方法）用自顶向下、逐层分解的方式分析系统。用数据流图（Data Flow Diagram，DFD）表达数据和处理过程的关系，用数据字典（Data Dictionary，DD）对系统中的数据进行详尽描述。

数据流图是描述数据处理过程的工具，是需求理解的逻辑模型的图形表示，它直接支持系统的功能建模。

数据字典是各类数据描述的集合，它通常包括 5 个部分，即数据项，是数据的最小单位；数据结构，是若干数据项有意义的集合；数据流，可以是数据项，也可以是数据结构，表示某一处理过程的输入或输出；数据存储，处理过程中存取的数据，常常是手工凭证、手工文档或计算机文件；处理过程等。

对数据库设计来讲，数据字典是进行详细的数据收集和分析所获得的主要结果。

数据字典是在需求分析阶段建立，在数据库设计过程中不断修改、充实和完善的。

在实际开展需求分析工作时，有两点需要特别注意。

① 在需求分析阶段，一个重要而困难的任务是收集将来应用所涉及的数据。若设计人员仅仅按当前应用来设计数据库，新数据的加入不仅会影响数据库的概念结构，而且将影响逻辑结构和物理结构，因此设计人员应充分考虑到可能的扩充和改变，使设计易于更改。

② 必须强调用户的参与，这是数据库应用系统设计的特点。数据库应用系统和用户有密切的联系，其设计和建立有可能对更多用户的工作环境产生重要影响。因而，设计人员应该和用户充分合作进行设计，并对设计工作的最后结果承担共同的责任。

（3）"教学管理"系统的需求分析。教学管理是学校各项管理工作的核心，实现教学管理的计算机化，可以简化烦琐的工作模式，提高教学管理的工作效率、工作质量和管理水平。

① 背景描述。某大学根据自身管理需要，提出开发"教学管理"系统的要求。教学管理人员的主要工作内容包括教师信息管理、学生信息管理、课程信息管理、教师授课管理以及学生选课成绩管理等几项。

② 系统分析。根据深入调查，了解该学校教学管理运行情况，下面是初步归纳给出的教学管理系统有关功能要求和数据存储要求。

- 系统功能要求。
- 方便地录入和修改教师信息、课程信息、学生信息和院系信息。
- 根据教师授课情况，方便地录入和修改教师授课信息。
- 根据学生选课情况，方便地录入和修改学生成绩信息。
- 简单快捷地查找相关数据信息。
- 灵活快捷地统计相关数据信息。
- 系统功能模块。

教学管理系统功能模块如图 8-10 所示。

- 数据信息存储要求。
- 院系信息：包括院系编号、院系名称、院长姓名、院办电话、院系网址等信息。
- 学生信息：包括学号、姓名、性别、民族、政治面貌、出生日期、所属院系简历、照片等信息。

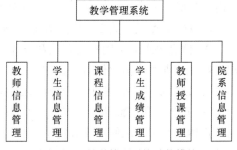

图 8-10　教学管理系统功能模块

- 教师信息：包括编号、姓名、性别、出生日期、学历、职称、所属院系、办公电话、手机号码、是否在职、电子邮件等信息。

- 课程信息：包括课程编号、课程名称、课程类别、学时、学分、课程简介等信息。
- 教师授课：包括教师编号、课程编号、学期、授课时间、授课地点等信息。
- 学生选课：包括学号、课程编号、成绩等信息。

2. 概念结构设计

数据库概念结构设计的目的是分析数据间内在的语义关联，在此基础上建立一个数据的抽象模型——概念数据模型。概念数据模型是根据用户需求设计出来的，它不依赖于任何的数据库管理系统（DBMS）。

（1）概念结构设计的方法步骤。设计概念结构通常有自顶向下、自底向上、逐步扩张、混合策略等方法。其中最常用的策略是自底向上方法。即自顶向下地进行需求分析，然后再自底向上地设计概念结构。

自底向上设计概念结构的方法通常分为两步：首先抽象数据并设计局部视图，然后集成局部视图得到全局的概念结构。

概念结构设计描述最常用的工具是 E-R 图，具体的设计步骤如下。

① 确定实体；
② 确定实体的属性；
③ 确定实体的主键；
④ 确定实体间的联系类型；
⑤ 画出 E-R 图。

（2）教学管理系统的 E-R 图。根据教学管理系统的需求分析，该系统中存在 4 个实体（院系、学生、教师、课程）。

院系：{<u>院系编号</u>、院系名称、院长姓名、院办电话、院系网址}

教师：{<u>编号</u>、姓名、性别、出生日期、学历、职称、所属院系、办公电话、手机号码、是否在职、电子邮件}

学生：{<u>学号</u>、姓名、性别、民族、政治面貌、出生日期、所属院系、简历、照片}

课程：{<u>课程编号</u>、课程名称、课程类别、学时、学分、课程简介}

　　实体的代码用下划线划出。

其中，学生实体与院校实体之间存在联系，教师实体与院系实体之间存在联系，学生实体与课程实体之间存在联系，教师实体与课程实体之间存在联系。

下面给出以上实体以及实体间联系的 E-R 图。

- 实体及其属性 E-R 图。

实体及其属性 E-R 图如图 8-11、图 8-12、图 8-13、图 8-14 所示。

图 8-11　"院系"实体及其属性图

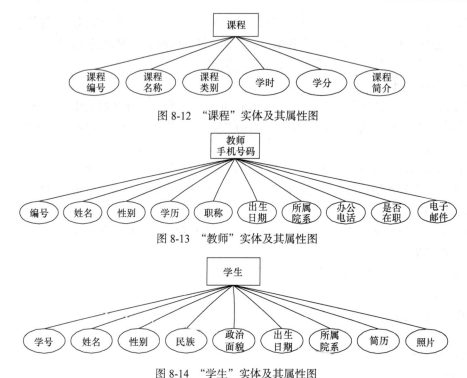

图 8-12 "课程"实体及其属性图

图 8-13 "教师"实体及其属性图

图 8-14 "学生"实体及其属性图

● 实体间联系 E-R 图（局部 E-R 视图）。

上述实体之间存在如图 8-15 所示的联系。

（a）"学生"与"院系"的联系　　（b）"教师"与"院系"的联系

（c）"学生"与"课程"的联系　　（d）"教师"与"课程"的联系

图 8-15 实体之间联系图

● 联系及其属性 E-R 图。

其中两个联系"授课"和"选课"具有自身属性，如图 8-16 所示。

（a）"授课"联系及其属性　　　　（b）"选课"联系及其属性

图 8-16 联系及其属性图

● 全局 E-R 图。

集成所有实体及其相互联系，得到系统的全局 E-R 图，如图 8-17 所示。

3. 逻辑结构设计

概念模型是独立于数据库管理系统的概念结构，而逻辑结构设计是根据已设计好的概念模型

（E-R 图），将其转换为与某一数据库管理系统支持的数据模型相符的逻辑结构的过程。

逻辑结构设计一般分两步进行，如图 8-18 所示。

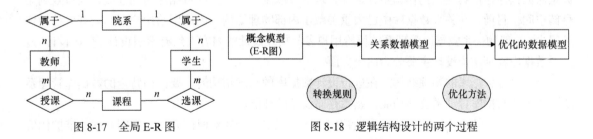

图 8-17　全局 E-R 图　　　　　图 8-18　逻辑结构设计的两个过程

（1）将 E-R 图转换为关系模型。E-R 图向关系模型的转换要解决的问题是如何将实体和实体型之间的联系转换为关系模式，以及如何确定这些关系模式的属性和码。

根据前节所述转换规则，可将教学管理系统的 E-R 图转换为如下关系模式。

- 院系（<u>院系编号</u>、院系名称、院长姓名、院办电话、院系网址）
- 教师（<u>编号</u>、姓名、性别、出生日期、学历、职称、所属院系、办公电话、手机号码、是否在职、电子邮件）
- 学生（<u>学号</u>、姓名、性别、民族、政治面貌、出生日期、所属院系、简历、照片）
- 课程（<u>课程编号</u>、课程名称、课程类别、学时、学分、课程简介）
- 成绩（<u>学号</u>、<u>课程编号</u>、成绩）
- 授课（<u>教师编号</u>、<u>课程编号</u>、学期、授课时间、授课地点）

带下划线的属性是此关系模式的主键。

（2）数据模型的优化。数据库逻辑设计的结果不是唯一的。为了进一步提高数据库应用系统的性能，通常以规范化理论为指导，还应该适当地修改、调整数据模型的结构，这就是数据模型的优化。

数据模型的优化方法如下。

① 确定数据依赖。按需求分析阶段所得到的语义分别写出每个关系模式内部各属性之间的数据依赖，以及不同关系模式属性之间数据依赖。

② 对于各个关系模式之间的数据依赖进行极小化处理，消除冗余的联系。

③ 按照数据依赖的理论对关系模式逐一进行分析，考查是否存在部分函数依赖、传递函数依赖、多值依赖等，确定各关系模式分别属于第几范式。

④ 按照需求分析阶段得到的各种应用对数据处理的要求，分析对于这样的应用环境，这些模式是否合适，确定是否要对它们进行合并或分解。

⑤ 对关系模式进行必要的分解。

根据对上述关系模式的分析，所有关系模式均符合 1NF（第一范式），根据应用实际已满足需求，所以对上述关系模式不做规范化处理。

（3）关系视图设计。逻辑设计的另一个重要内容是关系视图的设计，它又称为外模式设计。关系视图是在关系模式基础上所设计的直接面向操作用户的视图，它可以根据用户需求随时创建，一般关系型数据库管理系统都提供关系视图的功能。

4．物理结构设计

数据库的物理结构设计是设计数据库的存储结构和物理实现方法。数据库的物理设计主要目标是对数据库内部物理结构作调整并选择合理的存取路径，以提高数据库访问速度以及有效利用存储空间。目前，在关系数据库中已大量屏蔽了内部物理结构，因此留给用户参与物理设计的任务很少，一般的关系数据库管理系统留给用户参与物理设计的内容大致有索引设计、分区设计等。

数据库物理结构设计主要分为两个方面。

（1）确定数据库的物理结构。在进行设计数据库的物理结构时，要面向特定的数据库管理系统，要了解数据库管理系统的功能，熟悉存储设备的性能。

（2）对物理结构进行评价。在物理结构设计过程中，需要对时间效率、空间效率、维护代价和用户要求进行权衡，设计方案可能有多种，数据库设计人员就要对这些方案进行评价。若选择的设计方案能够满足逻辑数据模型要求，可进入数据库实施阶段；否则，需要重新设计或修改物理结构，有时甚至还需要对逻辑数据模型进行修正，直到设计出最佳的数据库物理结构。

5．数据库的实施

数据库物理结构设计完成后，就可以进入数据库的具体实施了。

数据库实施过程的一般步骤如下。

（1）定义数据库结构。用某一具体的数据库管理系统提供的数据定义语言严格描述数据库结构。

（2）组织数据入数据库。数据库结构建立完成后，便可以将原始数据载入到数据库中。通常数据库应用系统都有数据输入子系统，数据库中数据的载入是通过应用程序辅助完成的。这里所说的数据载入，是用于程序设计、程序调试需求的部分数据，这些数据要经过挑选后再输入数据库中，要保证其有利于程序设计，适合程序调试。

（3）编写和调试应用程序。编写和调试应用程序与组织数据入库事实上是同步进行的，编写程序时，可用一些模拟数据进行程序调试，待程序编写完成方可正式输入数据。

（4）数据库试运行。应用程序测试完成，并且已输入一些"真实"数据，就可以开始数据库试运行工作，也就进入到数据库联合调试阶段。在这个阶段，最好常对数据库中的数据进行备份操作，因为调试期间系统不稳定，容易破坏已存在的数据信息。

6．数据库的运行和维护

数据库在实施阶段要反复试运行，当数据库试运行结果符合设计目标后，数据库就可以真正投入运行了，这时候数据库应用系统处于一个相对稳定的状态。

数据库投入运行标志着开发任务的基本完成和维护工作的开始，因此投入运行并不意味着数据库设计工作全部完成。设计好的数据库在使用中需要不断维护、修改和调整，这也是数据库设计的一项重要内容。为了适应物理环境变化、用户新需求的提出，以及一些不可预测原因引起的变故，需要对数据库进行不断的维护。

8.3 初识 Access 2003

Access 是微软公司推出的关系型数据库管理系统（RDBMS），它作为 Office 的一部分，具有与 Word、Excel 和 PowerPoint 等相同的操作界面和使用环境，深受广大用户的喜爱。当用户安装完 Office 2003（典型安装）之后，Access 2003 也将成功安装到系统中，这时启动 Access 就可以使用它来创建数据库。

8.3.1　Access 简介

Access 是微软公司推出的基于 Windows 的桌面型关系数据库管理系统，是 Office 系列应用软件之一。它提供了表、查询、窗体、报表、页、宏和模块 7 种用来建立数据库系统的对象；提供了多种向导、生成器、模板，把数据存储、数据查询、界面设计、报表生成等操作规范化；为建立功能完善的数据库管理系统提供了方便，也使得普通用户不必编写代码就可以完成大部分数据管理的任务。

Access 同其他关系数据库管理系统相比，其界面友好、操作简单、配置简单、移植方便、功能齐全，可以帮助用户轻而易举地建立数据库应用程序。

8.3.2　Access 2003 工作界面

与其他 Office 组件程序一样，在使用数据库时，首先要启动 Access，然后再打开需要使用的数据库，进而开始对数据库中各种对象的操作。

启动 Access 2003 之后，屏幕显示界面如图 8-19 所示。

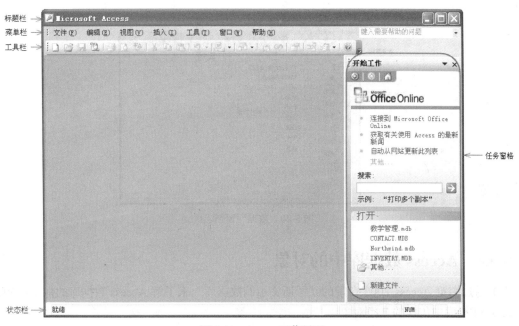

图 8-19　Access 工作界面

1．菜单栏

菜单栏集中了 Access 的全部功能，在 Access 中进行的各种操作均可通过菜单栏实现。在使用 Access 进行数据库的操作过程中，菜单栏及其菜单选项会随着 Access 的不同操作对象及不同视图状态有所改变和区别，也就是说，针对不同的操作对象和对象的不同视图可以进行的操作是不同的。

2．工具栏

工具栏是存放 Access 命令的地方，通常由若干按钮组成，单击相应按钮即可执行相应的命令，完成一定的功能。与菜单栏及菜单选项一样，当对不同的对象视图操作时，菜单按钮的显示也会有改变。

Access 内置了许多工具栏，通过单击"视图"菜单中的"工具栏"命令，可以激活需要的工具栏，也可隐藏不需要的工具栏，或者在工具栏空白处右键单击，然后在弹出的快捷菜单中选择相应的工具栏实现工具栏的显示或隐藏。

3．任务窗格

Office 2003 软件中新增了任务窗格的功能，Access 的任务窗格包括开始工作、帮助、新建文件项目等。

4．状态栏

状态栏用于显示 Access 当前状态与操作的提示文本，例如打开某个数据表之后，状态栏中就会显示出文本"数据表"视图。

8.3.3　数据库窗口

Access 是一个面向对象的可视化数据库管理系统，所有的操作都在窗口中完成。Access 的窗口种类较多，但数据库窗口是 Access 中非常重要的部分，数据库的大部分操作都是从这里开始的。Access 数据库窗口主要由命令按钮组、对象类别按钮组和对象列表集合组成。数据库窗口如图 8-20 所示。

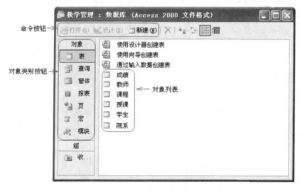

图 8-20　数据库窗口

8.3.4　Access 数据库中的对象

本节通过浏览 Access 2003 自带的"罗斯文示例数据库"来了解 Access 数据库的体系结构，即 Access 数据库中包含的 7 类对象。

首先通过选择"帮助"→"示例数据库"→"罗斯文示例数据库"命令打开该示例数据库，如图 8-21 所示。打开后，通过单击相关按钮显示其数据库窗口，如图 8-22 所示。

1．表

表是数据库中用来存储数据的对象，它是整个数据库系统的数据源，也是数据库其他对象的基础。Access 允许一个数据库中包含多个表，用户可以在不同的表中存储不同类型的数据。通过在表之间建立关联，可以将不同表中的数据联系起来，以便供用户使用。

在表中，将数据以行和列的形式保存，类似于通常使用的电子表格。表中的列称为字段，字段是 Access 信息的最基本载体，说明了一条信息在某一方面的属性。表中的行称为记录，记录是由一个或多个字段组成的。一条记录就是一个完整的信息。

图 8-21　打开罗斯文示例数据库　　　　　图 8-22　罗斯文示例数据库

在 Access 数据库中，应该为每个不同的主题创建一个表，这样不但可以提高数据库的工作效率，还可以减少因数据输入而产生的错误。

使用表对象主要是通过数据表视图和设计视图来完成的。

如图 8-23 所示是表对象"产品"的数据表视图。

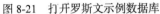

图 8-23　数据表视图

2. 查询

查询是数据库设计目的的体现，数据库建立完成以后，数据只有被使用者查询才能真正实现它的价值。查询也是一个"表"，它是以"表"或"查询"为基础数据源的"虚表"，查询本身存放的只是设计的查询结构，查询"设计视图"窗口如图 8-24 所示，只有在运行查询时，才将满足条件的数据显示出来。

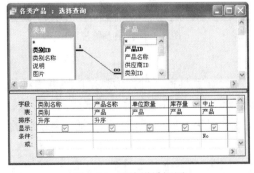

图 8-24　查询设计视图

在 Access 中，查询具有非常重要的位置，利用不同的查询方式，可以方便、快捷地浏览数据库中的数据，同时利用查询还可以实现数据的统计分析与计算等操作。

3. 窗体

窗体是用户与数据库进行交互的图形界面，它提供一种方便用户浏览、输入和更改数据的窗口以及应用程序的执行控制界面，在窗体中可以运行宏和模块，以实现更加复杂的功能，它是Access数据库对象中最灵活的一个对象，其数据源可以是表或查询。对数据进行维护的工作窗口如图8-25所示。

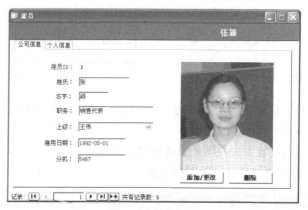

图8-25 窗体视图

4. 报表

报表是数据库中数据输出的另一种形式，利用报表可以将数据库中需要的数据提取出来进行分析、整理和计算，然后打印出来，这是一种很有效的方法。

预览报表输出格式的工作窗口如图8-26所示。

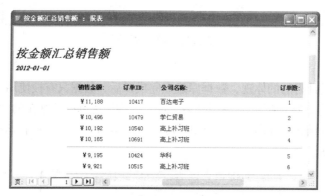

图8-26 报表预览视图

5. 页

从Access 2003开始，Access就具备一种称为数据访问页的对象，以此支持数据库应用系统的Web访问方式。用户利用数据访问页将数据信息编辑成网页形式，然后将其发送到因特网上，以实现快速的数据共享，完成通过因特网获取信息和传播信息的目的。

6. 宏

宏对象是Access数据库对象中的一个基本对象。宏是指一个或多个操作的集合，其中每一个操作实现特定的功能，例如打开某个窗体或打印某个报表。宏可以使某些普通的、需要多个指令连续执行的任务通过一条指令自动地完成，而这条指令就称为宏。例如，可设置某个宏，在用户单击某个命令按钮时运行该宏，以打印某个报表。

7. 模块

模块用来实现数据的自动操作，是应用程序开发人员的工作环境，可创建完整的数据库应用程序。

模块是用 Access 所提供的 VBA（Visual Basic for Application）语言所编写的程序。模块有两个基本类型：对象类型模块和标准模块。模块中的每一个过程都可以是一个函数过程或者一个子过程。宏对象虽然能实现很多对数据库的处理，但与 VBA 相比，它无法完成对数据库细致、复杂的操作，因此，VBA 是完成代码的主要方式。

8.3.5　对象间的关系

通过上述观察我们可以看出：不同的数据库对象在数据库中起着不同的作用，其中表是数据库的核心和基础，存放数据库中的全部数据，查询、窗体和报表都是从数据库中获得信息，以实现用户某一特定的需求，例如查找、计算统计、打印、编辑修改等。窗体可以提供一种良好的用户操作界面，通过它可以直接或间接地调用宏或模块，并执行查询、打印、预览、计算等功能，甚至可以对数据库进行编辑修改。

Access 中表、查询、窗体、报表、宏和模块对象之间的关系如图 8-27 所示。

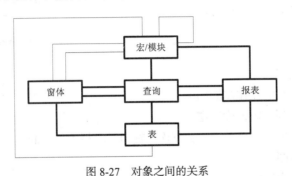

图 8-27　对象之间的关系

8.4　创建数据库和数据表

数据库是 Access 2003 所有操作和应用的基础，Access 2003 数据库将表、窗体、查询等对象放在同一数据库文件中。

Access 提供了两种创建新数据库的方法：一是先创建一个空数据库，然后再添加表、查询、报表、窗体及其他对象；二是使用数据库向导来完成创建任务，用户只要做一些简单的选择操作，就可以建立相应的表、窗体、查询、报表等对象，从而建立一个完整的数据库。无论哪一种方法，在数据库创建之后，都可以在任何时候修改或扩展数据库。

8.4.1　创建空数据库

在 Access 中，可以创建一个空数据库，再根据需要进行设计。

【例 8-1】创建一个"教学管理"的数据库。

操作步骤如下。

（1）启动 Access 2003 应用程序。

（2）单击"文件"菜单中的"新建"命令，或按"Ctrl+N"组合键，这时会在 Access 2003 窗口中打开"新建文件"任务窗格，如图 8-28 所示。

（3）在"新建文件"任务窗格中单击"空数据库"按钮，弹出"文件新建数据库"对话框，在"文件新建数据库"对话框中选择新建数据库保存位置，输入数据库文件名"教学管理"。

（4）在"数据库"窗口中单击 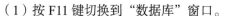 按钮，结束空数据库的创建。

图 8-28 "新建文件"任务窗格

8.4.2 创建数据表

在 Access 数据库中，大量的数据要存储在表中，如果用户完成了数据的收集及二维表的设计，便可以进行创建表的操作。

在 Access 中，创建表的方法有以下几种，如图 8-29 所示。

（1）数据表视图创建表。

（2）设计视图创建表。

（3）表向导创建表。

（4）导入表创建表。

（5）链接表创建表。

使用设计视图创建表的操作步骤如下。

（1）按 F11 键切换到"数据库"窗口。

图 8-29 创建表的方法

（2）单击"表"对象，然后单击"数据库"窗口工具栏上的"新建"按钮。

（3）双击"设计视图"。

（4）定义表中的每个字段。

● 在"字段名称"列中单击，然后为该字段键入唯一的名称。

● 在"数据类型"列中保留默认值（文本）；或单击"数据类型"列并单击箭头，然后选择所需的数据类型。

● 在"说明"列中键入有关此字段的说明。在字段中添加数据时，此说明将显示在状态栏上，并且将包含在表的"对象定义"中。

● 在字段"属性"区设置相应的属性。

（5）在保存表之前，定义一个主键字段。

（6）准备好保存表时，可单击工具栏上的"保存"按钮 💾，然后为表键入一个唯一的名称。

【例 8-2】使用设计视图创建"教师"表，其结构表见表 8-1。

表 8-1   "教师"表结构

字段名称	数据类型	字段大小	是否是主键
编号	文本	7	主键
姓名	文本	4	
性别	文本	1	
出生日期	日期/时间		

续表

字段名称	数据类型	字段大小	是否是主键
学历	文本	10	
职称	文本	10	
所属院系	文本	2	
办公电话	文本	8	
手机	文本	11	
是否在职	是/否		
电子邮件	超链接		

操作步骤如下。

（1）在"数据库"窗口中单击"表"对象，然后单击"新建"按钮，打开"新建表"对话框。

（2）在对话框中选中"设计视图"，然后单击"确定"按钮，打开表的"设计"视图。

（3）单击"设计"视图的第 1 行"字段名称"列，并在其中输入"编号"；单击"数据类型"列，并单击其右侧的向下箭头按钮，在打开的下拉列表中选择"文本"数据类型；在"字段属性"区设置字段大小为 7。

（4）单击"设计"视图的第 2 行"字段名称"列，并在其中输入"姓名"；单击"数据类型"列，并单击其右侧的向下箭头按钮，在打开的下拉列表中选择"文本"数据类型。在"字段属性"区设置字段大小为 4。

（5）按着同样的方法，分别设计表中的其他字段。

（6）定义完全部字段后，单击第 1 个字段（编号字段）的字段选定器，然后单击工具栏上的"主键"按钮，为所建表定义一个主键，设计结果如图 8-30 所示。

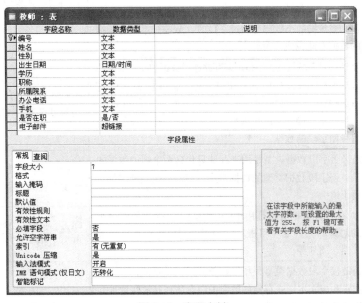

图 8-30　定义主键

（7）单击"常用"工具栏上的"保存"按钮，出现"另存为"对话框，在对话框中输入表名"教师"，保存该表。

8.4.3　设置字段属性

在表的"设计"视图中，可对字段进行属性设置，如设置字段类型、字段大小、格式、输入掩码、有效性规则、有效性文本、标题等属性。

1. 字段的数据类型

Access 2003 中定义了 10 种数据类型：文本、备注、数字、日期/时间、货币、自动编号、是/否、超链接、OLE 对象以及查阅向导。各字段的说明见表 8-2。

表 8-2　　　　　　　　　　　　　　字段类型及其含义

数据类型	说明	大小
文本	Access 系统的默认数据类型。用来存储由文字字符及不具有计算能力的数字字符组成的数据，是最常用的字段数据类型之一	文本字段数据的最大长度为 255 个字符，系统默认的字段长度为 50 个字符
备注	长文本或文本和数字的组合。是文本字段数据类型的特殊形式，对备注字段数据类型不能够进行排序或索引	最多为 65535 个字符。备注字段的大小受数据库大小的限制
数字	数字字段数据类型是用来存储由数字（0～9）、小数点和正负号组成的，并可进行计算的数据。在 Access 中，当确定了某一字段数据类型为数字型，Access 系统默认该字段数据类型为长整型字段	由于数字数据类型表现形式和存储形式的不同，数字字段数据类型又分为整型、长整型、单精度型、双精度型等类型，其长度由系统设置，分为 1、2、4、8 字节
日期/时间	日期/时间字段数据类型是用来存储表示日期/时间数据的。根据日期/时间字段数据类型存储的数据显示格式的不同，日期/时间字段数据类型又分为常规日期、长日期、中日期、短日期、长时间、中时间、短时间等类型	Access 系统将日期/时间字段数据类型长度设置为 8 字节
货币	货币字段数据类型是用来存储货币值的。 给货币型字段输入数据，不用输入货币符号及千位分隔符，Access 系统会根据所输入的数据自动添加货币符号及千位分隔符，当数据的小数部分超过 2 位时，Access 系统会根据输入的数据自动完成四舍五入	Access 系统将货币型字段长度设置为 8 字节
自动编号	（1）自动编号字段数据类型是用来存储递增数据和随机数据的 （2）自动编号字段数据类型的数据无需输入，每增加一个新记录，Access 系统将自动编号型字段的数据自动加 1 或随机编号。用户不用给自动编号字段数据类型输入数据，也不能够编辑自动编号型字段的数据	Access 系统将自动编号字段数据类型长度设置为 4 字节
是/否	（1）是/否字段数据类型是用来存储只包含两个值的数据的 （2）是/否字段数据类型的数据常用来表示逻辑判断结果，不能用于索引	Access 系统将是/否字段数据类型长度设置为 1 字节
OLE 对象	OLE 对象字段数据类型是用于链接和嵌入其他应用程序所创建的对象的。其他应用程序所创建的对象可以是电子表格、文档、图片等	OLE 对象字段数据类型最大长度可为 1GB
超链接	（1）超链接字段数据类型是用于存放超链接地址的。 （2）文本和以文本形式存储的数字的组合用作超链接地址。超链接地址最多包含 3 部分。 ① 显示的文本：在字段或控件中显示的文本 ② 地址：指向文件（UNC 路径）或页（URL）的路径 ③ 子地址：位于文件或页中的地址	超链接数据类型 3 个部分中的每一部分最多只能包含 2048 字符

续表

数据类型	说明	大小
查阅向导	（1）查阅向导字段数据类型是用于存放从其他表中查阅数据的 （2）创建字段，该字段可以使用列表框或组合框从另一个表或值列表中选择一个值。单击该选项，将启动"查阅向导"，它用于创建一个"查阅"字段。在向导完成之后，Microsoft Access 将基于在向导中选择的值来设置数据类型	与用于执行查阅的主键字段大小相同，通常为 4 字节

2. 字段大小

使用"字段大小"属性可以设置"文本"、"数字"或"自动编号"类型的字段中可保存数据的最大容量。

如果"字段类型"属性设为"文本"，可输入 0 到 255 之间的数字，默认值为 50。

如果"字段类型"属性设为"自动编号"，字段大小属性则可设为"长整型"或"同步复制 ID"。

3. 格式

格式只影响数据的显示格式。可以使用预定义的格式，也可以使用格式符号创建自定义格式。

4. 输入掩码

在输入数据时，如果希望输入的格式标准保持一致，或希望检查输入时的错误，可以使用输入掩码。

5. 默认值

使用默认值属性可以指定一个值，该值在新建记录时会自动输入到字段中。例如，在"学生"表中，可以将"性别"字段的默认值设为"男"。当用户在表中添加记录时，既可以接受该默认值，也可以输入其他内容。

输入文本值时，也可以不加双引号，系统会自动加上双引号。设置默认值后，在生成新记录时，将这个默认值插入到相应的字段中。默认值只能更新新的记录，不会自动应用于已有的记录。

6. 标题

字段标题是字段的别名，它被应用在表、窗体和报表中。

如果某一字段没有设置标题，系统将字段名称当成字段标题。因为可以设置字段标题，用户在定义字段名称时可以用简单的符号，这样大大方便了对表的操作。

7. 有效性规则和有效性文本

定义字段的有效性规则，是给表输入数据时设置字段值的约束条件，即用户自定义完整性约束。

在给表输入数据时，若输入的数据不符合字段的有效性规则，系统将显示提示信息，但往往给出的提示信息并不是很清楚、很明确。因此可以通过定义有效性文本来解决。

8. 表的索引

索引是按索引字段或索引字段集的值使表中的记录有序排列的一种技术，在 Access 中，通常是借助于索引文件来实现记录的有序排列。索引技术除可以重新排列数据顺序外，还是建立同一数据库内各表间的关联关系的必要前提。换句话说，在 Access 中，对于同一个数据库中的多个表，若想建立多个表间的关联关系，就必须以关联字段建立索引，从而建立数据库中多个表间的关联关系。

8.4.4 编辑与维护数据表

1. 向表中输入数据

表结构设计完成后，就可以给表输入数据记录。给表输入数据时，只要在"数据表"视图下把表打开便可操作。

【例8-3】为表对象"学生"输入3条记录，输入内容见表8-3。

表8-3　　　　　　　　　　　　　　　3条记录

学号	姓名	性别	民族	政治面貌	出生日期	所属院系	简历	照片
200901001	程鑫民	男	锡伯族	团员	1992-8-30	01	组织能力强，善于表现自己	
200901002	吴薇	女	壮族	群众	1992-7-9	01	组织能力强，善于交际，有上进心	照片
200901003	李薪	女	汉族	团员	1990-12-3	01	有组织，有纪律，爱好：相声，小品	

操作步骤如下。

（1）在"数据表"视图下打开"学生"表。

（2）从第一个空记录的第一个字段分别开始输入，当输入到照片字段时，将鼠标指针指向要输入照片的记录的"照片"字段列，然后单击"插入"菜单中的"对象"命令，在打开的新窗口中单击"由文件创建"。

（3）单击"浏览"按钮，选择存储图片的文件夹，在列表框中找到并选中所需图片文件，然后单击"确定"按钮关闭"浏览"对话框，再单击"确定"按钮完成照片的输入。

（4）全部记录输入完成后，单击工具栏上的"保存"按钮 ，保存表中的数据。

2. 编辑表内容

编辑表中内容是为了确保表中数据的准确，使所建表能够满足实际需要。编辑表中内容的操作主要包括定位记录、选择记录、添加记录、删除记录、修改数据以及复制字段中的数据等。

3. 添加新记录

添加新记录的操作步骤如下。

（1）使用"数据表"视图打开要编辑的表。

（2）可以将光标直接移动到表的最后一行，直接输入要添加的数据；或单击工具栏上的"添加新记录"命令按钮 ，待光标移到表的最后一行后，输入要添加的数据；或单击"记录定位器"上的"新记录"命令按钮 ，待光标移到表的最后一行后，输入要添加的数据。

4. 删除记录

删除记录的操作步骤如下。

（1）使用"数据表"视图打开要编辑的表。

（2）选中要删除的记录（一条或多条）。

（3）单击工具栏上的"删除记录"按钮 ，在弹出的"删除记录"提示框中单击"是"按钮。

删除操作是不可恢复的操作，在删除记录前，要确认该记录是否是要删除的记录。

5. 修改数据

修改数据的操作步骤如下。

（1）使用"数据表"视图打开要编辑的表。

（2）将光标移到要修改数据的相应字段直接修改。

6．复制数据

在输入或编辑数据时，有些数据可能相同或相似，这时可以使用复制和粘贴操作将某字段中的部分或全部数据复制到另一个字段中。

7．表的导入和导出

将数据导入到新的 Microsoft Access 表中，这是一种将数据从不同格式转换并复制到 Microsoft Access 中的方法。也可以将数据库对象导入到另一个 Microsoft Access 数据库。可以导入来自于多种受到支持的数据库、程序和文件格式的数据。

8.4.5　操作表

数据表建好后，常常会根据实际需求对表中的数据进行查找、替换、排序和筛选等操作。

1．查找数据

在一个有多条记录的数据表中，要快速查看数据信息，可以通过数据查找操作来完成，为使修改数据方便且准确，也可以采用查找/替换的操作。操作步骤如下。

（1）用"数据表"视图打开表。

（2）单击"编辑"菜单中的"查找"命令，打开"查找和替换"对话框，如图 8-31 所示。

图 8-31　"查找和替换"对话框——"查找"选项卡

（3）在"查找和替换"对话框中单击"查找"选项卡，在"查找内容"文本框内输入要查找的数据，再确定"查找"范围，再确定"匹配"条件，再单击"查找下一个"按钮，光标将定位到第一个与"查找内容"相"匹配"数据项的位置。

2．替换数据

表中数据的替换操作步骤如下。

（1）用"数据表"视图打开表。

（2）单击"编辑"菜单中的"替换"命令，打开"查找和替换"对话框，如图 8-32 所示。

图 8-32　"查找和替换"对话框——"替换"选项卡

（3）在"查找和替换"对话框中单击"查找"选项卡，在"查找内容"文本框内输入要查找的数据，在"替换为"文本框内输入要替换的数据，再确定"查找范围"，再确定"匹配"条件，再单击"替换"或"全部替换"命令按钮进行替换。

3. 排序记录

在进行表中数据浏览过程中，通常记录的显示顺序是记录输入的先后顺序，或者是按主键值升序排列。

在数据库的实际应用中，数据表中记录的顺序是根据不同的需求而排列的，只有这样才能充分发挥数据库中数据信息的最大效能。

（1）排序规则。排序时，根据当前表中一个或多个字段的值对整个表中所有记录进行重新排列。排序时可按升序，也可按降序。排序记录时，不同字段类型的排序规则有所不同，具体规则如下。

● 英文按字母顺序排序（字典顺序），大、小写视为相同，升序时按 A→Z 排序，降序时按 Z→A 排序。

● 中文按拼音字母的顺序排序。

● 数字按数字的大小排序。

● 日期／时间字段按日期的先后顺序排序，升序按从前到后的顺序排序，降序按从后到前的顺序排序。

（2）单字段排序。所谓单字段排序，是指仅仅按照某一个字段值的大小进行排序。操作比较简单：在"数据表"视图中单击用于排序记录的字段列，单击"记录"菜单"排序"命令中的"升序排序"或"降序排序"即可。也可以直接单击工具栏上的"升序排序"按钮 或"降序排序"按钮 进行排序。

（3）多字段排序。如果对多个字段进行排序，则应该使用 Access 中的"高级筛选／排序"功能，可以设置多个排序字段。首先按照第一个字段的值进行排序，如果第一个字段值相同，再按照第二个字段的值进行排序，依次类推，直到排序完毕。

在指定排序次序以后，如果想取消设置的排序顺序，单击"记录"菜单中的"取消筛选／排序"命令即可。

4. 筛选记录

筛选也是查找表中数据的一种操作，但它与一般的"查找"有所不同，它所查找到的信息是一个或一组满足规定条件的记录而不是具体的数据项。经过筛选后的表只显示满足条件的记录，不满足条件的记录将被隐藏。

Access 提供了 5 种方法：按选定内容筛选、内容排除筛选、按窗体筛选、按筛选目标筛选和高级筛选。

（1）按选定内容筛选。"按选定内容筛选"是一种最简单的筛选方法，使用它可以很容易地找到包含某字段值的记录。

（2）内容排除筛选。用户有时不需要查看某些记录，或已经查看过记录而不想再将其显示出来，这时就要用排除法筛选。

（3）按窗体筛选。"按窗体筛选"是一种快速的筛选方法，可以同时对两个以上的字段值进行筛选。

（4）按筛选目标筛选。"按筛选目标筛选"是一种较灵活的方法，根据输入的筛选条件进行筛选。

（5）高级筛选。"高级筛选"可进行复杂的筛选，筛选出符合多重条件的记录。

8.5　查　　询

在 Access 中，查询是具有条件检索和计算功能的数据库对象。利用查询可以通过不同的方法来查看、更改以及分析数据，也可以将查询对象作为窗体和报表的记录源。本章将介绍查询的作用、查询的类型、创建选择查询、参数查询、交叉表查询、操作查询、SQL 查询等。

查询是以表或查询为数据源的再生表。查询的运行结果是一个动态数据集合，尽管从查询的运行视图上看到的数据集合形式与从数据表视图上看到的数据集合形式完全一样，尽管在数据表视图中所能进行的各种操作也几乎都能在查询的运行视图中完成，但无论它们在形式上是多么的相似，其实质是完全不同的。可以这样来理解，数据表是数据源之所在，而查询是针对数据源的操作命令，相当于程序。

8.5.1　查询的功能

查询有如下几个功能。

（1）基于一个表或多个表，或已知查询创建查询。

（2）利用已知表或已知查询中的数据，可以进行数据的计算，生成新字段。

（3）利用查询可以选择一个表或多个表，或已知查询中数据进行操作，使查询结果更具有动态性，大大地增强了对数据的使用效率。

（4）利用查询可以将表中数据按某个字段进行分组并汇总，从而更好地查看和分析数据。

（5）利用查询可以生成新表，可以更新、删除数据源表中的数据，也可以为数据源表追加数据。

（6）在 Access 中对窗体、报表进行操作时，它们的数据来源只能是一个表或一个查询，但如果为其提供数据来源的一个查询是基于多表创建的，那么其窗体、报表的数据来源就相当于多个表的数据源。

8.5.2　查询的类型

在 Access 中，使用查询可以按照不同的方式查看、更改和分析数据，也可以用查询作为窗体、报表和数据访问页的记录源。在 Microsoft Access 中，有以下几种查询类型：选择查询、参数查询、交叉表查询、操作查询及 SQL 查询等。

1．选择查询

选择查询是最常见的查询类型，它从一个或多个表中检索数据，并且在可以更新记录（有一些限制条件）的数据表中显示结果。也可以使用选择查询来对记录进行分组，并且对记录作总计、计数、平均值以及其他类型的总和计算。

2．参数查询

参数查询是这样一种查询，它在执行时显示自己的对话框以提示用户输入信息，例如条件，检索要插入到字段中的记录或值。可以设计此类查询来提示更多的内容，例如，可以设计它来提示输入两个日期，然后 Access 检索在这两个日期之间的所有记录。

3．交叉表查询

使用交叉表查询可以计算并重新组织数据的结构，这样可以更加方便地分析数据。交叉表查询计算数据的总计、平均值、计数或其他类型的总和，这种数据可分为两组信息：一类在数据表左侧排列；另一类在数据表的顶端。

4. 操作查询

操作查询是这样一种查询，使用这种查询只需进行一次操作，就可对许多记录进行更改和移动。共有 4 种操作查询。

生成表查询：这种查询可以根据一个或多个表中的的全部或部分数据新建表。

更新查询：这种查询可以对一个或多个表中的一组记录作全局的更改。

追加查询：追加查询将一个或多个表中的一组记录添加到一个或多个表的末尾。

删除查询：这种查询可以从一个或多个表中删除一组记录。

5. SQL 查询

SQL 查询是用户使用 SQL 语句创建的查询。可以用结构化查询语言（SQL）来查询、更新和管理 Access 这样的关系数据库。所有查询都有相应的 SQL 语句，但是 SQL 专用查询是由程序设计语言构成的，而不是像其他查询那样由设计网格构成。

8.5.3 创建查询

创建查询的方法有两种：一是使用向导；二是使用设计视图。

1. 使用"查询向导"创建查询

使用查询向导创建查询比较简单，用于从一个或多个表或查询中抽取字段检索数据，但不能通过设置条件来筛选记录。

【例 8-4】使用查询向导创建一个查询，查询的数据源为"学生"，选择"学号"、"姓名"、"性别"、"民族"、"政治面貌"和"所属院系"字段，所建查询命名为"学生 查询"。

创建"学生查询"的操作步骤如下。

（1）启动 Access 2003 应用程序，打开"教学管理"数据库。

（2）单击"查询"对象，单击数据库工具栏上的"新建"按钮 ，打开"新建查询"对话框，如图 8-33 所示。

（3）单击"简单查询向导"选项，单击"确定"按钮，打开"简单查询向导"对话框，如图 8-34 所示。在"表／查询"下拉列表中选择用于查询的"学生"数据表，此时在"可用字段"列表框中显示了"学生"数据表中所有字段。选择查询需要的字段，然后单击向右按钮 ，则所选字段被添加到"选定的字段"列表框中。重复上述操作，依次将需要的字段添加到"选定的字段"列表框中。

图 8-33 "新建查询"对话框

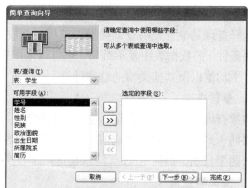

图 8-34 "简单查询向导"对话框 1

（4）单击"下一步"按钮，弹出指定查询标题的"简单查询向导"对话框，如图 8-35 所示。在"请为查询指定标题"文本框中输入标题名，默认为"学生 查询"。在"请选择是打开查询还是修改查询设计"栏中选中"打开查询查看信息"单选按钮，然后单击"完成"按钮，打开"学生 查询"的数据表视图，如图 8-36 所示。

图 8-35　"简单查询向导"对话框 2　　　　图 8-36　"学生 查询"数据表视图

2. 使用设计视图创建查询

在数据库窗口的"查询"对象中双击"在设计视图中创建查询"选项，或单击工具栏上的"新建"按钮 新建(N)，打开"新建查询"对话框，如图 8-33 所示。选择"设计视图"，然后单击"确定"按钮。选择数据源，然后单击"关闭"按钮。

查询的"设计"视图分为上下两部分，如图 8-37 所示。

图 8-37　查询设计器

上半部分称为"表／查询输入区"，显示查询要使用的表或其他查询；下半部分称为"设计网格"。设计网格需要设置如下内容。

（1）字段：查询结果中所显示的字段。

（2）表：查询的数据源。

（3）排序：确定查询结果中的字段的排序方式，有"升序"和"降序"两种方式可供选择。

（4）显示：选择是否在查询结果中显示字段，当对应字段的复选框被选中时，表示该字段在查询结果中显示，否则不显示。

（5）条件：同一行中的多个准则之间是逻辑"与"的关系。

（6）或：也是查询条件，表示多个条件之间是逻辑"或"的关系。

打开查询"设计"视图后，会自动显示"查询设计"工具栏，如图 8-38 所示。如果未显示，可以单击"视图"菜单→"工具栏"→"查询设计"命令，打开"查询设计"工具栏。"查询设计"工具栏常用按钮的名称及功能见表 8-4。

图 8-38 "查询设计"工具栏

表 8-4　　　　　　　　"查询设计"工具栏常用按钮的名称及功能

按钮	名称	功能
	视图	单击此按钮可切换窗体视图和设计视图，单击右侧箭头可以选择进入其他视图
	查询类型	单击右侧箭头可以选择查询的类型
	运行	单击此按钮运行查询，生成并显示查询结果
Σ	总计	显示／关闭查询"设计"视图中的"总计"行
	显示表	打开／关闭"显示表"对话框
 All	上限值	显示包含上限或下限字段的记录，或显示最大或最小百分比值字段的记录
	属性	打开／关闭"属性"对话框
	生成器	打开／关闭"生成器"对话框
	数据库窗口	切换到数据库窗口

8.5.4　编辑查询中的字段

1. 在设计网格中移动字段

单击列选定器，选择列，单击鼠标左键，将字段拖到新位置，移动过程中，鼠标指针变成矩形。

2. 在设计网格中添加、删除字段

从表中将字段拖曳至设计网格中要插入这些字段的列，或在表中双击字段名来添加字段。如果双击一个表中的"*"号，表示将此表中的所有字段都添加到查询中。

单击列选定器，选定字段，然后按 Delete 键可以删除字段。

8.5.5　排序查询结果

在 Access 中，可以通过在设计网格中指定排序次序来对查询的结果进行排序，如图 8-39 所示。

图 8-39　排序

如果为多个字段指定了排序次序，Microsoft Access 就会先对最左边的字段排序，因此，应该在设计网格中从左到右排列要排序的字段。

8.5.6　运行查询

运行查询的几种基本方法如下。

（1）在数据库窗口中双击查询对象列表中要运行的查询名称。

（2）在数据库窗口中首先选择查询对象列表中要运行的查询名称，然后单击数据库窗口中的"打开"按钮 打开(O)。

（3）在查询"设计视图"窗口中直接单击 Access 窗口工具栏上的"运行"按钮 。

小　　结

Microsoft Access 2003 提供了窗体、报表、页、宏、模块对象用来建立数据库系统的对象；提供了多种向导、生成器、模板，把数据存储、数据查询、界面设计、报表生成等操作规范化；为建立功能完善的数据库管理系统提供了方便，也使得普通用户不必编写代码就可以完成大部分数据管理的任务。既可独立开发小型数据库应用系统，也适合做小型动态网站的 Web 数据库。

第9章
常用工具软件

9.1 压缩软件 WinRAR

9.1.1 软件简介

WinRAR 是一个文件压缩管理共享软件,它是档案工具 RAR 在 Windows 环境下的图形界面。该软件可用于备份数据,缩减电子邮件附件的大小,解压缩从 Internet 上下载的 RAR、ZIP 2.0 及其他文件,并且可以新建 RAR 及 ZIP 格式的文件。WinRAR 内置程序可以解开 CAB、ARJ、LZH、TAR、GZ、ACE、UUE、BZ2、JAR、ISO、Z 和 7Z 等多种类型的档案文件、镜像文件和 TAR 组合型文件;具有历史记录和收藏夹功能;具有新的压缩和加密算法,压缩率进一步提高,而资源占用相对较少,并可针对不同的需要保存不同的压缩配置。

WinRAR 官方下载网站:http://www.rarlab.com

9.1.2 使用方法

1. 压缩文件的操作步骤

(1)打开 WinRAR,使用地址栏在文件区选中想要压缩的文件和文件夹。

> 如果想了解压缩的比率和压缩后文件的大小,单击工具栏上的"信息"按钮,打开如图 9-1 所示的"文件信息"界面,单击"信息"选项卡,显示压缩的比率、不同压缩方式后文件的大小和所用时间等。

(2)单击"添加"按钮,打开如图 9-2 所示对话框,输入压缩文件名,并可指定压缩文件格式、压缩方式等。

提示 1:通过设置压缩分卷的大小来实现压缩后文档的软盘存放。

提示 2:通过设置更新方式,可实现压缩文档中文件的添加、替换或更新。

提示 3:通过选中"创建自解压格式压缩文件"来生成自解压(.exe)文件,这样即便在没有 WinRAR 的机器上也可以对该文档进行解压。

(3)完成选项设置后,单击"确定"按钮,开始压缩文件。

> 生成的压缩文件存放在地址栏指定的位置。

图 9-1 压缩文件信息

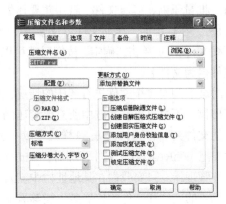

图 9-2 "压缩文件名和参数"对话框

2. 解压缩文件操作步骤

（1）通过地址栏在文件区选中要解压的文件，单击"解压到"按钮，打开如图 9-3 所示的对话框，选择要释放到的文件夹、文件存在时的更新方式、覆盖文件时的处理方式和一些杂项。

图 9-3 "释放路径和选项"对话框

（2）单击"确定"按钮，文件开始解压缩。

3. 设置密码

选中要进行加密的文件或文件夹，单击鼠标右键，在弹出的快捷菜单中选择"添加到压缩文件中"，在弹出的窗口中选择"高级"标签选项，单击"设置"压缩属性，单击"确定"按钮，在弹出的窗口中输入密码，最后单击"确定"按钮，这样压缩后的文件再进行解压的话，就要求输入解压密码。

4. 使用 WinRAR 制作自解压文件

（1）直接生成法。选中要压缩成 EXE 格式文件，单击鼠标右键，选择"添加到档案文件"命令。打开"档案文件名字和参数"对话框，在"常规"选项卡下选中"存档选项"下的"创建自释放格式档案文件"复选框。单击"确定"按钮，即可把选定文件压缩成自解压的文件。

（2）转换法。如果我们手头上有 RAR 压缩包，那也可以通过 WinRAR 把它转换为 EXE 文件：启动 WinRAR，再定位到 RAR 压缩包文件夹下，选中 RAR 压缩包，再选择"工具压缩文件转换为自解压格式"或者按"Alt+X"组合键，单击"确定"按钮，即可生成自解压文件。

5. 使用技巧

（1）批量压缩、解压文件。选中想要压缩的多个文件，单击右键选中弹出菜单中的"添加到压缩文件"，在弹出的"压缩文件名及参数"窗口中选择"文件"选项，选中"把每个文件放到单独的压缩文件中"，单击"确定"按钮后就可以看到每个文件都压缩成了单独的压缩包，同时以原来的文件名为文件名。

有时会遇到对多个文件进行解压的情况，如果对每一个压缩包进行解压的话，浪费时间不说，还容易出错。不过可以一次选中所有要解压的压缩包，然后单击右键，选中"解压每个压缩文件到单独的文件夹"（见图 9-2），这样就可以一次性地对所有选中的压缩文件包进行解压。

（2）把 WinRAR 当成文件管理器。WinRAR 是一个压缩和解压缩工具，但它也是一款相当优秀的文件管理器。只要我们在其地址栏中键入一个文件夹，那其下的所有文件都会被显示出来，甚至连隐藏的文件和文件的扩展名也能够看见。我们完全可以像在"资源管理器"中一样复制、删除、移动和运行这些文件。

（3）修复受损的压缩文件。如果打开一个压缩包，却发现它发生了损坏，那可以启动 WinRAR，定位到这个受损压缩文件夹下，在其中选中这个文件，再选择工具栏上的"修复"按钮（英文版的为 Repair），单击"确定"按钮后，WinRAR 就开始修复这个文件，并会弹出修复的窗口。我们只要选择修复的 ZIP 文件包或 RAR 压缩包即可。

（4）免费文件分割器。利用 WinRAR 可以轻松分割文件，而且在分割的同时还可以将文件进行压缩。操作起来相当简单，只是选择一个选项即可：启动 WinRAR 压缩软件，并选择好要压缩的文件（可以多选，也可以选择文件夹），然后单击工具栏上"添加"图标，并在弹出的窗口中单击"压缩分卷大小，字节"下拉列表框，从中选择或输入分割大小。单击"确定"按钮后，WinRAR 将会按照我们分割的大小生成分割压缩包。

9.2 杀 毒 软 件

杀毒软件，也称反病毒软件或防毒软件，是用于消除电脑病毒、特洛伊木马和恶意软件的一类软件。杀毒软件通常集成监控识别、病毒扫描与清除和自动升级等功能，有的杀毒软件还带有数据恢复等功能，是计算机防御系统（包含杀毒软件、防火墙、特洛伊木马和其他恶意软件的查杀程序、入侵预防系统等）的重要组成部分。

国内杀毒软件有 5 大巨头：金山毒霸、瑞星、江民、东方微点和 360。各杀毒软件的使用都大同小异，下面以瑞星杀毒软件 2010 为例，介绍其使用方法。

9.2.1 软件简介

瑞星杀毒软件（Rising AntiVirus，RAV）采用获得欧盟及中国专利的 6 项核心技术，形成全新软件内核代码，具有 8 大绝技和多种应用特性，是目前国内外同类产品中最具实用价值和安全保障的杀毒软件产品。

瑞星杀毒软件下载网站：http://www.rising.com

9.2.2 使用方法

瑞星杀毒软件的使用方法如下。

（1）启动"瑞星杀毒软件"进入主界面中，如图9-4所示。

（2）单击"杀毒"选项卡，确定要扫描的文件夹或者其他目标，在"查杀目标"中被勾选的目录即是当前选定的查杀目标，如图9-5所示。

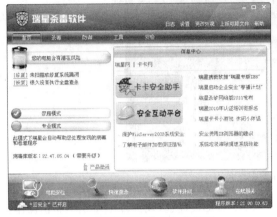

图9-4 "瑞星杀毒软件"主界面

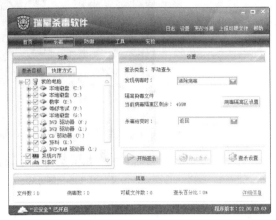

图9-5 勾选查杀目标

（3）单击"开始查杀"按钮，开始扫描相应目标，发现病毒立即清除。扫描过程中可随时单击"停止杀毒"按钮来暂时停止扫描，单击"开始查杀"按钮则继续扫描。

（4）扫描结束后，扫描结果将自动保存到杀毒软件工作目录的指定文件中，以备通过历史记录来查看以往的扫描结果。

（5）如果想继续扫描其他文件或磁盘，重复第（2）、（3）步即可。

9.3 硬盘克隆专家

9.3.1 软件简介

Ghost（是 General Hardware Oriented Software Transfer 的缩写，译为"面向通用型硬件系统传送器"。该软件是美国赛门铁克公司推出的一款出色的硬盘备份还原工具，可以实现 FAT16、FAT32、NTFS、OS2 等多种硬盘分区格式的分区及硬盘的备份还原。在这些用途当中，数据备份的功能得到极高频率的使用，以至于人们一提起 Ghost 就把它和克隆挂钩，往往忽略了它其他的一些功能。在微软的视窗操作系统广为流传的基础上，为避开视窗操作系统安装费时的困难，有人把 Ghost 的备份还原操作流程简化成批处理菜单式软件打包，例如一键 Ghost，一键还原精灵等，使得它的操作更加容易，进而得到众多的初学者的喜爱。由于它和由它制作的.gho 文件连为一体的视窗操作系统 Windows XP/Vista、Windows 7 等作品被爱好者研习实验，Ghost 在狭义上又被人特指为能快速安装的视窗操作系统。

Ghost 下载网站：http://xiazai.zol.com.cn/detail/16/155812.shtml

9.3.2 使用方法

1. Ghost 备份系统操作

（1）利用带 Ghost 的启动光盘启动系统，出现 Ghost 的主界面，如图9-6所示。

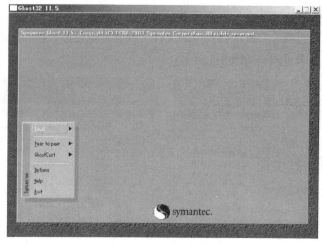

图 9-6　Ghost 的主界面

（2）单击"Local"→"Partition"→"To Image"命令，弹出硬盘选择窗口，开始分区备份操作。

（3）出现"Select local source drive by clicking on the drive number"对话框，用 Tab 键使按钮"OK"为加亮可选，然后按回车键确认。

（4）出现"Select source partition（s）from Basic drive:1"对话框，用 Tab 键使按钮"OK"加亮可选，按回车键确认。

（5）出现对话框"File name to copy image to"，此时系统提示需要给镜像文件起一个名字，这里文件名设为 sys，按回车键。

（6）系统会提示选择的压缩方式，选 No 是不压缩，Fast 是快速压缩，High 是高压缩率。选择 High 虽然会节省空间，但可能会浪费时间。

（7）最后单击"Yes"按钮，即开始进行分区硬盘的备份。

（8）开始备份，在提示框"Progress Indicator"中有完成百分比显示、复制速度（MB/min）、已复制文件大小、需复制文件大小的倒计时、已复制时间、复制时间倒计时。

（9）备份成功，出现对话框"Image Creation Complete（1925）：Image Creation completed Successfully"。提示下一步"Continue"，按回车键确认。

（10）返回到"Symantec Ghost"主界面，单击"Quit"按钮退出 Ghost。在退出询问对话框"Quit Norton Ghost（1953）：Are you sure you want to quit？"中选择"Yes"后按回车键。

（11）重新启动电脑。至此，利用 Ghost 做备份就完成了。

2．Ghost 恢复系统操作

（1）利用带 Ghost 的启动光盘启动系统，出现 Ghost 的主界面。

（2）单击"Local Partition From Image"，弹出硬盘选择窗口，开始系统恢复操作。选择需要还原的镜像文件。

（3）此处显示硬盘信息，不需要处理，直接按回车键。

（4）选择要恢复的分区，这里默认。

（5）单击"Yes"按钮，开始恢复。

（6）显示进度。

（7）单击"Reset Computer"按钮，重新启动系统。

（8）重新启动电脑。至此，利用 Ghost 恢复系统就完成了。

9.4　数据恢复工具

9.4.1　软件简介

EasyRecovery 是数据恢复公司 Ontrack 的产品，它是一个硬盘数据恢复工具，能够帮助用户恢复丢失的数据以及重建文件系统。EasyRecovery 不会向用户的原始驱动器写入任何东西，它主要是在内存中重建文件分区表，使数据能够安全地传输到其他驱动器中。它的主要功能是：磁盘诊断（检查磁盘健康，防止数据意外丢失）、数据恢复（恢复意外丢失的数据）、文件修复（恢复损坏的数据）。数据恢复（恢复意外丢失的数据）功能支持的数据恢复方案包括：高级恢复、删除恢复、格式化恢复、Raw 恢复、继续恢复、紧急启动盘。

EasyRecovery 下载网站：http://dl.pconline.com.cn/html_2/1/67/id=909&pn=0.html

9.4.2　使用方法

打开 EasyRecovery 主界面，如图 9-7 所示。

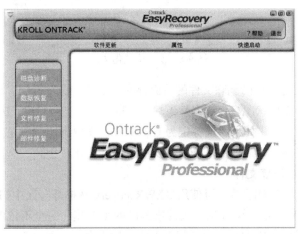

图 9-7　EasyRecovery 主界面

1. 恢复被删除的文件

在 EasyRecovery 主界面中选择"数据修复"，然后选择"删除恢复"，进入修复删除文件向导，首先选择被删除文件所在分区，单击"下一步"按钮，软件会对该分区进行扫描，完成后会在窗口左边窗格中显示该分区的所有文件夹(包括已删除的文件夹)，右边窗格显示已经删除了的文件，可先浏览到被删除文件所在文件夹，然后就可以在右边的文件栏中看到该文件夹下已经删除的文件列表。选定要恢复的文件，单击"下一步"按钮，先在"恢复到本地驱动器"处指定恢复的文件所保存的位置，这个位置必须是在另外一个分区中。单击"下一步"按钮，即开始恢复文件，最后会显示文件恢复的相关信息，单击"完成"按钮后，就可以在设置恢复的文件所保存的位置找到被恢复的文件。

文件夹的恢复也和文件恢复类似，只需选定已被删除的文件夹，其下的文件也会被一并选定，其后的步骤与文件恢复完全相同。另外，文件恢复功能也可由"数据修复"中的"高级恢复"来实现。

2. 恢复已格式化分区中的文件

在主界面的"数据修复"中选择"格式化恢复",接下来先选择已格式化的分区,然后扫描分区,如图9-8所示。扫描完成后,可看到EasyRecovery扫描出来的文件夹都以DIRXX(X是数字)命名,打开其下的子文件夹,名称没有发生改变,文件名也都是完整的,其后的步骤也和前面一样,先选定要恢复的文件夹或文件,然后指定恢复后的文件所保存的位置,最后将文件恢复在指定位置。

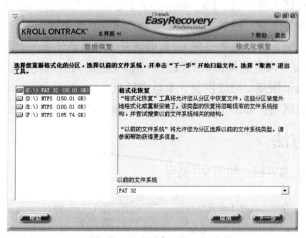

图9-8　恢复格式化文件

需要注意的是,在每一个已删除文件的后面都有一个"状况"标识,用字母来表示,它们的含义是不同的:G表示文件状况良好,完整无缺;D表示文件已经删除;B表示文件数据已损坏;S表示文件大小不符。总之,如果状况标记为G、D、X,则表明该文件被恢复的可能性比较大;如果标记为B、A、N、S,则表明文件恢复成功的可能性会比较小。

3. 从损坏的分区中恢复文件

如果分区和文件目录结构受损,可使用RAWRecovery从损坏分区中扫描并抢救出重要文件。RAWRecovery使用文件标识搜索算法从头搜索分区的每个簇,完全不依赖于分区的文件系统结构,也就是说,只要是分区中的数据块,都有可能被扫描出来,并判断出其文件类型,从而将文件恢复过来。

在主界面的"数据修复"中选择"原始恢复",接下来先选择损坏的分区,然后单击"文件类型"按钮,在出现的"原始恢复文件类型"对话框中添加、删除各种文件类型标识,以确定在分区中寻找哪种文件,比如要找Word文档,可将DOC文件标识出来,并单击"保存"按钮退出对话框,接下来的扫描就只针对DOC文件进行,这样目标更明确,速度也更快。恢复的后续步骤和前面完全一样。

4. 修复损坏的文件

用前面方法恢复过来的数据有些可能已经损坏了,不过只要损坏得不是太严重,就可以用EasyRecovery来修复。

选择主界面中的"文件修复",可以看到EasyRecovery可以修复5种文件:Access、Excel、PowerPoint、Word、ZIP。这些文件修复的方法是一样的,如修复ZIP文件,可选择ZIPRepair,然后在下一个步骤中选择"浏览文件"按钮,导入要修复的ZIP文件,单击"下一步"按钮,即可进行文件修复。这样的修复方法也可用于修复在传输和存储过程中损坏的文件。

9.5　屏幕捕捉软件

9.5.1　软件简介

HyperSnap 是一款非常优秀的屏幕截图工具，如图 9-9 所示。它不仅能抓取标准桌面程序，还能抓取 DirectX、3Dfx Glide 的游戏视频或 DVD 屏幕图。它能以 20 多种图形格式（包括：BMP、GIF、JPEG、TIFF、PCX 等）保存并阅读图片。可以用快捷键或自动定时器从屏幕上抓图。它的功能还包括：在所抓取的图像中显示鼠标轨迹，收集工具，有调色板功能并能设置分辨率，还能选择从 TWAIN 装置（扫描仪和数码相机）中抓图。

HyperSnap 官方网站：http://www.hyperionics.com/

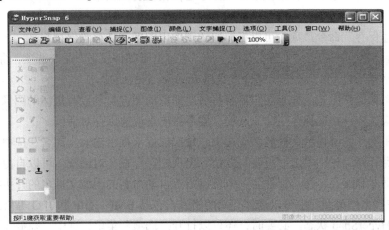

图 9-9　HyperSnap 主界面

9.5.2　使用方法

1．设置 HyperSnap

（1）抓图热键。打开"捕捉"菜单下的"屏幕捕捉快捷键"命令选项，弹出"屏幕捕捉快捷键"对话框。在这里可以按自己的习惯配置各类热键，若要利用系统缺省设置，可以选中"启用热键"这个选项，即在前面的小方框中打上"√"，激活热键抓图功能，再单击"默认值"按钮。

缺省情况下热键定义如图 9-10 所示。

Ctrl+Shift+F：捕捉全屏。

Ctrl+Shift+W：捕捉窗口，包含标题栏、边框、滚动条等。

Ctrl+Shift+R：捕捉区域。当按下截图热键后，鼠标会变为十字叉形，此时在需要截取的图像区域

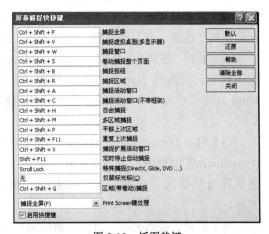

图 9-10　抓图热键

的左上角按下鼠标左键，然后将光标拖曳到区域的右下角，框住要抓取的图像，在矩形框中还会以像素为单位显示矩形框的大小，例如 80×100。松开鼠标左键，再单击左键，即完成抓图。

Ctrl+Shift+A：截取活动窗口。

Ctrl+Shift+C：捕捉活动窗口（不带边框）

Ctrl+Shift+F11：重复上次捕捉。

Shift+F11：定时停止自动捕捉。

Scroll Lock：特殊捕捉（Direct X、Glide 和 DVD 等）。

（2）设置抓取的图像输出方式。如果连上 Internet，还可以将抓取的图像通过电子邮件发送给 Internet 上的朋友。

在主窗口的"捕捉"菜单下选择"裁剪和比例缩放"命令选项，可以设置剪切图像的区域或大小。

选中"复制"命令选项，可以将抓取的图像直接送到剪贴板。由于 Windows 的剪贴板只能存放一幅图像，所以只有最后一幅被截取的图像才会保留在剪贴板中。

选中"打印"命令选项，可以将抓取的图像直接输出到打印机。

选中"快速保存"命令选项，可以将抓取的图像以图像文件存盘保存起来。

抓取图像后，还可以打开"文件"菜单下的"通过电子邮件发送"命令选项，将图像以 BMP、GIF 或 JPG 等格式通过 Internet 电子邮件发送给 Internet 上的朋友。

（3）设置图像保存方式。如果用户需要将每次抓取的图像自动以有规律的图像文件名存盘保存起来，那么应选中"快速保存"命令选项，屏幕将出现快速保存对话框。

如果希望每次抓图都提示文件名，应选中"每次捕捉都提示输入文件名"选项。

在"自动保存到"栏中单击"更改"按钮，出现"保存在"对话框，可以自由指定所抓图像文件存储的驱动器和路径，在"文件名"中可以指定自动命名的图像文件名的开头字母（系统缺省为 snap），在"文件类型"中可以选择存储的格式，包括 BMP、GIF 和 JPG 等格式。

（4）改变 HyperSnap 状态。必要时，还可以打开"选项"菜单，选中"隐藏在区域捕捉"选项，隐藏指定区域抓图时屏幕上的帮助信息；选中"只显示图标"，使最小化时只是一个图标。

2. 图像捕捉

（1）捕捉整个屏幕。双击桌面的 HyperSnap 快捷方式图标，启动 HyperSnap 应用程序，打开应用程序主界面窗口，单击"捕捉全屏幕"按钮，即可捕捉到全屏幕。

（2）捕捉当前活动窗口。启动 HyperSnap 应用程序，出现应用程序主界面窗口，单击"捕捉活动窗口"按钮，即可捕捉到"我的电脑"窗口。

（3）捕捉"格式"工具栏。启动 HyperSnap 应用程序，出现应用程序主界面窗口，启动 Word 应用程序，切换到 Hyper-Snap 应用程序，单击"捕捉窗口或控件"按钮，这回会自动切换到 Word 应用程序窗口中，把鼠标指针指向"常用"工具栏，单击鼠标左键，即可捕捉"常用"工具栏。

（4）启动 HyperSnap 应用程序，出现应用程序主界面窗口，启动 Word 应用程序，切换到 HyperSnap 应用程序，单击"捕捉→按钮"按钮，这回会自动切换到 Word 应用程序窗口中，把鼠标指针指向"常用"工具栏上的"格式刷"图标，单击鼠标左键，即可捕捉"打印"图标。

（5）打开"我的电脑"窗口，捕捉如样本所示的区域。启动 HyperSnap 应用程序，出现应用程序主界面窗口，打开"我的电脑"窗口，切换到 HyperSnap 应用程序，单击"捕捉→选定区域"

按钮，这回会自动切换到"我的电脑"窗口中，单击鼠标指针选择起始点，再移动鼠标指针到结束点单击。

3. 文本捕捉

单击"文字捕捉从区域捕捉文字"按钮，使用鼠标拖选画面中的文字部分后松开鼠标，听到"喀嚓"声音后，该区域的文字就捕捉下来了。

9.6 看 图 工 具

9.6.1 软件简介

ACDSee（奥视迪）是目前非常流行的看图工具之一。它提供了良好的操作界面、简单人性化的操作方式以及优质的快速图形解码方式，支持丰富的图形格式，具有强大的图形文件管理功能等。ACDSee 的使用最为广泛，大多数电脑爱好者都使用它来浏览图片，它的特点是支持性强，能打开包括 ICO、PNG、XBM 在内的 20 余种图像格式，并且能够高品质地快速显示它们，甚至近年在互联网上十分流行的动画图像档案都可以利用 ACDSee 来欣赏。

ACDSee 官方网站：http://www.acdsee.com

9.6.2 使用方法

打开 ACDSee 主界面，如图 9-11 所示。

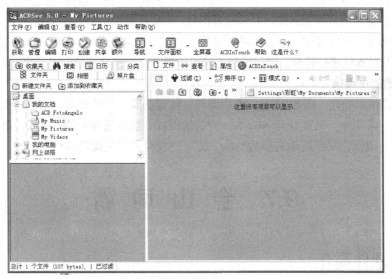

图 9-11　ACDSee 主界面

1. 照片的导入

照片拍摄完成后，需导入到电脑中才能浏览，运行 ACDSee，然后依次单击"文件"→"获取图像"→"从数码相机或读卡器"菜单项，如图 9-12 所示。在弹出的窗口中单击"下一步"按钮，选择导入设备后，单击"下一步"按钮，即可看到内存卡中的所有照片。选择要导入的照片，也可以直接单击"全部选择"按钮来选择全部的照片，单击"下一步"按钮。

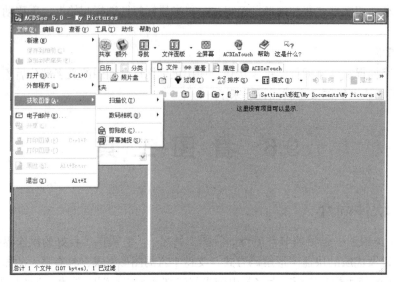

图 9-12　照片的导入

2. 浏览照片

把照片导入到电脑后,就可以使用 ACDSee 对其进行浏览了。直接双击照片,即可使用 ACDSee 快速查看器打开照片, 在这里只是提供了浏览、翻转、放大 / 缩小及删除等基本功能, 所以使用快速查看器可以提供前所未有的照片显示速度,能够快速浏览所有的数码照片。

3. 管理照片

ACDSee 提供了强大的数码照片管理功能,可以使用户方便、快速地找到自己需要的数码照片。还可以为拍摄的照片添加属性,为其设置标题、日期、作者、评级、备注、关键词及类别等。通过这些设置选项,就可以通过浏览区域顶部的过滤方式、组合方式或排序方式来进行准确定位,会按照每张图片的属性进行排列,通过这种方式可以快速且准确地定位到自己需要的照片上。

4. 照片的简单编辑

ACDSee 提供了曝光、阴影/高光、色彩调节、红眼消除、相片修复、清晰度调整等基本的编辑功能,操作非常简单,只要打开 ACDSee 的编辑模式,然后选择右侧的编辑功能,即可在新窗口中对照片进行编辑,只要拖动右侧的滑块,即可完成对图像的编辑操作。

9.7　金 山 词 霸

9.7.1　软件简介

金山词霸是一款免费的词典翻译软件。由金山公司于 1997 年推出第一个版本,经过 15 年锤炼,今天已经是上亿用户的必备选择。它最大的亮点是内容海量权威,收录了 141 本版权词典、32 万真人语音、17 个场景和 2000 组常用对话。建议用户在阅读英文内容、写作、邮件、口语、单词复习等多个应用时使用它。最新版本还支持离线查词,电脑不联网也可以轻松用词霸。除了 PC 版,金山词霸也支持 Iphone/Ipad/Mac/Android/Symbian/Java 等,用户还可以直接访问爱词霸网站,查词、查句、翻译等功能强大,还有精品英语学习内容和社区,在这里可以学英语、交朋友。

金山词霸官方网站：http://ciba.iciba.com

9.7.2 使用方法

1. 打开金山词霸

双击桌面图标进入软件主界面，如图 9-13 所示。打开主菜单，显示主功能标签切换区、搜索输入操作区与主体内容显示区。

图 9-13 金山词霸主界面

2. 全新经典功能

（1）词典支持。词典功能作为"谷歌金山词霸合作版"最核心的功能，具有智能索引、查词条、查词组、模糊查词、变形识别、拼写近似词、相关词扩展等应用。另外，词典查词是一种基于词典的查找，用户可以到菜单"设置"→"词典管理"中，根据需要对查词词典做一些个性化的设置。

（2）例句功能。金山词霸内置国内领先的模糊匹配查句引擎和 80 万优质中英例句，充分利用搜索技术和自然语言处理技术，可以输入中文或英文词句，搜索到最匹配的双语例句。

（3）翻译功能。金山词霸的翻译功能包括文字翻译和网页翻译。

① 文字翻译：在原文本框中输入要翻译的文字，选择翻译语言方向，单击"翻译"按钮，稍后译文会显示在译文框内。

② 翻译网页：在网址框中输入要翻译的网页，选择翻译语言方向，单击"翻译"按钮，会打开此网页（网页中的文字已被翻译）。

翻译文字和翻译网页都有 7 种语言方向：英文→中文（简体），中文（简体）→英文，英文→中文（繁体），英文→日语，日语→英文，中文（繁体）→中文（简体），中文（简体）→中文（繁体）。

（4）屏幕取词。取词功能可以翻译屏幕上任意位置的单词或词组，将鼠标移至需要查询的单词上，其释义将即时显示在屏幕上的浮动窗口中。程序会根据取词显示内容自动调整取词窗口大小、文本行数等，并且用户可通过取词开关随时暂停或恢复功能。

（5）译中译取词。译中译取词是指在取词窗口阅读时，发现有陌生的字词，可移动鼠标进行二次辅助取词。目前此功能仅支持中英双语的译中译。

（6）变形识别。能自动识别单词的单复数、时态及大小写智能识别，直接命中最合适的词条解释。

（7）测试。在生词本中可以随意选择测试选项，如图9-14所示。

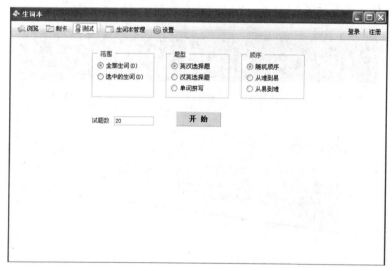

图 9-14　生词本测试

9.8　网络下载工具

为了更好地下载和管理文件，目前有很多专用的客户端下载软件。这类软件通常采用断点续传和多片断下载技术来保证安全、高效地执行下载活动。这类软件中比较著名的有网际快车（FlashGet）、网络蚂蚁（NetAnts）等。断点续传是指把一个文件的下载划分为若干个下载阶段，完成一个阶段的下载后软件做相应的记录，下一次继续下载时，会在上一次已经完成的地方继续开始，而不是从头开始。多片断下载是指把一个文件分成几个部分（片断）同时下载，全部下载完后再把各个片断拼接成一个完整的文件。

下面以网际快车为例介绍该类软件的用法。

9.8.1　软件简介

FlashGet 中文名称是网际快车，是一种下载速度较快的国际性下载工具，支持多种语言。它通过多线程、断点续传、镜像等技术，最大限度地提高文件的下载速度。

9.8.2　使用方法

1.　下载与安装网际快车

首先将下载的网际快车软件安装在计算机上，软件启动后的工作画面如图9-15所示。

2.　网际快车初始化设置

在网际快车窗口中单击"工具"菜单→"选项"命令，在弹出的对话框中包括"常规"、"文件管理"、"连接"、"计划"等选项卡。可以在各选项卡中设置各项参数。

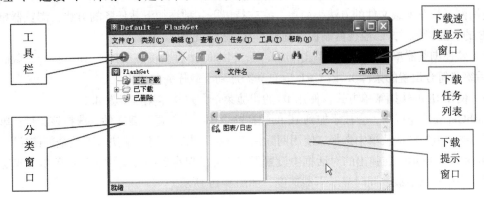

图 9-15　网际快车工作界面

在"常规"选项卡中，用户可以设置开始时主窗口最小化，如果出现错误时是否停止下载等参数，如图 9-16（a）所示。在"监视"选项卡中，用户可以设置是否监视 IE 的单击、是否在浏览器中打开取消 URL 等功能，如图 9-16（b）所示。在"文件管理"选项卡中，用户可以设置下载文件完毕后是否执行病毒扫描程序等功能，如图 9-17 所示。

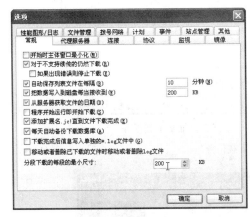

（a）"常规"选项

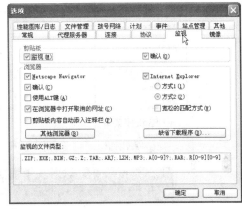

（b）"监视"选项

图 9-16　网际快车初始化设置

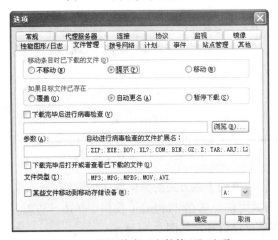

图 9-17　网际快车"文件管理"选项

3. 使用网际快车下载文件

使用网际快车下载文件的方法很简单，它支持以下几种添加下载任务的方法：浏览器单击、使用 IE 的快捷菜单方式、监视剪贴板、拖放、直接输入 URL。

（1）监视浏览器单击方式。当单击 URL 时，FlashGet 可监视该 URL，如果符合下载的要求（文件后缀名符合设置的条件），该 URL 就自动添加到下载任务列表中。

（2）使用 IE 的快捷菜单方式。使用 IE 的快捷菜单方式具体操作步骤如下。

FlashGet 安装完成后，会被添加到 IE 的快捷命令中，如果要下载文件，选择该文件，单击鼠标右键，在弹出的快捷菜单中选择"使用网际快车下载"或"使用网际快车下载全部链接"选项，如图 9-18（a）所示。在弹出的对话框中设置下载任务的保存路径和文件名称。单击"确定"按钮，网际快车开始下载，同时显示下载速度，如图 9-19 所示。

（a）IE 快捷菜单

（b）添加新下载任务

图 9-18　添加下载任务

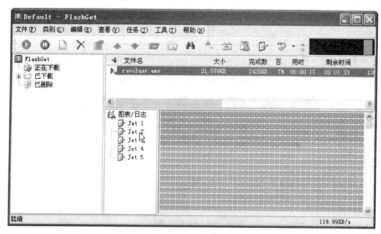

图 9-19　下载任务

（3）拖动下载方式。使用拖动下载方式的具体操作步骤如下。

① 在使用拖动下载方式之前，应在 FlashGet 窗口中单击"查看"→"悬浮窗"命令，在屏幕上将悬浮窗打开，如图 9-20 所示。

图 9-20　悬浮窗

② 在浏览器中，用鼠标将下载文件的超链接 URL 拖曳到 FlashGet 的悬浮窗图标上，释放鼠标，弹出如图 9-18（b）所示的对话框。设置下载任务的保存路径和文件名称等。

③ 单击"确定"按钮，即可开始下载，这是一种非常方便灵活的方法。

（4）监视剪贴板方式。当复制一个合法的 URL 到剪贴板中时，如果 URL 符合下载的要求，该 URL 就自动添加到下载任务列表中。

（5）直接输入 URL。有时候需用直接输入 URL 的方法来添加新的任务，一般来讲，直接输入 URL 的方法是最灵活的方法，具体操作步骤如下。

① 在 FlashGet 窗口中单击"任务"菜单→"新建下载任务"命令或者按 F4 键，打开"添加新的下载任务"对话框。设置下载任务的保存路径和文件名称等。

② 在网址（URL）文本框中输入想要下载文件的 URL。

③ 单击"确定"按钮，系统即可开始下载。

9.9　文件传输工具

9.9.1　软件简介

CuteFTP 是一个 Windows 平台的文件传输客户端实用软件。它不需要用户记忆各种命令，使用鼠标的拖放即可实现远程计算机软件的下载和上传。

9.9.2　使用方法

1．CuteFTP 的工作界面

CuteFTP 启动后，其工作界面如图 9-21 所示。CuteFTP 的工作界面主要分为以下几个部分。

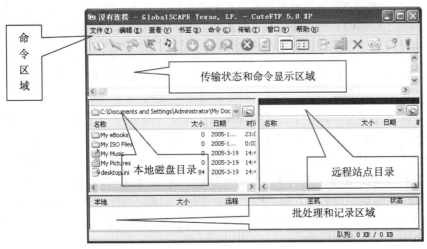

图 9-21　CuteFTP 工作界面

（1）命令区域（工具栏和菜单栏）。该区域包含了上传和下载操作中的所有命令，下面做简单介绍。

① "站点管理器"按钮：单击该按钮可以打开站点管理器。

②"快速连接"按钮：单击该按钮可快速与远程站点建立连接。

③"中断连接"按钮：用于中断当前的连接。

④"重新连接"按钮：单击该按钮可重新与站点建立连接。

⑤"下载文件"按钮：用于下载文件。

⑥"上传文件"按钮：用于上传文件。

⑦"重命名"按钮：对文件进行重命名。

⑧"创建新目录"按钮：建立新目录。

⑨"执行文件"按钮：可以执行文件，一般不要执行文件，因为这会影响文件传输速度，有时会影响系统安全。

（2）传输状态和命令显示区域。通过此窗口，用户可以了解当前的连接状态，如该站点给用户的信息是否处于连接状态，是否支持断点续传正在传输的文件等。

（3）本地磁盘目录。显示本地计算机硬盘中的目录结构，主要用来明确上传和下载的文件在哪里和放到哪里。

（4）远程站点目录。显示远程FTP站点的目录结构，用来明确上传和下载的文件放到哪里和在哪里。

（5）批处理和记录区域。显示文件传输的进程。可以先把本地或远程区域中需要操作的文件拖放到这个窗口，再决定是否传输。

2. CuteFTP 的站点管理

CuteFTP站点管理器用于管理远程FTP服务器，使用它可以添加、删除和编辑FTP服务器的信息。掌握了CuteFTP基本用法后，便可以使用CuteFTP对自己的网站进行方便的管理。站点管理器的基本操作步骤如下。

（1）单击主窗口"文件"菜单→"站点管理器"命令，或单击工具栏的"站点管理器"按钮，弹出"站点设置新建站点"窗口，如图9-22（a）所示。

CuteFTP站点管理器左边的窗口包含预先定义好的文件夹和站点，右边显示当前站点的设置信息。CuteFTP预先设定了一些免费或共享的FTP站点，单击文件夹内的某一站点，再单击"连接"按钮，即可连接该站点。

（2）添加文件夹。选择"文件"菜单的"新建文件夹"命令，输入文件夹的名字，单击空白区，在左边窗口中建立新的文件夹，文件夹建成后可以将站点放入其中。

（3）添加站点。单击"文件"菜单中的"新建站点"命令（或是单击左下方的"新建"按钮），在当前文件夹中产生一个名为"新建站点"的站点，输入站点的名字，例如输入"北京大学"。窗口右边的文本框中，需要设置站点名称、远程服务器主机地址、用户名、密码、FTP服务器的域名或IP地址，如北京大学的FTP服务器域名为：ftp.pku.edu.cn。如果登录类型选择了"匿名"，则"FTP站点用户名称"和"FTP站点密码"可以不填。"FTP站点连接端口"为"21"，如图9-22（b）所示，单击"文件"菜单中的"连接"命令或单击"连接"按钮，就可以进行连接。

（4）编辑站点。如果要进一步设置，可以单击站点管理器中的"编辑"按钮，弹出"设置"对话框。设置默认本地文件夹位置等。

（5）删除站点。对于不再使用的FTP站点，可以从站点管理器中删除。在站点管理器窗口中选择需要删除的站点，单击"删除"命令（或在站点上单击右键，在弹出的快捷菜单中选择"删除"），即可删除该站点。

 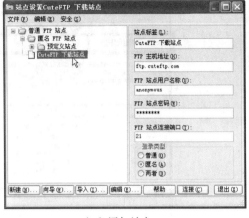

（a）站点设置　　　　　　　　　　　　　（b）添加站点

图 9-22　站点管理器

3. 文件上传与下载

在文件传输之前，首先要建立与远程 FTP 服务器的连接。连接建立后，方可进行文件的上传与下载。

CuteFTP 有多种方法实现文件的上传和下载。文件传输过程中，CuteFTP 主窗口底部的批处理和记录区域会显示传输速度、剩余时间、已用时间和完成传输的百分比等信息。如果在文件传输过程中，因为某些原因传输被中断，可以使用 CuteFTP 的断点续传功能，在文件中断处继续传输。断点续传功能在传输较大的文件时非常有用。在进行续传时，本地计算机的文件名应与远程服务器中的文件名相同。

（1）建立与远程服务器的连接。CuteFTP 提供了站点服务器连接远程服务器和快速连接远程服务器等方式，利用 CuteFTP 的这一功能，可以在本地登录远程服务器对站点进行操作。

建立连接的方法如下。

① 通过站点管理器连接远程服务器。单击"文件"菜单→"站点管理器"命令，从窗口中选择预先定义好的服务器站点，单击"连接"按钮。

② 快速连接远程 FTP 服务器。在 CuteFTP 主窗口中单击"文件"菜单→"快速连接"命令，或单击工具栏中的"快速连接"按钮，弹出"快速连接"工具栏。如图 9-23 所示，选择或输入相关信息，单击"快速连接"按钮开始连接。

③ 使用书签进行连接。对于一个经常访问的站点中的某一目录，可以建立一个书签保存起来，下次连接这个目录时，单击这个书签即可快速连接。

④ 重新连接和断开连接。文件在传输过程中，如果要中断文件传输，则单击"文件"菜单中的"断开"命令，或单击工具栏中"断开"按钮；若要重新连接，单击"文件"菜单中的"重新连接"命令或工具栏中的"重新连接"按钮，则恢复中断的连接。单击工具栏中的"停止"按钮，则停止与服务器的连接和停止传输文件。

（2）文件传输方法。

① 鼠标拖放传输文件。在 CuteFTP 主窗口中选中需要传输的文件，拖动文件到指定目录中，从本地磁盘拖到远程目录是"上传"，从远程目录拖到本地磁盘是"下载"。如果是从服务器向本地目录拖动，系统提示是否下载指定文件，单击"是（Y）"按钮，即开始下载文件，如图 9-24

所示。

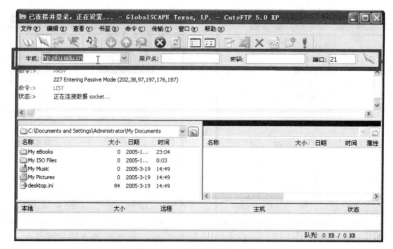

图 9-23　快速连接服务器

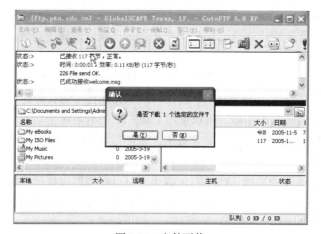

图 9-24　文件下载

② 菜单、工具栏传输文件。在 CuteFTP 主窗口中选中需要传输的文件，单击"传输"菜单中的"下载"或"上传"命令，或单击工具栏中的"下载"或"上传"按钮。

③ 双击文件开始传输。在 CuteFTP 主窗口中双击要传输的文件，该文件自动传输到当前的另一目录中。即：双击本地磁盘文件就是"上传"，双击远程目录中的文件就是"下载"。

④ 单击鼠标右键传输文件。选中需要传输的文件，单击鼠标右键，在弹出的快捷菜单中选择"下载"或"上传"传输文件。

9.10　邮件客户端软件

Foxmail 邮件客户端软件是中国最著名的软件产品之一，中文版使用人数超过 400 万，英文版的用户遍布 20 多个国家，名列"十大国产软件"，被太平洋电脑网评为五星级软件。Foxmail 通过和 U 盘的授权捆绑形成了安全邮、随身邮等一系列产品。2005 年 3 月 16 日被腾讯收购。现在已经发展到 Foxmail 7.0。

9.10.1　软件简介

Foxmail 是由华中科技大学（原华中理工大学）张小龙开发的一款优秀的国产电子邮件客户端软件，2005 年 3 月 16 日被腾讯收购。新的 Foxmail 具备强大的反垃圾邮件功能。它使用多种技术对邮件进行判别，能够准确识别垃圾邮件与非垃圾邮件。垃圾邮件会被自动分捡到垃圾邮件箱中，有效地降低垃圾邮件对用户的干扰，最大限度地减少用户因为处理垃圾邮件而浪费的时间。数字签名和加密功能在 Foxmail 5.0 中得到支持，可以确保电子邮件的真实性和保密性。通过安全套接层（SSL）协议收发邮件，使得在邮件接收和发送过程中，传输的数据都经过严格的加密，有效防止黑客窃听，保证数据安全。其他改进包括：阅读和发送国际邮件（支持 Unicode）、地址簿同步、通过安全套接层（SSL）协议收发邮件、收取 yahoo 邮箱邮件；提高收发 Hotmail、MSN 电子邮件速度，支持名片（vCard），以嵌入方式显示附件图片，增强本地邮箱邮件搜索功能等。

9.10.2　使用方法

1．Foxmail 的界面组成

启动 Foxmail 后，出现如图 9-25 所示的界面。该界面类似于 Outlook Express，也是由左、右两部分组成的。窗口左侧有账户及文件夹列表和联系人窗格，右侧是内容区，上部分是邮件列表区，下部分是预览区。其界面亲切，使用方便。

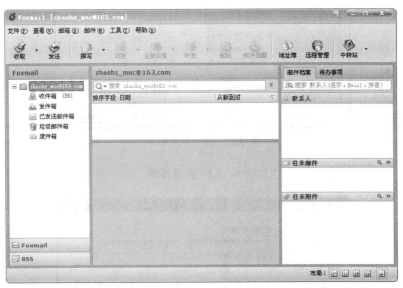

图 9-25　Foxmail 工作界面

2．设置 Foxmail 账户

同其他的电子邮件客户端程序一样，要利用 Foxmail 收发电子邮件，首选必须进行邮件服务器和邮箱地址的配置，设置邮件账号。下面以邮件 xwx_cun@163.com 为例，说明具体的操作步骤。

（1）进入 Foxmail 后，选择"邮箱"→"新建邮箱账户"命令，如图 9-26 所示；弹出"Foxmail 用户向导"对话框，单击"下一步"按钮，出现"建立新的用户账户"对话框。在"账户显示名称"后的文本框中输入名字，同时也可以设置邮箱的路径，本例采用默认值，如图 9-27 所示。

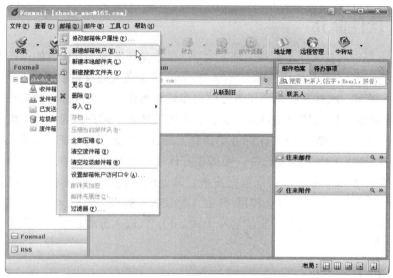

图 9-26　新建邮箱账户

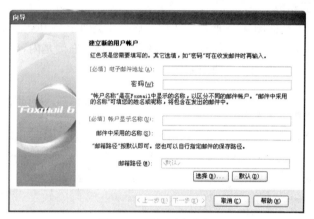

图 9-27　添加用户账户

（2）单击"下一步"按钮，出现如图 9-28 所示的界面。

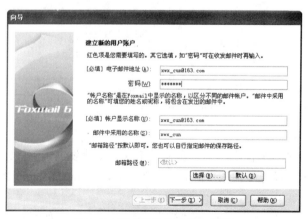

图 9-28　建立新的用户账户界面

（3）单击"下一步"按钮，出现如图 9-29 所示的界面，选择指定邮件服务器。

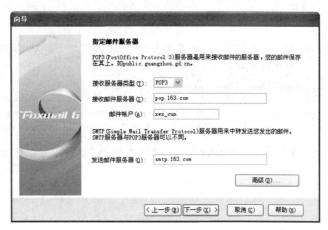

图 9-29　选择指定邮件服务器

（4）单击"下一步"按钮，出现如图 9-30 所示的界面，然后单击"完成"按钮，账户设置完毕。

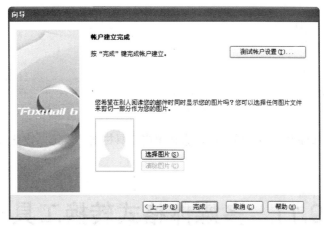

图 9-30　账户建立完成

3．接收和发送电子邮件

客户端软件 Foxmail 收发电子邮件时，不用登录相关的网站，所以速度更快；收到的邮件和发送的邮件存放于自己的计算机中，所以邮件的管理也很方便。Foxmail 的邮件收发和邮件管理与 OE 有很多相似之处，这里只作简单介绍，更多内容可参照 OE，也可从 Foxmail 的联机帮助中学习。

　　　　因为 Foxmail 支持多账户，所以在进行邮件的收发和管理操作时，一定要明确当前是对哪个账户进行操作，即首先应选择一个账户。

（1）接收邮件。选中某个账户，单击工具栏的"收取"按钮，该过程会有进度提示和邮件数量的提示。

（2）阅读邮件。选中账户，单击该账户的收件箱，在右侧邮件列表中选择某个邮件，该邮件内容就会显示在下面的邮件内容预览区中。

（3）撰写邮件。单击工具栏的"撰写"按钮（单击按钮旁的"·"，可以选择不同的信纸模板），出现独立的新邮件撰写窗口。在收件人栏填写邮件接收人的电子邮件地址。如需发送给多人，可用逗号分隔多个电子邮件地址，也可以在抄送栏输入接收人的电子邮件地址。填写主题及信件正文，如图 9-31 所示。

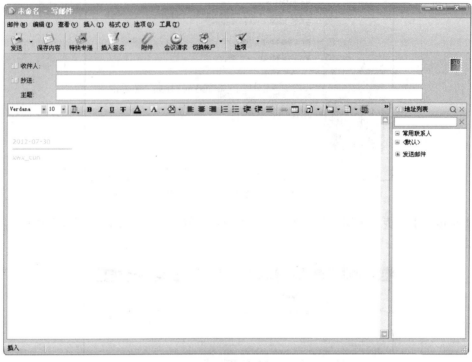

图 9-31　写邮件

（4）发送邮件。邮件书写完毕后，可以直接单击工具栏的"发送"按钮进行发送。发送过程会有信息提示。

9.11　多媒体格式转换工具

下面以 FormatFactory 为例讲解格式转换工具的使用。

9.11.1　软件简介

格式工厂（FormatFactory）是一套万能的多媒体格式转换器，提供以下功能：所有类型视频转到 MP4/3GP/MPG/AVI/WMV/FLV/SWF；所有类型音频转到 MP3/WMA/MMF/AMR/OGG/M4A/WAV。

FormatFactory 官方网站：http://www.formatoz.com/CN/index.html

9.11.2　软件使用

任务：转换视频文件成 mp3 格式。

操作步骤如下。

（1）启动格式工厂应用程序，如图 9-32 所示。

（2）单击"音频"选项，选择执行"所有转到 MP3"命令，出现如图 9-33 所示的界面。

（3）执行"添加文件"，选择想要进行视频转换的文件，单击"确定"按钮，完成设置。

（4）单击"开始"按钮，开始执行对音频格式的转换，如图 9-34 所示。

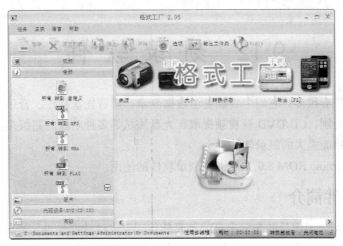

图 9-32　格式工厂主界面

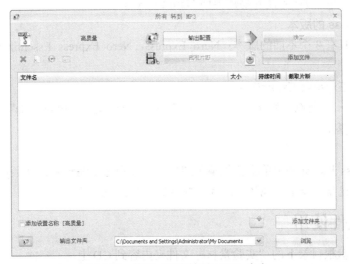

图 9-33　执行"所有转到 MP3"命令

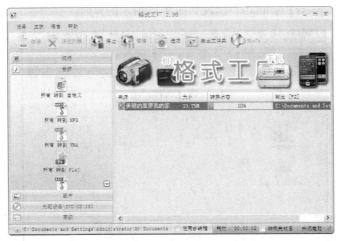

图 9-34　开始进行转换

（5）单击"输出文件夹"按钮，找到转换好的视频文件，以便以后编辑使用。

9.12 刻 录 软 件

现在的刻录软件有很多，它们主要涵盖了数据刻录、影音光盘制作、音乐光盘制作、音视频编辑、光盘备份与复制、CD/DVD 音视频提取、光盘擦拭等多种功能的超级多媒体软件合集，是非常方便、实用、功能强大的刻录软件。

下面以 Nero Burning ROM 8.0 为例讲解刻录软件的使用。

9.12.1 软件简介

Nero 是一款德国公司出品的非常出色的刻录软件，它支持数据光盘、音频光盘、视频光盘、启动光盘、硬盘备份以及混合模式光盘刻录，操作简便并提供多种可以定义的刻录选项，同时拥有经典的 Nero Burning ROM 界面和易用界面 Nero Express。

1. Nero Express 的版本

Nero Express 具有 3 个不同的版本：Nero Express、Nero Express Essentials 和 Nero Express Essentials SE。

2. 启动 Nero Express Essentials

选择"开始"→"（所有）程序"→"Nero 8"→"Nero Express Essentials"，即会打开"Nero Express Essentials"窗口。

3. 开始屏幕

在 Nero Express 开始屏幕中单击相关菜单图标，可转到用于编辑和处理项目的屏幕。内容包括格式选项（数据光盘、音乐、视频／图片、"映像、项目、复制"）。

9.12.2 软件使用

任务：刻录 C 盘根目录下的"实验素材"文件夹内容到 CD 上。

操作步骤如下。

（1）启动 Nero Express Essentials，出现如图 9-35 所示的界面。

图 9-35 Nero Express Essentials 主界面

（2）单击"数据光盘"选项，出现如图 9-36 所示的界面。

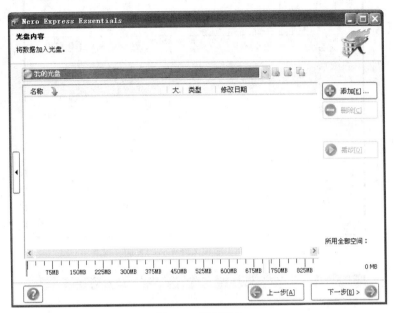

图 9-36　数据光盘

（3）单击"添加"按钮，出现如图 9-37 所示的界面。

图 9-37　添加文件和文件夹

（4）选择 C 盘下的"实验素材"文件夹，然后单击"添加"按钮，再单击"关闭"按钮，出现如图 9-38 所示的界面。

（5）单击"下一步"按钮，出现如图 9-39 所示的对话框，然后单击"刻录"按钮。

（6）刻录完成后，系统即会显示带有下列选项的最终屏幕：再次刻录同一项目、新建项目和保存项目。可以选择其中一个选项以继续使用 Nero Express，也可以单击"关闭"按钮退出该程序。

图 9-38　添加文件夹后的界面

图 9-39　刻录界面

[1] 曹永存. 计算机与信息技术应用基础. 北京：机械工业出版社，2007.

[2] 赛贝尔资讯. Excel 公司表格设计典型实例. 北京：清华大学出版社，2008.

[3] 赛贝尔资讯. Excel 在公司管理中的典型应用. 北京：清华大学出版社，2008.

[4] 赛贝尔资讯. Excel 数据处理与分析. 北京：清华大学出版社，2008.

[5] 赛贝尔资讯. Excel 公式与函数应用实例解析. 北京：清华大学出版社，2008.

[6] 赛贝尔资讯. Excel 函数与图表应用实例解析. 北京：清华大学出版社，2008.

[7] Wz 坐标工作室. Excel 函数/图表应用技巧与综合案例操作. 北京：中国铁道出版社，2008.

[8] 管文蔚. Office 企业办公应用技巧与综合案例操作. 北京：中国铁道出版社，2008.

[9] Wz 坐标工作室. Word/Excel 文秘/行政办公应用技巧与综合案例操作. 北京：中国铁道出版社，2008.

[10] 赵洪帅，林旺，陈立新. 数据库基础与 Access 应用教程习题及上机指导. 北京：人民邮电出版社，2010.

[11] 林旺. 大学计算机基础. 北京：高等教育出版社，2010.

[12] 韩旭. 大学计算机基础上机实验指导与测试. 北京：高等教育出版社，2010.

[13] 赵洪帅，林旺. 计算机与信息技术应用基础实验教程. 北京：机械工业出版社，2012.

[14] 赵洪帅，林旺，陈立新. 数据库基础与 Access 应用教程. 北京：人民邮电出版社，2012.

[15] 雏志资讯. Excel 函数与公式综合应用技巧大全. 北京：人民邮电出版社，2012.

[16] 雏志资讯. 玩转 Windows 7 高手必备技巧. 北京：人民邮电出版社，2012.

[17] 雏志资讯. 从原始数据到完美 Excel 图表. 北京：人民邮电出版社，2012.

[18] 雏志资讯. 一小时搞定你想要的 PPT. 北京：人民邮电出版社，2012.

[19] 陈伟，吴爱好. Excel 表格制作与数据处理. 北京：兵器工业出版社，2012.

[20] 陈洁斌，王波，张铁军. Word/Excel 行政与文秘办公. 北京：兵器工业出版社，2012.